古い大学講義ノートⅥ

－電気材料学、電気化学、物理化学特論－

監　修　吉野　勝美

講義録　池田　盈造

米田出版

古い大学講義ノート　VI
ー電気材料学、電気化学、物理化学特論―

はしがき

日本は現在極めて厳しい状況にあり、世界の中での存在感がどんどん低下しつつある。その原因の一つは教育の劣化と、それがきっかけともなっての自信と誇りの喪失にある。

すなわち、戦後教育に大きな間違いがあり、その最たるものがゆとり教育であり、歴史教育である。これは小学校、中学校などの若年教育を著しく欠陥のあるものにしただけでなく、続く高校、大学など高等教育にも深刻な影響を与えたのである。

様々な能力の子供がおり、多様な教育が必要であるというのは当然であろうが、教育のレベルを著しく低下させたのは全くの誤りである。積極的に自らが発想し発信する能力と多様な価値観を持った若者が世の中に育っていく、と云う考え方でゆとり教育が始められたのだろう。しかし、誰もが落ちこぼれないような教育を目指すべきで、子どもの能力も平等であると云う考え方が基本で教育方針がとられたため、著しい教育レベルの低下が起こったのではなかろうか。

筆者は大学で教育、研究を行ってきたが、特に新入学してくる学生の教育に当たった時、毎年、毎年確実に高等学校までの教育水準が低下していると云うことを実感し困惑することが多かったのである。決して学生の本来持っている能力、資質が年々低下したと云うわけではない。それを生かす教育がなされず、本来高い能力を持った若者たちに十分な力をつけることなく、むしろやる気をなくさせたと思わざるを得ない。一般論で言うと、能力よりほんの少しだけ高い教育を目標にするのが一番効果があるように思える。

率直に結論を云うと、もっとずっと高いレベルの教育が可能であり、行うべきである。かつての日本が誇った高い技術、産業、社会の発展をもたらした時代の教育レベルが非常に高かったと云うことを知るべきであると考えていたが、それを実証するような証拠の一つとなると思われる、戦前の古い大学での講義ノート、受講ノートが手元に届いたのである。送り主は昭和16年３月大阪帝国大学工学部電気工学科を卒業された池田盈造氏のご家族であり、昭和14, 5年ごろ、恐らく当時二十歳前後の池田氏が受講され記録された膨大な講義のノートである。

日本再生のための具体的提案をするのは監修者の能力をはるかに超えているので、この古い資料を広く披露し、これをきっかけとして読者自身、どうしたらいいのかを考えてもらいたい、と云うのが本書を出版することになった動機である。

以上が本シリーズ第一巻でのはしがき（平成24年12月10日）である。

この第一巻が発刊の直後に政権交代があり、新政権では全てにおいて積極的姿勢がとられたので、教育についても次第に充実したものとなることを期待しているが、最近までの流れを見ると、一寸油断するとたちどころに元の差し障りのない教育姿勢、体制に戻ってしまう危険性が高い。従って、今は教育レベルが大幅に、信じられないくらい低下している、と云う警鐘を引き続き鳴らすことが必要で、第一巻と同じ“はしがき”が有効と考えている。

ところで、送られてきた講義ノートは多岐にわたり大量であったので、まず電気電子工学科の基本科目の一つである電磁気学をとりあげ、「古い大学の講義ノート－電磁気学－」なる名称で平成24年に出版したわけである。さらにその第二弾としてやはり電気電子工学の基礎科目である交流理論と過渡現象論の講義ノートを取り上げ、「古い大学講義ノートⅡ－交流理論、過渡現象論－」として出版した。続いて、そもそも電気電子産業の基本にある発電について、当時の主力であった水力発電と火力発電及びその基礎となる学問について詳しく行われた講義の受講ノートをまとめて第三弾、「古い大学講義ノートⅢ－発電、基礎水力学、基礎熱力学－」として出版した。さらに第四弾として「古い大学講義ノートⅣ－有線通信、無線通信－」として出版し、引き続きそのシリーズの第五弾として、電気の応用分野として当時重要度が大きく増しつつあった電気鉄道についての講義ノートをまとめ、「古い大学講義ノートⅤ－電気鉄道－」として出版した。本書はシリーズの第六弾として電気材料を取り上げ「古い大学講義ノートⅥ－電気材料学、電気化学、物理化学特論―」として出版した次第である。

ともかく、戦前の講義内容が基本的にしっかりしたものであり、このような教育を受けた先輩達がいたからこそ、戦後の半導体デバイスからわかるように電気材料、電子素子の驚異的な進歩とそれを利用したデバイスの発展があり、その後の固体エレクトロニクス全盛の時代がもたらされて大きく花開き、日本が世界を先導するものになったものと考えている。すなわち、これらの学問、技術を学び自らのものとできていたので、状況の変化によっても弾力的に対応し、新しいもの、考え方を積極的に取り入れ、常識の壁を打ち破って新しいものを生み出し、展開させて大きな進化を導く力が備わっていたものと思える。

本書には電気材料とそれと密接に関連し、支えるものとしての電気化学、物理化学特論も含まれている。すなわちこれらは相互に関連し、補完し、当時の電気機器に利用される電気材料と装置を理解し、将来を担う人材を育てられるべく企画、構成された講義大系となっていると考えられる。戦後最も大きく変化、進化し、産業、社会に大きな影響を与えたのは電気、電子材料とデバイスであるが、実はこの戦前の教育にも、戦後のそのような大きな質的な変化をも受け入れ、さらに生み出すことができる、基本的な学力が身に付くように工夫された講義がなされていたと云うことが認識できるのである。

さて、平成20年をピークに日本の人口が減少し始めているが、特に若年層の人口減少が著しく、日本の産業、社会に深刻な影響を与え始めている。

そんな中でたとえば島根県の人口が70万人程度となっている現在、たとえば小学生数は36,000人程度であって、毎年卒業していくのがほぼ6,000人、新入生が6,000人弱と毎年小学校一年に入学してくる子供の人数が減少しつつある現実であるので、幼年、小学校、中学校教育を抜本的に見直す必要が出てくる。これは教育体制そのもの、指導する教員をどう育てるかと云うが大問題と云うことになる。すなわち、毎年何人の新しい教員を育て、学校に送り出す必要があるかと云うことである。一県にほぼ一大学ある現在の教育学部の存在維持も難しくなってくる可能性もある。将来の教師育成のための従来の体制、指導内容がどうなっているかについて、監修者は正直言って十分な知識を持っていないが、カリキュラムを見ると、教育学、心理学などなど一般的な知識、教養、教え方を身につける教育の割合が非常に多いように見受ける。このカリキュラムなどから判断する限り理系を志向する子供たちがたくさん充分に育つとは考えがたい。日本が成熟した国になりつつあると考える一般の方は多いと思うが、その社会を維持、発展させるにはかなりの割合、理系の素養を持つ人たちが必要である。しかし、そのような人たちが育つのは容易なことではないと思える。

現在の小中学校教員を志向する人は文系と云う方が多い。実際、本人だけでなく教育を受けた子供たちに聞いてみると、理科系につては充分な経験を持った教員は少ない。

かっても教員には文系の方が多かったかもしれないが、周辺に豊かな自然があり、自然と理系の知識、素養が体を通して入ってきて学校教育を補うものがあった。また、家の周辺で、あるいは家族の中で身近なところで仕事を見る機会も多く、工、理とは何かを理解する者が結構いた筈である。しかし、最近ではそのような状況にはない。

この様なことからすると、むしろ今以上に小中高の先生になる人は理系好みの人を選定する必要がある。それが少なければ、教育の中で、研究などに接し、自然体験し、熱い思いを備えるようにならなければならない。もちろん、学部であれば卒業研究、大学院であれば修士論文研究をすることが不可欠と云いたい。

得てして教育の世界でも、既存の力関係のため、大きく変革されることなく、流れのまま不味い方向へ進むのではないかと心配しているのが実際である。教育システムには深い洞察の上抜本的改革が必要と考える。

地方の疲弊が急速に進行し、日本全体としても危機的状態に至る心配があるが、これは国内での人口の東京圏への集中と地方の超過疎化の進行が本質的原因であり、これを簡単に大きく変えることは容易ではないが、回り道の様ではあるが、子供達に故郷を愛する気持ちを強く育てることが基本的に重要であり、そのためには故郷の自然と接する機会を教育の中で大きくする必要がある。単に眺めるだけでなく、自然と直接体をもって接することである。たとえば魚釣り、虫とり、花、野菜、果樹の栽培、採取などでもいい。たとえば地方の河川は漁業権のため魚を釣ったり獲ったりすることは漁業者以外禁止されている所が多い。しかし、子供たちだけにはこれを自由にすることを許し、教育の中で行うことも有効なことと考えている。監修者が70歳を超える今も限りなく故郷を愛し、故郷に何らかの寄与がしたいと思い、関わっているのは、実は子供の頃から高等学校くらいまで毎日宍道湖の中で魚釣り、魚取りに明け暮れていたと云うことが背景にあると思っている。

(監修者)

平成27年10月15日

目　　次

1．まえがき

1．1　第Ⅵ巻のまえがき

昭和16年３月大阪帝国大学工学部電気工学科を卒業された池田盈造氏のご家族から送っていただいた、昭和14,5年ごろ、恐らく当時二十歳前後の池田氏が受講され記録された膨大な講義ノートの中から、まず電磁気学を取り上げ「古い大学講義ノート－電磁気学－」と題して出版し、続いて古い大学講義ノート第Ⅱ巻として交流理論、過渡現象論を、また第Ⅲ巻として発電とその基礎科目を、さらに第Ⅳ巻として電気通信電子情報工学分野の基礎的学問のもう一つである有線通信、無線通信に関する講義ノートを出版したが、戦前の大学の講義が殆どの方の予想を大きく超えて非常に高いレベルであったことを披露する目的での出版であった。第Ｖ巻ではやはり意外に高い教育レベルであった電気鉄道に関する講義ノートを紹介したが、この第Ⅵ巻では電気材料学と関連する電気化学、物理化学特論の講義ノートを出版するとこととする。

さて、本シリーズの初巻を作製している時点では池田盈造氏については余り具体的にはどのような方なのか明らかではなかったが、その後少しだけわかってきた。古い大阪大学電気系同窓会、澪電会の名簿の中に当時の勤務先が記載されておりご活躍になったことが分かったが、もう一つ明らかになったことがある。国の公式な記録文書である昭和22年３月26日の官報第六千五七号に池田氏が電気通信技術者資格銓衡検定合格者として「合格證書記番号き」として記されていたのである。非常に勤勉な努力家でもあることが分かり、熱心に講義を受け、それを正確に記した膨大な講義ノートをきっちりと残されていたことが理解されるのである。

このノートを読んでみると、池田氏は恐らくほとんど欠席されることなく全講義を聴講されていることが分かり、また、ペン書きされた字自体が非常に丁寧であるが、英語が随所に書かれていることに驚かされる。第二次世界大戦、太平洋戦争前夜と云う、どちらかと云うと反米機運が高く英語が排斥される傾向のあった時代に、相当の内容が英語混じりで講義されていたことが理解される。この第Ⅵ巻で記されている電気材料と関連する講義のノートからすると、監修者が昭和36,7年に受けた講義とはかなり質的に異なっている面があるのは事実である。電気材料では特に絶縁材料を中心に述べられている。

監修者は昭和35年大阪大学電気工学科に入学しており、その時点では関連学科として通信工学科、電子工学科が立ち上がっていたが、互いに密接に関連して教育がなされていた。実際、電気、通信、電子のすべての教授、助教授、講師、助手の方々とは面識があった、と云うより何らかの形で教育を受けたと云うのが正しい。その後、電気工学科を出た後、監修者のように電子工学科の教授、あるいは通信工学科、情報工学科の教授になった者も多数いるのである。しかも、学生は学科別で入学しているが、教養課程では工学部の学生は専門の各学科に分属するのでなく、アルファベットの名列順でクラス編成がされていた。従って、いろいろな学科の学生がクラスには混在しており共通の講義もたくさんあったので、異なる専門分野間での情報交換は頻繁に行えたのが事実である。これがある意味非常に良かったと考えている。

尚、平成に入ってから学科、大学院専攻の離合、集散もあり、学科名、大学院専攻名は次々と変更され、一寸単純には何が専門として扱われているか分かりにくいが、平成25年時の大阪大学工学部電気系の学科名は、学部が電気電子情報工学科となっており、大学院が電気電子通信工学専攻となっている。

ざっと履修科目名を見ると、池田氏が学んでいた昭和16年ごろの科目は、筆者が学んだ昭和36年ごろの電気工学科のものとはかなり大きく異なっており、またその後、平成25年の時点では通信、情報関係の科目が大幅に増えるなど随分分野が広がっている。

しかし、池田氏の膨大な講義録、講義ノートは、あらゆる分野で歴史的な学問、技術の変化、流れ、進展を理解させ、将来の方向に対して自らに考えさせる教育として、戦前においてもかなりうまく行われていたことを伺わせるものであると云うことができる。こう云う教育を受けた若い人がいたからこそ、戦後、あらゆる分野において急速に復興することができ、日本が世界で最高と云うレベルに到達したと云うことができる。

ところで、何時も一度は話しておきたいと思いながらなかなか述べる機会がなかったので、ここでずっと思っていたことを少し記しておきたい。理系離れが進み、日本の科学技術、産業の将来が少し危ぶまれる状況にあると感じている向きが多いと思われるが、監修者はそのような傾向になった原因はゆとり教育にあるのは明白であるが、さらに重要な要因の一つとして初等教育、特に小学校低学年教育に携わる人を指導教育する課程、すなわち体制の問題があると思っている。

基本的には現在小学校初等教育に携わっている先生方の中には、理系科目に関してどちらかと云うとあまり好きでない、あるいは得意ではないと思われる方が多いのではないかと云うことである。どう云うことかと云うと、教育制度のこと、特に小学校教員採用の要件などに、従って教員養成過程に問題があるように思えるのである。監修者は大学、大学院教育に携わってきたが教員免許を持っていない。それでも十分に教育ができていたのではと思っている。現在、どうも聞くところによると、高等学校の教員には大学の工学部などの卒業生でもなれるが、小学校教員は教育学部、それも特定の科の卒業が要件になっており、工学部などの卒業生は普通はなれないのであると云う。監修者の認識の違いであればいいが、もしこれが事実とすれば、これは大きな誤りと思う。どの学部の卒業生であっても、社会の経験者であっても小学校教員になれるよう教員採用条件、システムを変えるべきである。社会経験豊かな人間も十分に初等教育ができるし、むしろ非常に面白い有効な教育ができると思えるのである。教育学部のカリキュラム、指導方針を再考するとともに、大きな規制緩和をする必要があると思えるのである。

現在は余り重視されていないかも知れないが、理系の科目も小学校、中学校で将来教える可能性のある教育学部の学生さんには、是非とも卒業研究を経験して欲しいし、義務としてもいいように思っている。できれば単に資料、文献を読みそれをまとめるだけでなく、実験を計画し、器具、装置作りにもタッチし、実際に実験を行い、結果をまとめ、人の前で発表する経験をさせることである。この経験があればこそ、子供達に理科を始めとする多くの学科の本質的な内容を、自信を持って説明できるし、その姿勢は子供たちにロマンを、魅力を伝えることにもつながるように思えるのである。

大事なのは小学校教育を受ける子供達であって、決して大学の教育学部、その卒業生のために職場として小学校があるのではない筈である。ちょっと暴論のように思えるかもしれないが、真面目に考えてみる必要がある。

何事にも、一度、常識を捨ててものを見るべきだと云う監修者の基本的スタンスである。

ついでであるので、関連して、もう一つ暴論と思われがちな監修者の思い、考えを述べておこう。監修者は常日頃から脱常識、超常識が大事であると云っているが、要するに既存の権威をうのみにするのでなく、常識にも捉われることなく、むしろ信じないくらいの思いがあればこそ、画期的な新しい考え方が生まれ、凄い展開がそこからスタートするのである。そんな点で云うと、本来自らの専門とする分野以外にかかわると、常識に捉われない面白い考え方が出てくるのである。

次に、この古い大学講義ノートシリーズを刊行するきっかけとなった動機を述べている第一巻のまえがきを再掲することとする。

１．２　第一巻のまえがき

今、日本は大変な状況にあり、前途はこのままでは決して明るいとは云いきれない。その原因、要因には様々なものがあるが、なんと云ってもその一つとして戦後教育の大きな間違いがあると思われる。その最たるものがゆとり教育であり、今もって、ゆとり教育に対する厳しい評価、反省が表立って、はっきり述べられることが少ないと感じられる。何となくあいまいに、まずかったのでは、少し方向転換も必要かな、と云うような妥協的な弁が聞かれることが殆どで、ゆとり教育を推進した張本人が、今もってマスコミに堂々と登場し、それを擁護するかのごとき解説がマスコミによってなされることがある。様々な能力の子供がおり、多様な教育が必要であると云うのは当然であろうが、教育のレベルを著しく低下させたのは全くの誤りである。ゆとり教育を実施すれば著しく学力が低下するのは目に見えていたのであり、当時から警鐘を鳴らした人も多かった筈であるが、これを無視して無理やり推し進められたと云ってよいだろう。

積極的に自らが発想し発信する能力と多様な価値観を持った若い人たちが世の中に育っていく、と云う考え方でゆとり教育は始められたとは思われる。しかし、いたずらに高いレベルの教育を画一的におし進めることはいいことではなく、誰もが落ちこぼれないような教育レベルを目指すべきであり、人間は本来平等でその能力にも差がある筈がない、と云う考え方が基本の教育方針がとられたため、著しい教育レベルの低下が起こったと云う事実は厳正に見つめ反省しなければならない。本来その人の持っている資質からすると極めて高いレベルに到達していておかしくない人が大きく抑えられているだけでなく、平均的なレベルも大幅に低下しているのである。

筆者は大学で教育研究を行ってきたが、特に新入学の学生の教育に当たった時、毎年、毎年確実に高等学校までの教育水準が低下していると云うことを実感し困惑を感ずることが多かったのである。昨年まで問題なく新入生が理解できていたことが、翌年の新入生では説明しても理解困難であり、中に理解できる学生がいるので尋ねてみると、たいてい浪人生であり、ほんの少し以前のレベルで教育を受けていたのである。決して学生の本来持っている能力、資質が年々低下したと云うわけではない。それを生かす教育がなされずいたずらに時間の浪費をさせ、本来高い能力を持った子供たちに十分な力をつけるのでなく、むしろやる気をなくさせたと思わざるを得ない。その証拠に、大学４年生になって研究に関与することになり、課題に興味を持ち、研究室で個別に必要な学問を自らあるいは周囲と共に行う段階になると、ある時間を経過して信じられないほど前向きになり昔の学生の高い水準まで戻る者がいるのである。中には本来高い資質を持ちながらそれを磨きそびれ、意欲を失ってしまっているものもいたのである。

逆に、本来適切な、現在の基準からすると少し難しいくらいの教育が施されていたら、とてつもなく成長し、日本を牽引する中心にもなったであろう素質の者が育つチャンスを失っているのである。若い時期にこれを逸することの影響は極めて大きく、ある程度の歳に至っては回復が容易でないことも多いのである。これは日本全体でみると極めて非能率で勿体ないことであり、小学校、中学校、高等学校でもっともっと高度な教育ができて全く不思議のないことである。

それともう一つの問題は、子どもたちを教育する先生方の中には力がかなり低下している方もいると云うことである。そんな場合、先生と教える子供たちの親の学力に大きな差がなく、時には親の方が高いと云う場合もあり、子どもたち自身もそのことを知っているため、教育がきわめて難しくなる場合が現場ではあると思われるのである。人権、平等教育の推進が重視される背景の中で、実際の教育を行う側にとって、教育についていけない落ちこぼれが出ることは先生自身の指導のまずさが原因であると云われ、それが結果するような教育レベルであってはならない、と云うことが強く要求される時代背景があったのである。

監修者自身は小学校時代からまじめに勉強した方ではなく、むしろ適当に手を抜き学校から逃避して遊ぶ、と云っても魚取りなどたわいもないものであるが、決してガリ勉ではなかったし、殆どの学生がそうであった。ガリ勉どころか高等学校まで予習も復習もしたことがなかったと云うのが本当である。

率直に結論を云うと、ずっと高いレベルの教育が本来可能であり、行うべきである。こう云うことを発すると、必ず高いレベルとはどう云うことかと云う議論が始まり、それは難しい数学を使わなければならないことではない筈である、などの議論がなされる。さらに、近年になって教育の内容が難しくなり、量ももの凄く増えたと非難されるのである。実際には教育の内容、量を大幅に下げたため著しい学力の低下が起こり、それが若い人たちの自信と誇りの喪失をもたらしている側面があると考えている。

監修者は日本の産業、社会の発展をもたらした時代の教育のレベルがはるかに高かったと云うことを知る必要があると考えてきたが、それを実証するような証拠の一つとなる、古い大学での講義ノートが手元に届いたのである。これを広く披露し、読者自身にも考えてもらいたいと云うのが本書を出版することになった理由である。

そもそも人類はその誕生以来大きく進化してきたと考えられているが、我々が知る歴史上の期間には、どの程度進化したのであろう。実際の我々にとって進化と共に、時にはそれ以上に教育が極めて大きな影響を与えていると思える。

歴史上、人間は時代とともに確実に進化しており、従って、平成、昭和の時代より、大正、明治時代、さらには江戸、安土桃山、足利、鎌倉、平安、奈良と時代を遡るにつれて、理解力を含めて人間の能力は少しずつ低く、弥生、縄文時代には大分劣り、まして石器時代においては全く理解力が欠如していたと思いがちである。実はそれは全くの誤解、錯覚であり、人間は数千年、数万年にわたって殆ど変化していないと云うのが実際と思っている。ただ、環境、教育によって人間がその時は信じられないほど大きく変わっているに過ぎないのである。

たとえば、第二次世界大戦前後で、科学技術に対する理解力、教育レベルは大きく変化し、戦後格段に高くなったのであって、戦前は相当レベルが低かった、と考える方がほとんどであるが、実はそれが正しくないのである。本書ではそんな例を一つだけ紹介したいと思っている。

逆に、現代の日本人が活力、馬力において相当劣った人間に変化したと考えるのも全くの誤りである。それはむしろ教育のせいであり、教育、環境次第では画期的な変化がこれからでも起こる、しかも極めて短期間に起こると考えるのが自然である。

実は、平成23年6月に開催された澪電会総会で指名され会長を務めることとなって、一年余りが経過した。澪電会と云うのは大阪大学電気系同窓会、電気、通信、電子、情報関係の学科、大学院を卒業、終了した学生、教員の同窓会で、百年を超える伝統を持った会員は一万人近い大きな組織であり、浅学非才の身である筆者如きが会長職を受ける資格があるかどうか危惧されるところである。ともかく、同窓会としての通常業務はこれまで無事つとめてきたとは思うが、あらためて要務の重要性を考えるに、まだまだやるべきことがあるのではと反省することしきりである。

そんな中、非常に重要なことを思い出したのである。それを会員はもとより電気、電子、通信、情報関連分野の方々、さらには教育に関与されている方々にご披露することが大きな責務である、と感じる事柄を思い出したのである。近年になって教育レベルがいかに低下しているかと云うことを示す資料を披露したいと云うことである。科学技術と云う側面から見て戦前は相当レベルが低かったのではと考えている人が多いが、それが全くそうではないと云うことである。

戦前の昭和16年、筆者の生まれた年であるが、この年に大阪帝国大学工学部電気工学科を卒業された池田盈造さんと云う方の講義ノートが送られて来た。殆どすべての科目の講義の見事なノートである。たとえば電磁気学のノートを見ると、我々が学生であった昭和30年代に学んだものと遜色のないものであり、現在の学生さんにこの程度の教育がなされていないのでは、と思うほどである。大学の教育レベルもずいぶん低くなっていると思われるのである。これに比べて中国など外国では日本の教育レベルより遥かに高い、しかも膨大な内容を指導していることが、その教科書を見れば明瞭である。日本はものづくりに秀で、本質的に産業の底力は強いと発言する人があるが、本当に理解して云っているのかと云いたくなる。

この講義ノートはご高齢になられた池田氏のご家族から、“不要になりましたので、お送りいたします”、と云うお便りとともに澪電会事務所に送り届けられていたのである。古い、紙の色もだいぶ黄色に変色した講義ノートであるが、しっかりと綴じられたものであった。これを受け取られた澪電会の安井晴子事務局長さんから、当時現役の電子工学科教授であり澪電会の幹事の一人でもあった小生のところに連絡があり、“どうしましょう、持っておいて下さいませんか”、と託されていたのである。

これを思い出し、極めて貴重な資料であるから、できるだけ多くの方の目に触れるようにと思い、澪電会会長をつとめさせていただいている今、採算を度外視して出版し可能な範囲で関連大学、図書館などに届け、先生、学生さんを含めて多くの方々に知っていただきたいと思った次第である。一応定価として記載があるが、出版に必要な経費のほんの一部に充てることができる可能性があればと考えて形式上付けたものである。

さて、我国は今、大変な激動期に入って来たと云う感が否めない。戦後、経済、社会、殆ど全てが上向きで、いろいろあっても順調に推移してきたように思えてきた。長期自民党政権下、致命的なほころびを示すことなく経過してきたように見えていたが、その約60年間に殆どのことが制度疲労を起こしてきたように思える。特に、政権交代があって、少し稚拙とも思える政権運営と筋の通ったリーダーシップの不足により大きな欠陥を露呈し始め、たまりにたまった疲労が一気に噴き出したかのように思える。これと時を同じくして東日本大震災が起こり、我国が一気に不安定状態に陥ってきたように感じる。

すなわち、バブル崩壊以来リーマンショックなど様々な困難な事態が発生してかなり長い間厳しい状況下にあった日本は、平成23年３月11日の東北地方太平洋沖地震、巨大津波による東日本大震災、それが引き金になって起こった東京電力福島第一原子力発電所の重大事故とそれによる広域避難地域の発生などの深刻な事態のため決定的な大打撃を受けたのである。その後の政府のリーダーシップの欠如もあって円高，企業の海外シフトの加速などで、我国は大変な状況にあることはご承知の通りである。その過程で電力不足により、日常生活、産業活動に大きな制約がかかり、当たり前のように使ってきた電気がいかに有難い重要なものであるかと云うことが強く認識されることとなった。ここで電気系の学問、教育、産業に関わった我々が社会に役立つべく大きな寄与をする必要があると感じている。しかし、それが思ったようにうまく進むかどうか、どうも世の中の流れの中、特に少し甘い日本の社会環境の中にある学生さんの心構え、最初に述べた教育の実態からみて気になるところである。

少し以前から日本の将来が必ずしも安泰ではないと強く感じ、危機感を持ち始めておったことから、いろんな機会に思っていることを発言させて頂いてきていたが、少しくどいけれどもそのこともここで触れておくことにする。

産業、社会が劇的な変化をすることがしばしばあり、それに順応、対応し乗り越える力、資質を常日頃から身に付けておかなければ、とんでもない状況になることが歴史的にもよく知られている。すなわち、産業構造が、産業の種類、社会の活力が全く変化する事態が、①科学技術の常識を超えての非連続的な変化、②資源の枯渇、環境の制約、③国際間の経済力、技術力、労働力のバランス変化、④大戦争、⑤天変地異など様々な要因で生ずることがあると説明してきた。

今回の大変な状況はこの要因⑤と云うことになるが、東日本大震災に端を発する事態は単に東日本だけに限らず、とてつもない影響を全国的に長期にわたって及ぼし、日本はこれが原因で危機的な状況に至り、国内産業が低迷し本格的に空洞化してしまう可能性がある。我々自身これまで以上に積極的に前向きに対応しないといけないと思っている。

産業、社会に劇変をもたらす要因は他にもいくつかあるので、この際、少し追記しておく。比較的大きな要因としては次のようなものがあると考えている。

⑥交通手段の変化と進歩、交通ルートの変化、⑦独裁者の出現、⑧極めて強力な宗教の誕生と広がり、⑨致死性疫病、伝染病の発生と伝染、⑩人口の劇変、など。

一方、資源の乏しい日本が世界に伍して先導するには、日本の人の力、物づくりの強さを生かすことが大事であると云われてきた。勤勉さ、和を尊び協力して物事を進める伝統的に日本人が持っている素晴らしい特質、背景があり、そこに全国民の高い教育レベルがあって発展し繁栄を維持できてきた、と云われてきた。ところがそれが日本の特質と云い続けることができないような事態になりつつあるように思われる。すなわち、日本は少子高齢化と云う難問の中にあって、若者の学力の著しい低下、積極性の欠如、理系離れ、将来に対する夢を描きれていないなど、基本的な様々な課題が山積している。

実際、最初に述べたように、ゆとり教育も大きな原因であるが、日本の学校教育レベルの質的、量的な低下は目を覆うほどである。しかも、筆者の関係する電気電子分野は、かつては理解力、実行力の高い高校生が好んで専攻し進学してきたのに対し、今は逆に敬遠されることが多いのである。すなわち電気系分野は理論など、数学的手法などが難しいと思われており、難しいこと、困難と感じられることを避けて通ろうとしているきらいがある若い世代の学生さんたちからは避けられがちなのである。先日もある大学の電気電子系の学生に“かつては医学部より遥かに難関であった、誇りと自信を持て”と云うと、びっくりしていた。高度成長期から続いた日本産業の隆盛は工学、電気電子関係に優秀な若い人たちが集まったことも大きな要因である。

ここで理解していただきたいことは、教育レベルがいかに低下しているかと云うことであり、それを示す資料を披露したいと云うことである。世界の中にある日本であるわけで、他の国々との能力などの相対的な関係が全てを決し、大きな影響を及ぼすのである。

残念ながら世界は常に冷酷であることは歴史が明瞭に物語っているが、ここに至って弱り身の日本に一気に周辺諸国からの厳しい対応がのしかかり始めている。甘い、好意的期待感を持って事に処してきた我国リーダーの態度がとんでもないことをもたらしたことに気が付き、テレビニュース、新聞記事を見るのが嫌になってきたと云う人も多い。

尖閣列島に対する中国のとんでもない対応、竹島に対する韓国の既成事実化を進めようとする強引な姿勢、北方領土を占拠し梃子でも動こうとしないロシアの姿勢、これらは世界史の中では何ら特殊な動きではなく、幾度も繰り返されてきたことであり、甘い幻想はとんでもない話である。島根県生まれの筆者は、戦後、李承晩が海上に勝手なラインを引いてその中に、すなわち、その李承晩ラインと呼ばれる線より北側に入る日本漁船を拿捕し、たくさんの漁民が無実の中で獄死したことを熟知している。“すぐに手を打たねば大変なことになる”との地方の声に政府は耳を傾けることなく、波風を立てたくないと云う、その場しのぎの対応が問題を大きくしてしまったと考えている。

今、産業界が厳しい状況に晒されているのはご承知の通りであり、特に電気、電子産業が苦戦し始めている。これには様々な要因があるが、厳しい世界情勢の中、政府の施策のまずさと共に、企業トップの経営判断のミスも大きく重なっていると思える。

その他、我国の企業の国際競争力が著しく落ちたのには様々な要因がある。超円高、技術の流出もあるが、途上国の技術力、開発力の向上があるのも事実である。途上国の若い人たちの学力、勤労意欲の向上がある一方、我国では人口、若年労働者の減少、学力の低下、積極性、労働意欲の低下、理系離れが進み日本の技術開発力の相対的低下をもたらしている。現代日本社会、人々の考え方の根本的な問題点が出始めているような気がしてならない。さらに日本型雇用形態の変化、定年後のケアが不十分ということも人、技術の流出を加速することに繋がっている。しかし、なんと云っても日本人の誇りと自信の喪失が問題の根源にあると思われる。

そんな中にあって今年のロンドンオリンピックは金メダルこそ比較的少なかったが多くのメダルの獲得により、人々の心に明かりをともすこととなったと思える。優勝した瞬間、金メダルをもらって国歌君が代の流れる中、日の丸の国旗が上がるのを見て涙が出るほど嬉しかった人、メダリストが銀座や故郷の広場などで多くの人に歓喜の声で迎えられる姿に感動した方が多かったと思える。

今大事なことは、何よりも自信と誇りを持つべきことと思える。先にも記したが、監修者は日本の将来に少し危機感を持ち始めており、我々自身これまで以上に積極的に前向きに対応しないといけないと思っている。自らと自らの地域の歴史と伝統に誇りと自信を持ち、絶対思ったことは実現可能であると云う強い信念と、それに裏打ちされた実行力の発揮が強く求められるところである。

これは大阪大学奉職時代に感じたことだけではない。筆者は大阪大学定年後、地方、生まれ故郷島根県の産業振興に寄与すると云う立場になって、あらためて人間関係の大事さ、友人、先輩、後輩、先生方との繋がりが如何に有難いものであるかと云うことを認識したが、絶対の誇りと自信に裏打ちされた高いレベルの教育は極めて大事である、と云うことをあらためて認識したのである。

次の話は島根県産業技術センターに皇太子殿下をお迎えした時、お話しした内容でもある。すなわち、殿下の“このセンターの皆さん、よく頑張っていい成果をあげられていますね、普段どんなお話をされていますか”、と云うご下問があった時にお話しした話の要点である。

すなわち、我々自身能力を最大限に発揮するためには自信を持つことが必要であり、これをしばしば、“クマン蜂の羽根”の喩で説明してきました、とご説明した。ところが逆に能力を抑えてしまう動きがある。これを例えるのが、“蚤の曲芸”の話であり、何かの機会に説明することとする。

この一年、平成23年から24年にかけて、エネルギー、特に電気エネルギー危機によって電気とその最適利用が極めて重要であることが世の中全体にわたって強く認識されたが、これを意識し、電気系を目指す若者が再び増えることを期待し、またそうならなければならないと思っている。そのためにも若い人たちが、自らの能力、電気系の学問が十分理解、活用できる力を自らが持っていることを確信し、果敢に電気系を含めて工学系、理系を先行することを期待しているものである。

ここで記したいことは、教育レベルがいかに低下しているかと云うことであり、それを示す資料を披露したいと云うことである。人間そのものは全く変わっていないのであり、もっともっと高度な教育をすべきと云うことである。全員がこの方面に進む必要がないが、この方面に適性を持っている若者が少なくとも数十パーセントはいると思っている。

ここで云っていることは決して大学の先生方の教育に対する取り組みが不十分と云うことではない。入学、進学してくる学生さん自身が子供の頃からの教育レベルが低くなっているため変わってきたと云うことと、実は大学が法人化されて以来、大学の先生が極めて多忙になり充分に教育、研究に没頭する時間を生み出すことが難しくなってきている、と云うことなどが挙げられる。

大学は法人化で大きく変り、先生方の負担が非常に大きくなり、しかも特定の先生に業務が集中して掛かる。すなわち法人であるがための本来の研究、教育と離れた仕事が随分発生しているわけである。云い換えると、先生方がゆとりを持ってじっくり学生さんを教育、指導する余裕がなくなってしまったとも云えるのである。すなわち、ゆとり教育は先生自体に必要なことである。もちろんそれが有効に機能するためには、先生自体が高い知識、識見と崇高な思い、大いなる努力をすると云う能力、資質が不可欠である。もちろん先生になろうと教育系大学で学ぶ時点からその心構えがなくてはならない。

筆者の云いたいことは日本人、特に若い人たちが絶対の自信と誇りを持つこと、高い教育レベルを復活すべきであると云うことである。学生、生徒、さらには低学年の子供達には量、質ともしっかりした内容、カリキュラムで指導すべきである。

ここで披露する講義ノートを見ていると戦前の教育の方がはるかにしっかりしたものであったように思えるのである。と云うよりも、先生は非常に高いレベルの教育を行おうとする意気込みが感じられ、学生の方の積極的にそれにチャレンジしようとしている姿が思われるのである。

特に電気電子の利用は戦後大きく伸びた分野で、戦前はとるに足らないと考えられがちであり、学問もそうと思われてきた。すなわち、戦前、電気電子関連の学問、理解、教育は余りなされておらず、程度も高くなかっただろう、と考えられることが多かったと思われるが、そうではないのである。多少ともこの分野に関係したものとして、我々自身大いに反省すべきであると云う強い思いを持っているこの頃である。

（平成24年12月10日）

2．電気工学科講義

大学の電気工学科、通信工学科、電子工学科、情報工学科などのいわゆる電気系の学科で教育される講義の内容は非常に高度、難解ととられがちであり、また、この方面の学問は第二次世界大戦以後急激に進歩したものであり、戦前は見るべきものがなかったと考えられがちである。ところがそのような常識を覆すような資料が池田盈造さんと云う方のご家族から届けられた。

大阪帝国大学工学部電気工学科を昭和十六年三月卒業された池田盈造氏のご家族から送っていただいた講義ノートは膨大であり、列挙すると次のような科目のノートであった。電磁気学、交流理論、整流機器、電機設計、基礎機械設計学、函数論、発電、過渡現象論、電気材料学、電気化学、基礎水力学、物理化学特論、誤差論及最小二乗法、基礎熱力学、計算図表学及数値計算法、応用数学、解析数学、回転交流機、電力応用概論、照明、変圧器及誘導電動機、電気測定法及電気計器、電気鉄道、有線通信、無線通信。

その記されている内容を見ると非常に高度で、平成の現在、大学の学部での講義内容、レベルがむしろ低下しているのではと云う気さえするのである。勿論、教えるべき分野が大幅に広くなり多様化しているため科目数は必然的に増え、夫々の科目で教える内容と量が減っていることもあろうが、大学生の力が落ちていることを反映しているのではと思えなくもない。大学だけでなく小、中、高すべてにおいて日本の教育が戦後妥当であったのかと疑問を抱かざるを得ない。

第一巻では定性的にこのことを記した。あらためて第二巻を発刊する際に筆者自身が受けた講義名を調べようとしたのであるが、何分にも整理も記憶も悪い監修者のこと殆どが散逸して残っていなかったのである。そこで同級生の中で非常に真面目、誠実で記録なりノートを残している可能性がある友人として岡本光央君と松原一郎君の二人にメールを送って講義名が分からないのか尋ねたところ、すぐに分かる範囲のリストを連絡してくれた。どうも成績簿から拾い出してくれたようである。小生もそのような成績証を廃棄するはずがないとは思っているがどこに入っているか探し出せないのである。なくした可能性が高いのであると思っている。

送ってもらった科目名の他に二人の記憶にある先生の名前が記してあったが、これに少しだけ監修者の記憶にあるところを加筆、修正し、さらに大阪大学準教授の西竜治氏、大阪大学工学研究科教務課に籍を置かれていた今井（旧姓佐々木）京子氏から頂いた資料も参考にして確度を高めたものが表の通りである。戦前の科目、内容と監修者が受けた時代の科目を比べてみると非常に興味深いし、平成25年の現在行われている講義名を比べて見られるとさらに面白く、世の中の変化があっても変わらないもの、時代とともに変わるものが見えてくる。

電気工学科専門科目

必修科目	教官	単位数
電気工学設計製図第１部	藤井　克彦　助教授	2
電気工学設計製図第２部	西村正太郎　教授	1
電気工学実験第１部	電気工学科全教官	3
電気工学実験第２部	電気工学科全教官	3
電気工学実験第３部	電気工学科全教官	3
特別研究（卒業研究）	電気工学科全教官	12
第Ｉ選択科目		
数学解析	城　　憲三　教授	8
一般力学	千田　香苗　教授	4
材料力学および機械設計学大意		
機械設計及び製図　第１部		
電気磁気学	熊谷　信昭　助教授	6
電気磁気学演習	川辺　和夫　助教授	1
	中西義郎助　教授	
	浜田　　博　講師	
交流理論及び過渡現象論	熊谷　三郎　教授	
交流理論及び過渡現象論演習		
電子回路	宮脇　一男　教授	
直流機器	岡　　英二　講師	2
交流機器	西村正太郎　教授	5
	安藤　弘平　教授	
	藤井　克彦　助教授	
水銀整流器及半導体機器	西村正太郎　教授	3
	山口　次郎　教授	
電気機器設計	内海　　　講師	2

放電現象論	犬石　嘉雄	教授	2
電気物性論	犬石　嘉雄	教授	4
半導体工学	山口　次郎	教授	4
電気材料学	犬石　嘉雄	教授	2
高電圧工学	山中千代衛	助教授	2
発電工学	山村　　豊	教授	4
	山中千代衛	助教授	
送配電工学	山村　　豊	教授	4
電力工学演習	山村　　豊	教授	1
電気計測	桜井　良文	教授	4
制御理論	藤井　克彦	助教授	2
制御機器	西村正太郎	教授	2
照明工学	坊　　　博	講師	2
電気化学	岡崎	講師(松下電器産業㈱)	2
電気鉄道	野田忠次郎	講師(阪神電気鉄道㈱)	2
電気法規	三谷	講師	2
第Ⅱ選択科目			
機械工学通論	石谷　清幹	教授	4
電子工学通論	菅田　栄治	教授	4
通信工学通論	笠原　芳郎	教授	4
原子核物理学概論	吹田　徳雄	教授	2
原子核工学概論	吹田　徳雄	教授	2
統計力学	伊藤　　博	教授	2
量子力学	伊藤　　博	教授	2
工業経済			4
教育学			4
工場管理法			2
特別講義	北川　一枝	講師(住友電気工業㈱)	2
	和田　昌博	講師(関西電力㈱)	
	田宮	講師(三菱電機㈱)	

3．電気材料学、電気化学、物理化学特論とは

まず、一般的に気の付くところを少し述べておく。

この第Ⅵ巻で記されている講義のノートからすると監修者が昭和36,7年に受けた電気材料の講義とはかなり質的に異なっている面があるのが事実と判断される。と云うのは池田氏が講義を受けられた昭和14,5年当時は第三巻からわかるように電子デバイスとしては真空管などが全てで、すなわち真空の中での電子のふるまいを制御するようなデバイスであり、固体の中での電子などのふるまいを利用し、制御するデバイスであるダイオードやトランジスタをはじめとする半導体デバイスはほとんどと云ってもいいほど存在していなかった。すなわち、監修者が大学に入る頃に発明されたトランジスタを始めとする固体デバイスが端緒となって信じられないほどの高度の微細加工、材料開発が進み超小型の機器、軽量な携帯電子機器の出現がおよそ予想だにされなかった時代の講義であるからである。すなわち、電気材料なども基本的には電力発生、変換、輸送などに用いられる機器の材料として既存の材料の中から選ばれると云うような形で採用されていたのであるから、材料の構造と性質、機能性などを徹底的に原子、分子のレベルまで立ち返って学び、開発するために必要な学問にはあまり大きなウエイトが置かれていなかったのである。したがってそこには量子力学、統計力学などをはじめとする高度な物性論的な視点からの教育カリキュラムは充分に存在していなかったのは不思議なことではない。

しかし、注意しておきたいことはそのような量子論的な理解をするうえで必要とされるであろう数学的基礎はこの古い大学講義ノートの後の方のシリーズで説明することになるが、この戦前の時代に十分なされていたのである。また、物理化学特論の講義の中でその基本的な考え方、簡単な表現が説明されている。

つまり、歴史的な学問、技術の変化、流れ、進展を支えた、それを理解させた、それに先立つ教育としてかなりうまく行われていたことをうかがわせる講義ノートと云うことができる。

上で一般的の述べたように、平成25年度の大阪大学電気系の講義タイトルに電気材料はもちろん入っているが、この池田氏が学ばれた戦前の講義内容とは少し異なっていると云ってよい。どちらかと云えば当時は電気工学、産業の立場からすると、それに使う材料は既に存在している材料の中から選ぶ、あるいは、さらにより高性能な優れた材料は化学、金属、セラミックなどを専門とする研究者、技術者に研究、開発してもらうと云う立場であり、電気工学関係の

者はどちらかと云えばユーザー的な立場であったと考えられる。特に、電気技術者にはデバイスの材料と云うより電気を送り、導く、銅などの導電材料を被覆する絶縁材料が重視されていたことを反映して、電気材料学とはなっているが絶縁材料が主となっていたようである。他の材料を補填すると云うような意味合いもあって、電気化学、物理化学特論が併せて講義されていた可能性がある。

現代の教育では戦後の電気電子工学関連の技術の進歩、新しい分野の展開が始まったことが反映されている。すなわち電気工学を専門とするものは絶縁材料は勿論他にさらに多様な材料を駆使する時代に入り、より性能、機能が高く所望の特性、機能を持った材料を直接生み出すべく、研究開発に直接主体となって寄与すると云う立場になってきたのである。したがって、材料に対するカタログ的知識とともにそのような研究開発を可能とする基礎科学的な学問の講義も始まったのである。電気・電子物性論、半導体デバイス、オプトエレクトロニクスなどの講義が多いのはそれを物語っている。一昔前は電気、電子、通信分野には高等学校でも極めて成績優秀な頭脳明晰で勤勉な者が好んで進学してきたのが事実であり、そのような若者が研究開発に直接貢献したことも、戦後のエレクトロニクス分野が大きく進展したひとつの背景である。

池田氏が受講された時代に電気材料学の講義をなされた先生は、ノートの表紙に記されているところを見ると平井助教授となっている。恐らくその後大阪市立大学の教授として活躍された平井平八郎先生ではなかろうかと判断している。当時大阪大学には電気材料関係に近いところでは京都大学出身で当時若手の先生であったと思われるが望月重雄先生がおられた。監修者は平井先生にはお会いしたことはあるが、望月先生には直接お会いしたことはないけれど、不思議なご縁がある。

監修者が育った研究室の犬石嘉雄教授は望月重雄先生に教わったと話されていたが、監修者自身が電気材料の講義を受けたのは犬石教授からであり、しかも監修者自身が教官となって講師として最初に講義したのが電気材料だったのである。一方では犬石教授は電力の七里嘉雄教授に教わり、直接はその後原子力工学科を創設なされた吹田徳雄教授の門下生であったと話されていた。従って高電圧、放電などがご専門の一部であった。実際に望月先生の書かれた本として高圧電気工学、放電工学原論があるようであり、これらは池田氏の学ばれた電気材料の中で中心に位置づけられている電気絶縁材料と学問的にも非常に近いところにある。その後監修者が大学院で電気物性特論と云う講義を行ったが、監修者と磁性がご専門の基礎工学部の望月和子教授と連名での講義であった。この望月和子先生は望月重雄先生の御嬢さんであったのである。

さて、もう一度電気材料の講義そのものに話を戻す。

戦前の電気工学の分野の者にとって絶縁材料が極めて重要であり、また電気工学を学ぶ者にとって分かりやすい領域であったので、電気絶縁材料の講義が主であるが、電気材料を使うと云う立場では、さすがにカタログ的知識も必要であることから戦前から監修者が学んだ昭和35年くらいまで共通の部分がとして類似した材料カタログ的なところもあった。しかし、監修者自身が担当した時代はもっと量子論的にまた物性論的に材料を理解すると共により高度な材料を自ら開発できる力を持たせるべく講義を行ったのも事実である。従って電気材料学は物性論的ないくつかの講義と相補的な形で行われ、かなり高度な基本的なところから実際に利用される材料そのものの具体的なことまで幅広く教育を行ったのである。

20世紀末から21世紀初頭にかけて電気電子産業に関わる分野で大きな進展があったのはトランジスタ、ＬＳＩなど高性能な半導体デバイスの開発によるところが大きいが、小型化、超軽量化による携帯が便になりありとあらゆるところに電子デバイスが活用されるようになったのには他にも重要なものがある。その一つは電力の貯蔵デバイスである。それまで電気、電力を貯蔵するものとしては鉛電池が主であって、従って重量は重く、携帯は便ではなく、しかも貯蔵容量、時間がかなり限られたものであった。ところ次々と新しい二次電池、例えば軽量で高容量のリチウムイオン二次電池などが発明、開発され電力を貯蔵すると云う立場から考えると新しいステージに入って来たと云える。同じく簡便な貯蔵法としてコンデンサ、キャパシタの利用があるが、電極界面現象を上手く使った電気二重層キャパシタの高性能化が続いている。それらの開発、進歩には電極材料の開発がキーとなっている。それらの開発、画期的な進展をもたらすには電気化学的な知識が不可欠であるが、平成の時代の今、電気電子系の大学の講義においてはこの分野についての教育が十分であるとは考えがたい。ところがこの池田氏の在学された戦前の教育において電気化学に対する講義がきっちりとなされていたと云うことは注目に値することである。これが池田氏の電気化学の講義ノートから読み取れるのである。

別の見方をすると、戦前の大学での電気材料に関連する講義の中では電子の振る舞いが主役を演ずる半導体などに比べて、イオンの挙動を活用する蓄電池などのデバイスの重要性が高く、結果として電気化学の講義に重点が置かれていた可能性も高い。実際に後半の実際の講義ノート記録からわかるように、電気材料学の講義ノートの量に比べて電気化学の講義ノートの量がはるかに多いことからも明らかである。

また、物理化学特論の講義内容を見ると、実は戦後の物性論の講義に繋がるような原子、分子の電子状態の基礎、電気分極、光とエネルギーの関係、光の基本的性質について述べられている。しかし量子力学をベースとする本格的な固体の電子論、物性論と比較すると物足らない感があるが、それはその分野の著しい進展が戦後あったと云うことからすると、当然のことと考えていい。

しかし、この三つの講義を受講した学生さんが戦後教官になった時、進歩しつつあった量子論的な考え方に違和感を持たず、比較的に容易になじむことができる基礎力が備わっていたと考えて不思議はない。

監修者自身が講義として習った講義名は全く同一の電気材料があるが、その他そのベースとなる物性論、半導体工学などの講義が別にあった。さらに短期間ではあったが電気化学なる講義もあった。平成の時代にはこの講義はなされていない。監修者が習った電気化学の先生は当時の松下電器産業から非常勤で来られていた岡崎先生であった。既に当時電気化学を系統だって教えることのできる電気化学とそれを利用するデバイス、システムなどの経験を豊富に積んだ専任の先生が大学におられなくなっていたと云うことかも知れない。むしろ阪大の例では応用化学などの学科にそのような先生がおられた可能性が高い。阪大の場合、電気化学は田村先生を初めてとする応用化学の教授がご専門の様であった。すなわち電子の振る舞いに関与する学問の急速の進歩を反映して電気電子関係の学科で研究開発が行われていたのは半導体デバイス等であり、イオンが主役を演ずる電気化学にからむ研究をやられている先生が少なかったのである。

なお、電子を主役とすると一般的に云っているが、実際には電子物性、光物性、磁性など他の面も重要であるが。阪大電気電子工学関連では磁性材料については桜井良文先生が本格的になされていて、筆者は桜井先生から磁気増幅器の講義を受けたことが強く印象に残っている。物質の中の磁性に関する詳しい内容に関する物理的研究は理学部物理学科、基礎工学部で盛んになされていた。従って、そのせいもあって監修者が若手の教官であった頃大学院の電気物性特論と云う講義において、監修者が誘電体特論、基礎工学部の望月和子教授が磁性体特論と分担して行ったのである。因みに先にも述べたようにこの望月先生は我々の先生方が習われた電気工学科の望月重雄教授の御嬢さんであった。

これに対して、半導体に関係する固体物理に近い講義は多くの先生からなされており、大学の電気電子工学関連分野でそれらが重視されていることが分かる。

電気材料に関係するものとして電気絶縁材料が重要なものであった時期があり、関連して高電圧、高電界現象も盛んに研究され、教育もなされた。監修者自身も固体、液体絶縁材料の研究に関与した。気体絶縁材料としては六フッ化硫黄ＳＦ６が重要なものとなっていくが、歴史的には雷と関与して古くから研究がおこなわれており、現代においても続いている。

一方、これらの基本的な側面を理解するのに不可欠の量子力学、統計力学などの講義もあった。筆者自身これらの講義に非常に興味をひかれたので、かなりいろいろな本を乱読した。C. Kittel 著「Introduction to Solid State Physics」、A. J. Dekker 著「Solid State Physics」、量子力学としてはL. I. Schiff 著「Quantum Mechanics」、統計力学は R.W.Garney 著「Introduction to Statistical Mechanics」及びそれらの和訳本、学部４年生から修士課程にかけて読んだのは Landau Lifshitz 著「Course of Theoretical Physics」の和訳、(力学、統計力学、力学、熱力学、電磁気学を始め非常にわかりやすい著書である)、M. Born, E.Wolf 著「Principles of optics」、W.Heitler 著「The Quantum Theory of Radiation」, J.C.Slater 著「Solid State Physics」等々であった。

また、池田氏受講当時は電気材料の中であまり詳しく説明されなかったものに、光関係の材料がある。と云うのは光関係分野で極めて大きなインパクトを与えたのはレーザーの発明であり、これは1960年頃であるから戦前においては論じられるわけがなかった。また光電変換材料など、いわゆる太陽電池に繋がる材料も半導体材料の著しい進歩があって大きく伸びたものであり、戦前の講義では大きく取り上げられることはなかった。しかし、物理化学特論の中では光学についてはある程度の内容が話されている。

もう一つ特筆すべきことは、第二次世界大戦直前でありながら、講義ノートから見ると英語交じりの講義がなされていたようである。しかも、図面の説明文などを見るとドイツ語も書かれている。特に電気化学のノートでは図の説明はもとより章立てまでドイツ語が使われている。恐らく講義の参考書としてドイツ語の本が使われていたことがうかがえる。講義する先生方はドイツ語の専門書、教科書を読まれていた可能性が高い。確かに当時の化学、物理に関してはドイツのレベルが非常に高かったのである。そんな理由からだろうか、監修者らが工学部に入った時、第二外国語として選択するのは殆どの場合ドイツ語であったのである。平成の時代に講義でドイツ語が使われるのは極めてまれである。

電氣材料學

平井助教授

昭和16年3月卒

電気工学科　池田盈造

Index

№	Electrical Insulating Materials	Page
	Part I. General Description	
	Chap. I. Electrical Conduction	
§	Gases	3
§	Liquids	5
§	Solids	9
	Chap. II. Dielectric Constant	
§	Introduction	16
§	Electric Displacement & Dielectric Polarization	17
§	Clausius-Mosotti's Equation	19
§	Debye's Equation	23
§	Electronic & Atomic Polarization	31
§	Miscellaneous Effects upon D.K.	33
	Chap. III. Anomalous Properties of Dielectrics	
§	Anomalous Dispersion	35
§	Absorption Phenomena	37
§	Residual Charge & Electret	42
	Chap. IV. Dielectric Loss	
§	Introduction	45
§	Principle of Superposition	46
§	Maxwell-Wagner's Theory	50
§	Debye's Theory	55
§	Equivalent Circuits for Actual Dielectrics	58
§	Miscellaneous Effects upon Dielectric Loss	58

Index

— End —

"References."

J.B. Whitehead:

Lecture on Dielectric theory and Insulation

A. Gemant:

Elektrophysik der Isolierstoffe

H. Schering:

Die Isolierstoffe der Elektrotechnik

大塚眞夫：

電気材料学

鳥山四男：

電気絶縁論

沼倉秀穂：

誘電体論

1

Electrical Insulating Materials

Part I

General Description

Introduction

一般に絶縁物といふものは charge を全然通さぬか通しても僅かで実用上は通さぬと見なし得るものと考へられてゐる。故に任意の導体の上に charge を他の物体に対し separate し得る。この意味で charge を separate するといふ意味で電気絶縁体といふ。所が charge は絶縁体を通過し得ぬが電気力が之を通して作用し例へば condenser では其の絶縁体を媒介として charge が induce されて所謂誘電現象が起る。この意味では其の物体を誘電体と称する。即ち全く1つのものに対し charge を通すか否かといふ点からみれば絶縁体であり、誘電現象の媒介をするか否かからみれば誘電体である。そこで其の特性を利用する上からいって絶縁体は必ずしも誘電体である必要はないが誘電体は絶縁性をもってゐないと conduction の現象と誘電現象が区別しにくくなり dielectric とは見られなくなる。

絶縁体は理論的には free ele" を含むことが少いと考へられてゐる。之は現在に於ける学説に支持されてゐる。一般に物体は atom から成ってゐて atom は原子核と nucleus から成立つ。atom は其の atom no. と同数の ele" をもつ。所が atom の結合状態によっては atom の最も外の el" を失って +ion になり易い。又或 atom は外から el" を取って −ion になり易い。atom の最外の el" を何ケ失ふか又何ケ外から el" を取るかといふ数が其の原子価であって之が化学反応では重要である。最も外の el" の数により化学作用が決定される。1つの orbit に存在し得る el" の最大の数は 8ケであって 8ケ揃ってゐるときは el" の授受はない。即ち極めて安定である。Rare Gas は之に属する。所で最も外の軌道に 1ケとか 2ケの el" があると、この el" を

atomから引はなすことは楽である。又逆に外のel"が8ヶ以下少いときはel"を貰って8ヶにならんとする傾向がある。

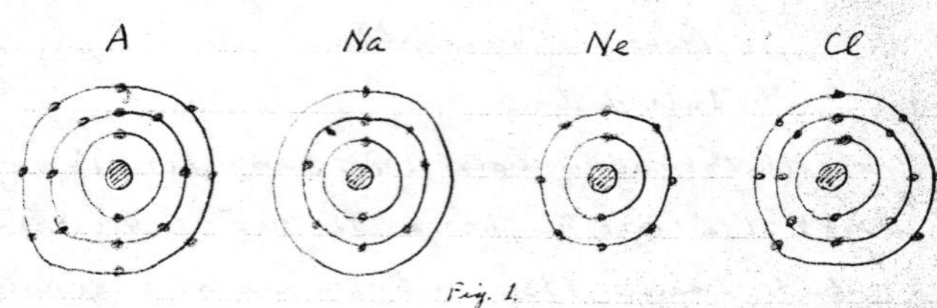

Fig. 1.

以上はel"を失って+ionを作り易い原子即ちelectropositiveのものはcond^rに多い。外からel"を取入れて−ionを作り易いもの即ちelectronegativeのものは絶縁物である。electropos.のものではel"がlooseに結合されてこのel"がcond^rに於けるconductionの役目をする。逆にelectronegのatomでは仮にfree el"があってもすぐにこれを取入れて安定になってしまう。即ち電気を通さないことになり絶縁物になるわけである。一般の絶縁物はmonoatomicでなく化合物であるがそれらについても全く同様にこの考へがapplyされる。即ち化合物中にfree ele"が少なければ絶縁物である。要するに<u>絶縁物は自由に動き得るel"がない</u>のである。勿論絶縁物に於けるcond"の理由はionに基くものもあるがこれは後述する。

Chap. I. Electrical Conduction

§ Gases

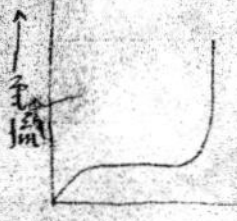

絶縁体として用いるgasは主として空気であるが最近弗素系統のgas CCl_2F_2などについて研究されつつある。空気は殆ど完全な絶縁物であるが僅かの電流は流れる。その原因は結局空気中のcharged particlesによっているのである。charged particleは放射性物質からくる α, β, γ, etc. のrayによって作られたものである。空気の電離されてionを生じる割合は1sにつき 10〜20 ions/cm³であり一方中和をするからsteady stateでは両方のion数は 200〜1000 ions/cm³であるといわれている。空気のele field中にある時はfield intensityが小さい時はvolt-crtの関係は大体Ohm's lawに従う。その時のresistivityは $3\times10^{15}\ \Omega/\mathrm{cm}^3$ である。然しfield intensityが 100 V/cm の程度になるとcrtがsaturateする。更にintensityを高くすると所謂ionization by collisionとしてspark dischargeを起す。空気の火花放電電圧は 30 kV/cm である。

電流 ↑

電圧 →

一般気体のcond^n もairの場合と全様で結局気体中のionによって伝導が行われるのである。ionを含む気体がfield内に置かれるとionは熱運動をすると同時にfieldの方向に加速されて図のような経路をたどりながら相手の電極にゆく。一般に $e_1, e_2, \cdots$ なるchargeをもったionのfieldの方向への $v_1, v_2, \cdots$ なるvelocityを持つとし、そのunit vol. 中の数をそれぞれ $n_1, n_2, \cdots$ とすると電流密度 J は

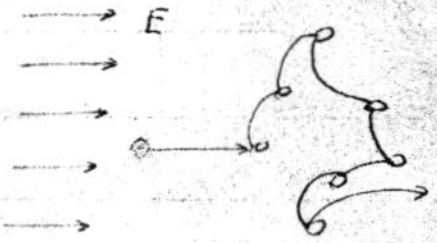

E

Fig. 2

$$J = \sum e v n \qquad (1)$$

この式は電気伝導のmechanismを示すに大切である。

vel. v は field intensity E の小なる時は之に比例すると考へられる

$$v = bE \quad \text{-------------------} \quad (2)$$

b: Mobility (移動能度) of ion

$$b = \frac{el}{mV_0} \quad \text{-------------------} \quad (3)$$

e: ion charge

l: mean free path

m: ion mass

V_0: 熱運動における実效速度

bはgas press. が大となると減ってくる。温度の高くなると増加する。所が press. や temp. が const であっても field intensity の大となると b の値が変化する。それで (2) が成立しなくなる。所の実際の場合 field intensity を強めてゆくと ion の運動よりも free el" の運動が著しくなって見掛け上 ion の移動能度の増加する。しかし ion や free el" の1ケ1ケの移動能力は field を強めると却て減る。速度は結局 $\sqrt{E}$ に比例する様になる。

今 v_1, v_2 を夫々空気の+及び−ion の velocity, b_1, b_2 を mobility, charge を何れも e であると仮定すると電流密度は

$$J = ne(v_1 + v_2)$$
$$= ne(b_1 + b_2)E$$

where, n: unit volume についての ion の数

従て空気の conductivity λ は

$$\lambda = ne(b_1 + b_2) \quad \text{-------------------} \quad (4)$$

により決定される。

次に ion の速度が field の作用を受けて十分に大となると中性分子を ionize するに十分な energy をもつ様になる。今 d^{cm} の gap をもった平行平面

電極間に気体をおいて電極間に加へる電圧が十分大きい場合に就いて考へる。cathode の unit area から n_0 個の el⁻ が出発する。それが anode に向って進む間に α なる ion化係数で ion を作るとすると結局 anode に達する電流は i とすれば

$$i = e n_0 \varepsilon^{\alpha d} \quad \text{------------------} \quad (5)$$

更に field intensity が更に高くなって pos. ion の運動も激しくなって β なる ion化係数で ion化するとすれば total cnt は (5) の代りに

$$i = e n_0 \frac{(\alpha-\beta)\,\varepsilon^{(\alpha-\beta)d}}{\alpha-\beta\,\varepsilon^{(\alpha-\beta)d}} \quad \text{------------------} \quad (6)$$

更に field intensity が大となって pos. ion が cathode に衝突してそれから 2ndary el⁻ を出す場合には γ なる係数を考へる必要があり、又 pos. ion の recombination, 分子の excitation に伴ふ光の作用によって陰極から el⁻ の出てくる場合には δ なる係数を考へる必要がある。

§ Liquids

絶縁液体の D.C 電圧による conduction の主な原因は液体中にとけた水分とか electrolyte の電解的解離による。相当に pure にしたものでは、光電効果や X-ray, 放射線, 宇宙線を照射した el⁻ や ion によると考へられている。相当に pure にした volt-cnt の関係は下の図の如くである。

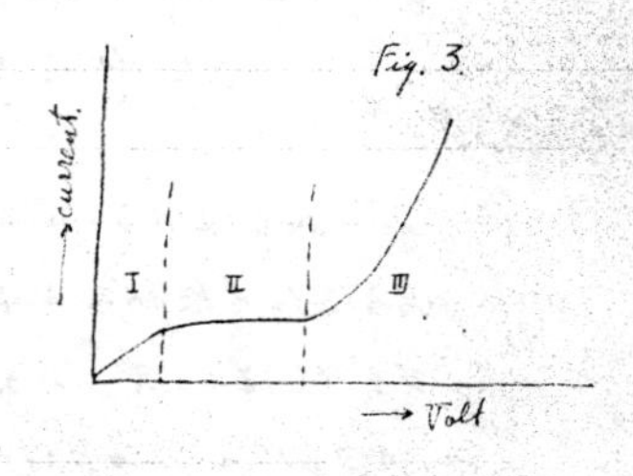

即ち volt と cnt の比例する部分 I と cnt の飽和を示す部分 II と更に高い電圧で ionization の為に cnt の急に増加する部分 III の3つの部分からなる。しかし普通の液体では II の部分は実際に測定されること

は困難である。

Liquid 中の conduction は気体と異なり ion 又は charged particle の移動によると考へられる。この場合には ion が液体中を移動する時に受ける摩擦抵抗によって elec force と反対方向に力を受けて所謂 Stokes' Law が成立する。

今 field intensity を E, ion charge e, 半径 a, velocity v, 液体の粘性係数を η とすれば Stoke law により

$$eE = 6\pi\eta a v \quad \text{------------} \quad (7)$$

故に field intensity の unit に対する ion velocity 即ち ion の mobility の b は

$$b = \frac{e}{6\pi\eta a} \quad \text{------------} \quad (8)$$

なお E を V/cm であらわせば $1^{V} = 1/300$ esu なる故

$$b = \frac{e}{1800\pi\eta a} \quad \text{------------} \quad (9)$$

η, v は温度により変化するから (7) 式から温度の函数として求めると

$$\frac{1}{v}\frac{dv}{dT} + \frac{1}{\eta}\frac{d\eta}{dT} = 0$$

又 Fluidity 流動度を f であらはすと

$$\frac{1}{v}\frac{dv}{dT} = \frac{1}{f}\frac{df}{dT}$$

ion の相互作用並びに解離度に変化がない時には ion の移動速度の温度係数と流動度の温度係数とは相等しい。

元来粘性なる考へは統計的の数量であって之は平均値としては容易に測定し得る。この粘性なる量が ion の速度従て電気伝導度と密接

な関係のあることは極めて重要である。例へていへば H_2SO_4 の如き強電解質のものでも十分冷却して 10^{13} poise（絶対単位）の粘度の状体にすれば極めて優秀な diele になる。この考へ方は固体——amorfous の diele に応用し得るのであり注目に値する。又有機物に於て粘度と重合度或は縮合度の関係は多くの研究者によつて吟味されてゐる。之等の導電率と関係することも推定出来る。

ion が(9)式で示す様な mobility で液体中を移動するの導電率を知るには ion 濃度を考へる必要がある。例へば油中に於てはその中に介在する夾雑物の微粒子が charge をもつてゐて、その field の作用を受けて移動して cur を生ずることも考へられる。又吸収された水分が H^+ と OH^- に分れ、それによつて導電現象が生ずる。更に又油の如き有機液体ではその油に吸収された酸化が起つて種々の[illegible]の酸をつくる。それが解離して導電現象をあらはす。之等種々の機構が考へられるがこんな解離現象は種々の const によつて平衡状体になると考へられるから、今1つの中性分子が各々1つづつの +, − の ion に分離するとすれば

$$\frac{C^2}{C_0} = K \quad \text{or} \quad C = \sqrt{C_0 K} \qquad \text{(10)}$$

が成立つ。

ここに C は + or − の ion 濃度

C_0 は解離しない中性分子濃度

K は解離恒数

又 $\log K = B - \frac{A}{RT}$ とあらはされ。［鳳山：電気化学 上巻］

A は 1 mol 当りの解離熱

R は gas constant

B は積分常数.

従って(10)式より $\Gamma^{C.C.}$ 中の ion の数は温度の高くなると増加する。一方粘性係数 η は温度によって変化し一般に次の如き形式で与へられる。

$$\eta = \eta_0 e^{\frac{\beta}{T}} \quad \cdots\cdots (11)$$

要するに導電率は ion 濃度と ion の mobility との積に比例するから結局液体誘電体の conductivity σ は温度と共に急激に増加し次の式で表はされる。

$$\sigma = \sigma_0 e^{-\frac{\alpha}{T}} \quad \cdots\cdots (12)$$

σ_0, α は材料により定まる constant

次に電解質に基く conduction の場合には電圧を増加すると conductivity が増加する。之は Wien's effect といはれ、次の様に考へられる。即ち1つの moving ion の周囲には符号反対の charge をもつ ion が集って ion atmosphere を形成する。之は ion の静止するときは symmetry になっているが、それが動くと asymetric になる。それで ion が反対方向の電気力を受ける様になる。field が弱い時には ion は反対符号の atmosphere をひきつれながら移動する。更に field が強くなると ion atmosphere を抜け出て単独で電気伝導をする。その為に conductivity の急増する。

更に field が強くなって gas の時と同様に ion 化を起す様になると、III の domain となる。この場合の電流は

$$i = i_s e^{cd(E_m - E_s)} = i_s e^{\alpha' d} \quad \cdots\cdots (13)$$

i_s : 飽和電流

E_s : 飽和電流範囲から ion 化へ移る時の field intensity

E_m : electrode の間隔を d とした時の平均の field intensity

α' : $\alpha' = c(E_m - E_s)$

尚 high field intensity の時の conduction に及ぼす影響としては electrode の area と polarity, 又 pressure などである。

次に liquid diele に D.C. volt. をかへるとかへた瞬間には比較的大なる crt が流れる。それが時間と共に減少して遂に或る一定値に達する。即ち conductivity が時間と共に変化してゐることになり、その conductivity ははっきりと定められない。volt をかへてからの時間が問題となる。油などでは 3～5 min で測定すれば大した誤はない。この現象は多くの人が研究したが、その1つの説明としては、電圧をかへると時間と共に ion の分布が変る。ele^de 附近の ion 濃度が増加して電解的 polarization によって逆起電力が増大する為に見かけの conductivity が減少するのであるといふ。

§ Solids

固体誘電体では其の conduction の機構は非常に複雑で解決されてゐない。diele を流れる電流は ion によるものと electron によるものと2つ考へられるが、主としては ionic conduction である。この ionic conduction の mechanism は非常に複雑で、例へば結晶体の如き構造の規則正しいものでも理論は定ってゐない。

(1) J. Frenkel "Platzwechsel Theorie" 位置交換説

結晶格子は構造上欠陥があるから起るといふ。即ち格子の中に ion の欠けた所があり、そこへ他からの ion が飛込み、その開いた所へ隣りから又飛込んで順次 ion が移る。これを統計的に考へると1つの ion が移行したと全体に考へられる。

(2) A. Smekal

Free ion が有るといふ。とくに crystal について X ray 写真でみられる。

10

規則正しい排列をなす 10^{-6} cm 程度の裂目にあり。この裂目の生ずる時に Free ele^{n} に相当する free ion が生ずる。之の field に依り動いて conduction となるといふ。

以上二つの説は各々に立ち論争を続けられ未解決のまゝである。A. Joffé は Smekal の説には反対である。

~~Liquid~~ Solid は ionic conduction であるが electronic conduction は問題にせずによいが electron に依り得ることは確かである。KBr, KI などは光を当てて conductivity を増える。之は格子にくっついていた ele^{n} が free になって動き出したのである。

(a) Space charge の effect.

cur^{t} が solid diel を介して流れるとき、その結晶内を通るものと表面を通るものと二つあり。ここでは結晶内を流れるもののみにつき考へる。一般に solid diel に D.C. volt. を加へると液体の時と全様に volt. を impress した瞬間から電流の値が減少して遂には或る一定値に落つく。但し const になるまでの時間は liquid の時より遙かに長い。こんな場合 cur^{t} が時間と共に減少するから誘電体の固有抵抗の値は電圧を印加してからの経過時間によって違ふということになる。或る人は1分に define してある。

この現象につき Joffé は次の様に考へてゐる。cur^{t} の時間と共に減るのは抵抗が時間と共に変るのでなく polarization に基く逆起電力が時間と共に大きくなる。従て cur^{t} が減少すると考へて真の抵抗を求めてゐる。その実験結果は print の如し。彼は更に solid diel の中の内部の電位分布を知る必要あることに着目して水晶片を用いて時間的な電位分布を測定してゐる。電圧を印加して直後から経過した時間経過と共に Fig. 4 ①, ②, ③ の如く電位分布が変る。この時間は資料により異なる。水晶では30分～2時間である。

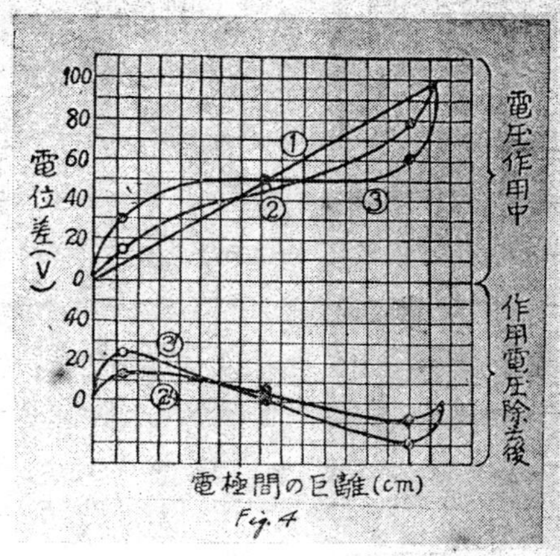

Fig. 4

電圧を除去すると電位分布は③′②′の様に変化する。終に定常状態になる。

こんな実験的事実から polarization の作用のあらはれることが推測される。一般に solid diele に volt を加へると、中性原子又は分子が polarize して dipole になる。次に材料自体のもつ dipole の回轉による polarization とする。更に移動 ion が電極附近に移り電極附近に偏在する為の表様の3つの polarization がある。これらの polarization によって counter emf を生ずると考へられる。そこで今 diele にかかる volt を V、逆起電力を P、cut を I、真の抵抗を R とすれば

$$R = \frac{V - P}{I} \quad \text{------------------------------} \quad (14)$$

この R を求めるには

① P と I を直接測定して (14) から R を求める。P を定めるには或る時刻に I を測定した直後に impress した電圧を急に減らして瞬間 cut が 0 になる様な V を等しいとして測定する。或いは印加電圧を急に断って逆起電力 P が瞬間 0 になる様な電圧を逆にかへる。この方法は principle の上からいって不完全である。何となれば P は始めの値が時間と共に急に変るからこんな方法では誤差が大きい。

② 外部からかける電圧 V を急に僅かな ΔV だけ変化すれば、その時の I の

変化のIを測定すると $\frac{\Delta V}{\Delta I} = R.$

Pは徐々に蓄るから印加電圧を急にかへた時はPは先づconstとみてよいから この式が成立する.

以上の如くまで印加してから測定するの時々電圧をかへて測定した所 Rの値はconst.であったとJofféはいふ。

今solid dieleᶜの static cap.をC. charging crtを $\frac{dQ}{dt}$. total crtをIとすると S.W. Richardson は次の様な関係式を示してゐる.

$$I = \frac{dQ}{dt} + \frac{V-P}{R} \qquad (15)$$

上述のJofféの式は右辺才一項をneglectしてゐるが 実験的には一定のconst.のRを得てゐる。 これに対し東北大の三枝・清水は

$$V-P = \left(I - \frac{dQ}{dt}\right)R + \frac{1}{C}\int_0^t i\,dt \qquad (16)$$

即ち右辺の 2nd termは $q = \int_0^t i\,dt$ なるchargeが蓄積したときの電位の上昇をつけ加へてゐる.

(6) Temperature effect.

solid dieleᶜのconductionがもし el^n によるならば大してtemp.に関係しないが、もし電解的であればionの解離及び内部の摩擦抵抗にtemp.の影響を受けるのであってそれに対して次の様な関係式がある.

$$\rho = \rho_0 e^{\frac{\alpha}{T}} \qquad (17)$$

$$\text{or} \quad \rho = \rho_0 e^{-\beta t} \qquad (18)$$

(Königbergen, 1906)

where ρ : 固有抵抗

ρ_0, α, β : material const.

T : abs. temp. t : °C

(17)は(18)より種々の広い範囲に対して apply 出来る.

Fig.5は A. Joffé が水晶及び方解石に就て測定した結果である. 図から分る様に $\log \rho$ と T は直線関係になってゐる.

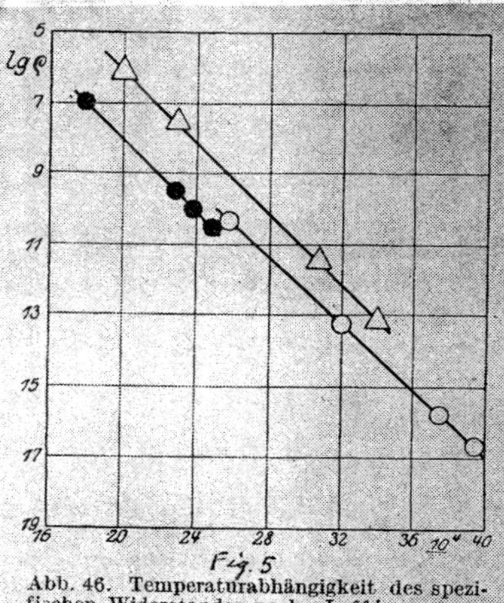

Abb. 46. Temperaturabhängigkeit des spezifischen Widerstandes nach Joffé.
● △ Quarzkristall, ○ Kalkspatkristall.

(C) 電界の影響

一般に solid diele の specific resist. は之に加へる field intensity によって変化する. 強くなる程減少する. H.H. Poole は次の関係式を与へてゐる.

$$\rho = \rho_0 e^{-\gamma E} \quad \text{--------} \quad (19)$$

E : field intensity

γ : material const.

intensity が大となる程 specific resist が減少することは ion の運動により所謂 ionization by collision を起す為か或は ion の運動によって其の path の局部的に temp. rise を起して ion mobility の増加を来す為か現在の所不明である. 然るに一方 K. Sinjelnikoff & A. Walther は mica について実験した結果によると polarization による counter emf を考へに入れて抵抗を求めると結果 field の強さといふものは材料の真の固有抵抗には殆ど影響していないことを述べてゐる. 其の実験結果

は Fig. 6 である。

又 E. Evershed は水分を含む繊維質の material 例へば filter paper の如きものの resist. が voltage を増加することにより減少する現象の説明として、水分の大部分は繊維質の空隙に水滴として存在してゐる場合一部分は毛細管となって繊維の中に入り込んでゐて、その入り込んだ水は気泡によって切れ切れになって居り、気泡の廻りの毛細管の内壁が水分の薄い layer で濡らされてゐる。この薄い layer が通路の主電抵抗になってゐる。今 D.C volt. をかけると其の水滴中の水の一部は薄い layer の方へ押しやられ、水の内壁が厚くなって導電性が増加すると考へられてゐる。(Fig. 7 参照)

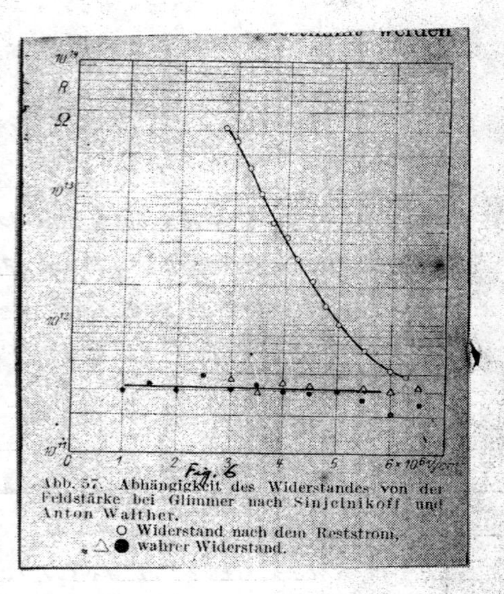

Fig. 6

Abb. 57. Abhängigkeit des Widerstandes von der Feldstärke bei Glimmer nach Sinjelnikoff und Anton Walther.
○ Widerstand nach dem Reststrom,
△● wahrer Widerstand.

(d) 不純物の影響

solid diele 内にある chemical analysis により検出出来ない程度の不純物の混入によって specific resist は著しく低下する。不純物は一般に固有抵抗に Hysteric な性質を与へ、固有抵抗の値を決定的に定めることは困難を生ぜしめる一原因になる。例へば石炭酸系の合成樹脂(ベークライト)に於て酸又はアルカリを catalizer として作ったのは Catalizer を用ひないものに比べて其の絶縁性能が著しく悪いのは酸又はアルカリの痕跡が不純物として残ってゐる為であると考へられる。このことは逆に

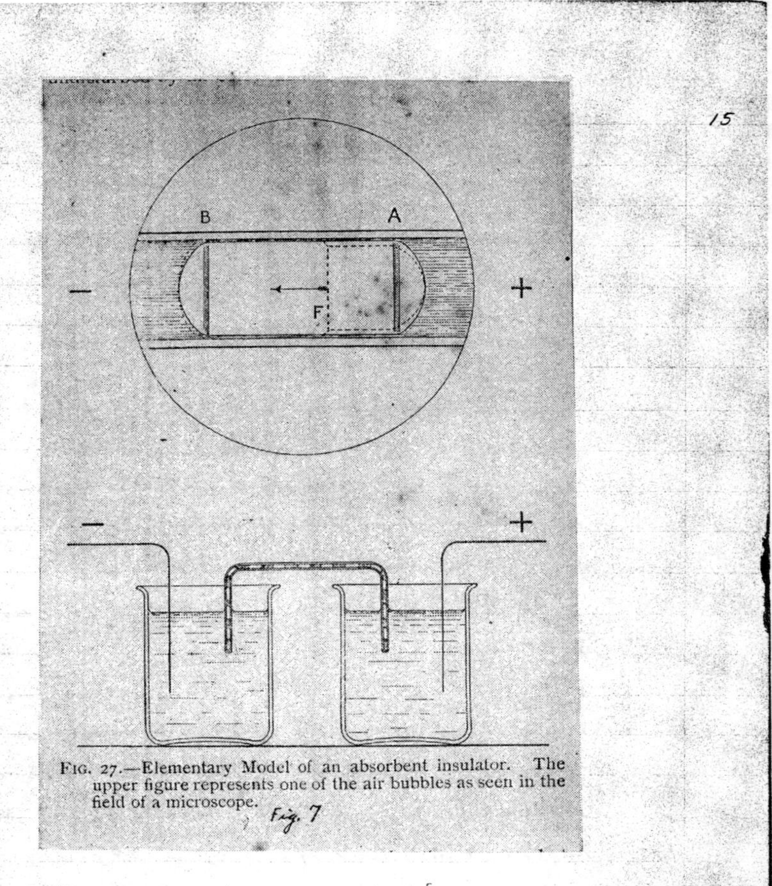

FIG. 27.—Elementary Model of an absorbent insulator. The upper figure represents one of the air bubbles as seen in the field of a microscope.

Fig. 7

いへば微量の不純物の除去によつて dielc の性質を向上せしめ得るのであつてこの事実は工業的に極めて重要である。

Chap. II. Dielectric Constant

§ Introduction

diele const. は導電率, 絶縁耐力と共に絶縁物の重要な一特性である。
D.K. は色々の定義があるが電気工学では次の様に定義する。 eps

~~D.K. とは~~ Dielectric を以て充たした condenser の ele-static cap. を C,
真空にしたときの cap. を C_0 としたとき

$$\varepsilon = \frac{C}{C_0}$$

を以て D.K. とする

真空の誘電率を1とすると1気圧の空気の D.K. は 1.000590 程度である。一般に ε は常に1より大で、どんな実在の diele でも field が加われば vacuum より大なる charge を誘起する。

D.K. の定義からわかる様に ε の大なるものと小なるものとを series に使って之に電圧を加えると ε の小さい方に余計に電圧がかかる。この事実は高圧工学に於て絶縁をなすときは常に考慮せねばならぬ。condenser をつくる場合には ε の大なることが望ましく、勿論この場合 diele loss とか conductivity の小なることが望ましいことは言を俟たぬ。高周波用絶縁物には condenser 用としては ε の大なること、diele loss の小なることが望ましいが一般の H.F. 絶縁に対しては ε も diele loss も共に小なることが望ましい。

Maxwell の理論によると D.K. の ε 及び permeability μ なる物質内に於ける電磁波の velocity v は

$$v = \frac{c}{\sqrt{\varepsilon\mu}}$$

$$c = 3\times10^{10}\ \mathrm{cm/s}$$

で表はされる。故に1の物質の em. wave に対する屈折率 γ は

$$\gamma = \frac{c}{v} = \sqrt{\varepsilon\mu}$$

然るに普通誘電体では $\mu=1$ なれば.

$$\gamma=\sqrt{\varepsilon}$$

$$\text{or}\quad \gamma^2=\varepsilon \qquad \text{- - - - - - - - - - - - - - - - - - - -} \quad (21)$$

である。この関係は e.m. wave で成立し freq. の低いと成立しない。この式は実在の diele 中に於ては量的には一致しないが定性的には一致する。em wave の理論に cond^r は光を通さぬ diele は光を通すとある。事実 diele は光を通すものが多い。一般に理想的な diele 程 (21) がうまく成立する。成立しない代表的なものは水にて $\varepsilon=80$, $\gamma^2=1.7$ である。

§. Electric Displacement and Dielectric Polarization

どんな物体も el^n と pos. neucleus とが電気的に力学的に結合状体にあるという構成をなしてある。之が field に於ては electric force によって正負の charge が displace する。Free electron や遊離 ion の多い conductor では夫等の移動によって conduction の現象をあらはすのであるが diele^c では el^n と neucleus とが弾性的に結合してあるから field intensity に応じて結合の位置から単に或る距離だけ displace すると考へられる。今 unit vol. 中の分子の数を n 各分子の pos. neucleus の全体の charge の量を e, neucleus 及び el^n の displacement を同等の為に其の charge の量について平均して考へて陽核と el^n との相対的変位を s とすると.

$$P = nes \qquad \text{- - - - - - - - - - - - - - - - - - - -} \quad (22)$$

この量 P を diele polarization となづける。

field に垂直な誘電体の表面には単位面積について P の絶対値 $|P|$ の surface charge があらはれるから vacuum の場合よりて $|P|$ だけ余分の charge density が極板に現はれる。今 Fig. 8 に示すように.

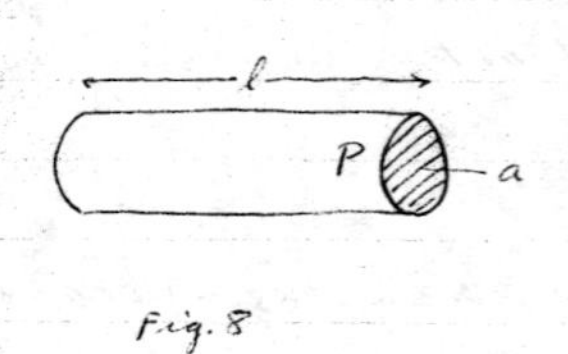

Fig. 8

円筒状の diele^c を考へると diele polarization により両端に charge があらはれる.
両端の面積を夫々 a とし. diel poralization を P とすると. この cylinder end に現はれる total charge は Pa である。

cylinder の長さを l とするとこの cylinder の ele^c moment は

$$Pa \times l.$$

であり. $a \times l$ は cylinder の vol. であるから結局 P は

$$P = \frac{\text{Electric Moment}}{\text{Volume}} \quad \text{-------------------} \quad (23)$$

である.

即ち Diele^c polarization は unit vol. の ele^c moment で示される.
さて一般に diele^c に於て field に垂直な平面(狭い)で包まれた空所を考へると. この空所内に於ては全体の場合の field intensity E より $4\pi P$ だけ余分の field intensity D を生ずる. 即ち

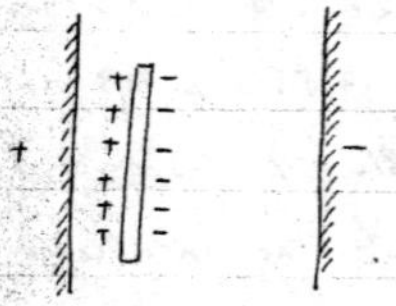

$$D = E + 4\pi P \quad \text{-------------} \quad (24)$$

この D を ele^c displacement. 又は diele^c flux density といふ。

Fig 9

D は E の大なる程大きいのであって

$$D = \varepsilon E \quad \text{-------------------} \quad (25)$$

vacuum 中では $\varepsilon = 1$ なるから $D = E$
又 (22) に於て 真空では $n = 0$ なるから $P = 0$ 従て (24) から $D = E$ とも考へてよい。

§ Clausius-Mosotti's Equation

今外部から intensity E なる field を与へたときに diel 内の各分子に F なる el force が作用するとし、各分子が夫々 $\pm e$ なる charge をもち、それが F に比例して S なる displacement をなし、

$$fS = eF$$

なる関係が成立するものとすると、分子の el moment $m_0 = eS$ は上の式から

$$m_0 = eS = \frac{e^2}{f} F = \alpha_0 F \qquad (26)$$

従て polarization $P = n m_0 = n \alpha_0 F \qquad (27)$

$$\text{where} \quad \alpha_0 = \frac{e^2}{f} \qquad (28)$$

この α_0 を分子の Polarizability 或は分極率 となづけ分子構造による固有の常数である。外部から加へた field E と diel 内の分子に作用する force F 及び diel polarization P との間には次の関係がある。

$$F = E + \frac{4\pi}{3} P \qquad (29)$$

[H.A. Lorentz : Theory of Electron p.306]

この関係は分子間に分子力が存在する場合には厳密には当てはまらぬが気体、液体、特殊の固体結晶には当てはまる。

(29)(27) 両式から

$$n\alpha_0 E = \left(1 - \frac{4\pi n \alpha_0}{3}\right) P \qquad (30)$$

従て (24), (25), (30) が全部成立する為には次の関係が得られるわけである。

$$\begin{vmatrix} 1 & -1 & 4\pi \\ \varepsilon & -1 & 0 \\ n\alpha_0 & 0 & \frac{4\pi n\alpha_0}{3}-1 \end{vmatrix} = 0$$

$$\therefore \quad \frac{\varepsilon-1}{\varepsilon+2} = \frac{4\pi}{3} n\alpha_0 \quad \text{------------------} \quad (31)$$

気体では $\varepsilon \fallingdotseq 1$ なるため　$\varepsilon - 1 = 4\pi n\alpha_0$

今分子量 M, 密度 ρ として $\frac{M}{\rho}$ を両辺に乗ず

$$\frac{\varepsilon-1}{\varepsilon+2} \cdot \frac{M}{\rho} = \frac{4\pi}{3} \frac{M}{\rho} \cdot n\alpha_0 \quad \text{------------------} \quad (32)$$

然るに $\frac{Mn}{\rho}$ は1瓦分子量中に含まれる分子の数 即ち Avogadro's no. の N で 6.06×10^{23} である。

結局

$$\frac{\varepsilon-1}{\varepsilon+2} \cdot \frac{M}{\rho} = \frac{4\pi}{3} N\alpha_0 \quad \text{------------------} \quad (33)$$

(33) が Clausius-Mosotti の式である。

この式の右辺は一定の分子に対しては const であって Molar Polarization となづける。これは体積の dimension をもっている。今これを P_m で表せば

$$\frac{\varepsilon-1}{\varepsilon+2} \frac{M}{\rho} = P_m \quad \text{------------------} \quad (34)$$

又 P_m は　$P_m = 2.54 \times 10^{24} \alpha_0$ ------------------ (35)

分子量及び密度既知の物質の D.K. を測定すると P_m 従って α_0 はわかるのである。

$\varepsilon = \nu^2$　(ν: 屈折率) の成立する物質に対しては.

Lorentz-Lorenzの関係で表はされるモル屈折とモル分極とが等しくなる。

即ち

$$\frac{\varepsilon^2-1}{\varepsilon^2+1}\frac{M}{\rho}=P_m=\frac{4\pi}{3}N\alpha_0 \quad \text{-----------} \quad (36)$$

がLorentz-Lorenz's equationである。この式はH.A. Lorentzが理論的に、L. Lorenzが実験的に求めた式である。

次に示す表は普通の光に対する単原子分子及びそれ以外の分子の平均のPolarizability 分極率 α_0 を示してある。

第一表　単原子分子分極率

分子	He	Ne	A	Kr	X
$\alpha_0 \times 10^{24}$	0.202	0.392	1.629	2.46	4.00

第二表

分子	H_2	N_2	O_2	Br_2	Cl_2	CO_2
$\alpha_0 \times 10^{24}$	0.79	1.76	1.60	6.70	12.57	2.65
分子	CH_4	CCl_4	C_2H_2	C_2H_4	C_2H_6	C_6H_6
$\alpha_0 \times 10^{24}$	2.61	10.5	3.33	4.27	4.57	10.30

前述のPmが体積のdimensionをもつ説明としては次の如くである。

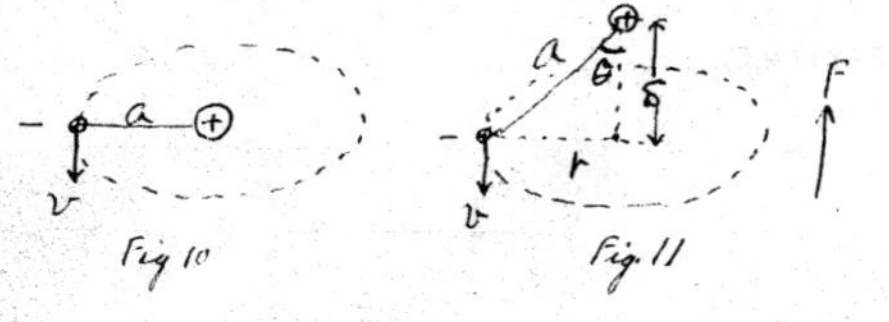

Fig 10　　Fig. 11

図の如きH原子を考へる。電子の運動面に垂直の方向にFieldをかけるとelⁿはFieldの方向と反対方向にdisplaceし、円運動をつづける。

よって elⁿに働く力を考へると、

(1) Neucleusとelⁿとの間に働く引力

$$-\frac{e^2}{a^2}$$

(2) 円運動による遠心力

$$\frac{1}{2}\frac{mv^2}{r}$$

(3) Fieldによりて与へられるField方向の力　eF.

である。

Coulombによる力の変位方向に垂直な方向の力とFieldによる力とがbalanceする。

$$\frac{e^2}{a^2}\cos\theta = eF.$$

or $$\frac{e}{a^3}S = F$$

$$\therefore\ eS = a^3F.$$

所で(26)により　$eS = m_0$

$$\therefore\ m_0 = a^3F.$$

(26)と比較すると　$\alpha_0 = a^3$　となる。従て P_m は体積のdimensionをもつことがわかる。

又次の様に考へてもよい

$$eS = \alpha_0 F$$

左辺はchargeに長さをかけたもの。Fieldの強さFは[電荷/長さ²]なるため α_0 はvolumeをもつことになる。

§ Debye's Equation

(a) Non-Polar Molecule & Polar Molecule

diélec を種々の condition において ε を測定して (34) を吟味すると、或る物質に対しては理論と実験がかなりよく一致するが、或る物質では全然一致しないことがある。例へば温度をかへて P_m の値を求めた場合に H_2, A, C_2H_4 の如きでは P_m は温度により変化しない。然し NH_3, C_2H_5Cl の如きものでは温度により P_m の値が変る。この事実を説明する為には別の考へを入れなければならぬ。それが Polar Molecule の考へである。

前述の如く diele の分子は Field の作用により diele polarization を生ずるが、この polarization は1の分子内の正負の charge が相対的に変位して Field の為に ele moment を生ずる場合である。然るに或る種の分子では正負の charge の重心が一致していない。従って外部からの field が加へられなくても始めから ele moment をもってゐる。正負の charge の重心が一致してゐて Field の作用で始めて ele moment をもつ様な分子を <u>Non-Polar Molecule</u> といひ、始めから ele moment をもつ分子を <u>Polar Molecule</u> となづける。Polar Molecule は固有の ele moment をもっては居るが、外部からの Field が存在しなかったならば各 dipole の軸が色々な方向に向ってゐるので、その電気力が互に cancel して外界には現はれて来ない。然るに之を Field 内におくと、回転力を受けて Field の方向に向ってその向きを変へる為に Non-Polar の時の diele polarization の外に dipole の回転による <u>Rotation Polarization</u> が現はれる。
(回転成極)

一般に Non-Polar Molecule の場合には温度に対して P_m は一定であるが、Polar Molecule では温度により変化する。

24

(b) Electric Moment of Polar Molecule (Dipole Moment)

今或る一つの polar-Molecule が $e_1, e_2, e_3, \cdots$ の charge をもっている。且つ電気能率を一般に μ で表はすとする。分子は電気的には中性であるから

$$\sum_i e_i = 0.$$

この分子の電気能率を考へるのに分子内の或る点を原点とした直角座標に対する各 charge の coordinate を夫々 $(x_1, y_1, z_1), (x_2, y_2, z_2), \cdots$ とすると此の分子の ele moment は x, y, z 軸の方向に夫々

$$\left.\begin{aligned} \mu_x &= \sum e_i x_i \\ \mu_y &= \sum e_i y_i \\ \mu_z &= \sum e_i z_i \end{aligned}\right\} \qquad (37)$$

の comp^t をもつ。全体の大きさは

$$\mu = \sqrt{\mu_x^2 + \mu_y^2 + \mu_z^2} \qquad (38)$$

であらはされ、此の分子固有の値と考へられる。

分子の el moment の値は物質の化学構造を考へるのに非常に重要な役割を演じて居り、物理化学者により多くの物質について測定され、現在のわかってゐる物質は約 1000 にも達してゐる。

Reference :—

Smith : Dielectric Constant & Molecular Structure

第三表

分子の双極子能率

$(\mu \times 10^{18}$ esu$)$

分子	$\mu \times 10^{18}$	分子	$\mu \times 10^{18}$
H_2	0	NH_3	1.48
N_2	0	BCl_3	0
O_2	0	PCl_3	0.90
Br_2	0	$SOCl_2$	1.38
CO	0.10	C_2H_2	0
NO	0.16	CH_4	0
HCl	1.03	CH_3Cl	1.86
CO_2	0	CH_2Cl_2	1.62
CS_2	0	$CHCl_3$	0.95
OCS	0.65	CCl_4	0
N_2O	0.17	C_2H_4	0
H_2O	1.87	$C_2H_2Cl_2$ (トランス)	0
		$C_2H_2Cl_2$ (シス)	1.89
		C_2H_6	0
		$C_2H_4Cl_2$	1.1
		C_2H_{12}	0
		C_6H_6	0
		C_6H_5Cl	1.56
		$C_6H_4Cl_2$ (オルト)	2.25
		$C_6H_4Cl_2$ (メタ)	1.48
		$C_6H_4Cl_2$ (パラ)	0
		$C_6H_4(OCH_3)_2$ (パラ)	1.71

(c) Polarizability of Polar Molecule

前述の如く diel. の分子は Field の作用によってその中の正負の charge の相対的変位を生じて電気力 F に比例する ele moment

$$m_0 = \alpha_0 F$$

をもつに至る。Non-Polar Molecule では分子の Polarizability α_0 は温度及び Field の強さには関係しないが、Polar-Molecule では rotation polarization によって Field の方向に $\overline{m}$ なる平均の ele moment をあらわし、これが温度によって変化するのである。今一定の ele moment μ をもっている多くの polar molecule に Field F が作用すると其の各分子は位置の energy が min. になる様に Field の方向に排列しようとするが、一方分子の熱運動はこの排列を妨げ、結局一つの統計学的の平衡状態を生ず。

今相当分子の Field F におかれた時の平均能率を求めてみる。

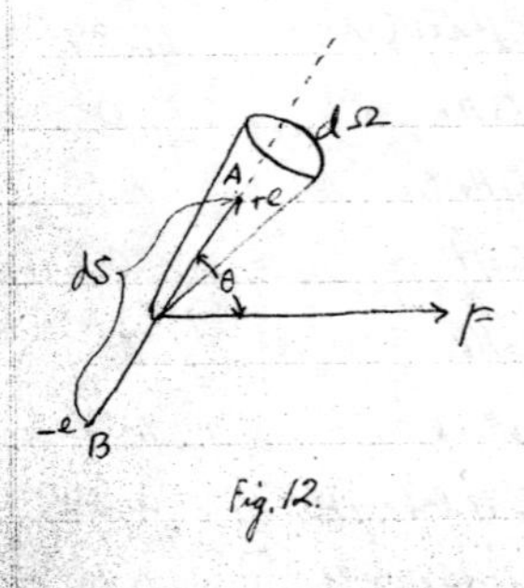

Fig. 12.

図の如く立体角 $d\Omega$ 内にある Polar Molecule の軸の Field F の方向となす角 θ、dipole の両端 A 及び B の pot'l を夫々 V_A, V_B、又その charge を夫々 $+e$, $-e$、AB 間の距離を dS とすれば位置の energy U は

$$U = eV_A - eV_B$$

$$= e(V_A - V_B)$$

$$= e\frac{\partial V}{\partial S}dS = \mu\frac{\partial V}{\partial S}$$

$$= \mu\frac{\partial V}{\partial x}\frac{\partial x}{\partial S} = -\mu F\cos\theta.$$

この pot^l energy をもつ分子の $d\Omega$ なる立体角内に含まれる分子数は Maxwell-Boltzmann の分布法則により与へられる。その割合は

$$Ae^{-\frac{u}{kT}}\,d\Omega$$

$$Ae^{\frac{\mu F\cos\theta}{kT}}\,d\Omega \quad \text{--(分子数)}$$

A = certain const., T = abs. temp., k = Boltzmann's const.

従って $d\Omega$ 中に含まれる Field の方向の el moment は

$$\mu\cos\theta\, A e^{\frac{\mu F\cos\theta}{kT}}\, d\Omega.$$

結局 F の方向に於ける分子の平均の el. moment は

$$\overline{m} = \frac{\int_0^\pi \mu\cos\theta\, A e^{\frac{\mu F\cos\theta}{kT}}\, d\Omega}{\int_0^\pi A e^{\frac{\mu F\cos\theta}{kT}}\, d\Omega} \quad \text{--------} (39)$$

今 $x \equiv \frac{\mu F}{kT}$ とおくと

$$\overline{m} = \mu\left(\coth x - \frac{1}{x}\right) = \mu L(x) \quad \text{--------} (40)$$

$L(x)$: Langevin ランジュヴァン函数.

展開すると

$$L(x) = \frac{x}{3} - \frac{x^3}{45} + \frac{2x^5}{945} - \frac{x^7}{4725}$$

x は微小なる故 第二項以下を negl と.

$$\overline{m} = \frac{\mu^2}{3kT} F \quad \text{--------} (41)$$

従って 結局 Field F なる時の Polar Molecule の全体の el moment は dielec polarization による m_0 と Rotation polarization $\overline{m}$ の和である

ここで $m = m_0 + \overline{m}$

$$= \left(\alpha_0 + \frac{\mu^2}{3kT}\right) F \qquad (42)$$

と表はせる。

この場合 polarizability α は

$$\alpha = \alpha_0 + \frac{\mu^2}{3kT} \quad \text{-------------------------} \quad (43)$$

となる。

従って Polar Molecule の Molar Polarization に対する Clausius-Mosotti の equation は Debye により次のように改められた。

$$P_m = \frac{\varepsilon-1}{\varepsilon+1}\frac{M}{\rho} = \frac{4\pi}{3} N \left(\alpha_0 + \frac{\mu^3}{3kT}\right) \quad \text{-------------------------} \quad (44)$$

Fig.13 には それぞれの P_m と 温度 T の逆数との関係を示す

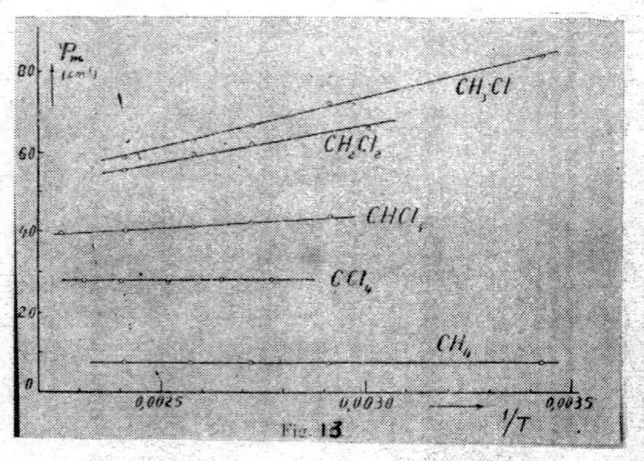

Fig. 13

(44)式の示す如く、Polar molecule の P_m は温度により変化するが、図の中の CH_4 や CCl_4 の如き対称的構造をもつものは non-polar なることがわかる。

一般に実験により

$$P_m = a + \frac{b}{T} \quad \text{------------------} \quad (45)$$

なる関係を示す結果があるとすると1つの分子のelectric moment μは

$$\mu = \frac{3}{2}\sqrt{\frac{k}{\pi N}}\sqrt{b} = 0.0127\sqrt{b} \times 10^{-18} \quad \text{------------} \quad (46)$$

dipole moment を定めるには色々あるが1つ一つの方法としては上述の関係式を利用す。即ち 種々の温度で ε, M, ρ を測定し、之を(45)に代入して最小二乗法によつて b を定め、次に(46)を使つて μ を計算するのである。

(d) Polarization of Polar Molecule under Alternating Field.

Polar molecule が Alternating field 内におかれた時には field intensity が時間と共にその大きさ及び方向を変化するので dipole の軸がそれに応じて rotate することになる。もし Alternating field の freq. が非常に小さい時は Molar polarization の値は static field の場合と殆ど変らない。freq. が非常に高くなると dipole の回転運動に対して frictional resistance が作用する為に分子の回転は field の変化に対して follow 出来なくなつて molar polarization の値が freq. と共に減少してくる。ある freq. 以上になると分子の回転による Polarization が全然なくなつて分子の変形による誘電分極のみになる。

この様に時間的に変化する field 内にある dipole の配向の分布函数は前述の如き静電的に平衡状態にある場合に用いた普通の Maxwell-Boltzmann の分布函数では駄目であつて、この場合は P. Debye が Brown 運動に於ける一般化した分布函数を使う必要がある。

Polar Molecule が回転せんとする時に分子相互間に摩擦抵抗があると、field の変化に対して分子の回転運動の時間的遅れを生ずる。今[illegible]

分子の半径を a とすると分子の回転摩擦抵抗の係数 ϑ は

$$\vartheta = 8\pi\eta a^3$$

分子の運動の緩和時間 Relaxation time 即ち dipole molecule に一定の field をかけておいてその field を急に取り去る時に其の極性分子の気體の偏極が $1/e$ となるまでの時間 τ は次の如くになる。

$$\tau = \frac{\vartheta}{2kT} = \frac{4\pi\eta a^3}{kT} \quad \text{------------------} \quad (47)$$

従て field F が急に取去られてから或る時刻 t に於ける分子の rotation polarization に對する平均の電気能率は次の如くなる。

$$\overline{m} = \frac{\mu^2 F}{3kT} e^{-\frac{t}{\tau}}$$

次に Polar Molecule を周波数 f なる Alternating field におかれてその分子に作用する電気力が

$$F = F_0 e^{j\omega t}$$

であるとすると、この力に對し Rotation Polarization に對する平均の電気 moment は

$$\overline{m} = \frac{1}{1+j\omega\tau}\frac{\mu^2}{3kT}F_0 e^{j\omega t}$$

$$= \frac{1}{\sqrt{1+\omega^2\tau^2}}\frac{\mu^2}{3kT}F_0 e^{j\omega(t-\tau)} \quad \text{------------} \quad (48)$$

この場合にも Clausius-Mossotti の式を apply されるとしたら Molar Polarization は

$$\frac{\varepsilon-1}{\varepsilon+2}\frac{M}{\rho} = \frac{4\pi}{3}N\left(\alpha_0 + \frac{\mu^2}{3kT}\frac{1}{1+j\omega t}\right) \quad \text{--------} \quad (49)$$

従ってこの場合の誘電率 ε は Complex no. として表はされる。

$$\varepsilon = \varepsilon' - j\varepsilon'' \quad \text{------------} \quad (50)$$

ここで ε' は Alternating field を受ける polar diele. の polⁿ に対する実の誘電率を示す。ε'' は dipole の回転に際して摩擦による energy loss に対する係数である。

又 ε_0 として static field の時の誘電率，ε_∞ として freq 極めて大の時の誘電率とすると

$$\varepsilon = \frac{\dfrac{\varepsilon_0}{\varepsilon_0+2} + j\omega\tau\dfrac{\varepsilon_\infty}{\varepsilon_\infty+2}}{\dfrac{1}{\varepsilon_0+2} + j\omega\tau\dfrac{1}{\varepsilon_\infty+2}} \quad \text{------------} \quad (51)$$

§. Electronic and Atomic Polarization.

一般に polar diele. の molar polarization P_m は eleⁿ の displacement に基く electronic polarization P_E 及び原子及び原子団の変位に基く atomic polarization P_A 及び dipole の回転に基く rotation polarization P_M の3に分けられる。即ち

$$\underline{P_m = P_E + P_A + P_M} \quad \text{------------} \quad (52)$$

field によって生じた diele polarization は前述の如く之れ屈折率に等しい

$$P_E + P_A = \frac{4\pi}{3}N\alpha_0 = \frac{n^2-1}{n^2+2}\cdot\frac{M}{\rho} \quad \text{------------} \quad (53)$$

この関係が成立するのは ε の測定と屈折率の測定は同じ freq で測定したものでないといけない。所が普通屈折率は可視光線で測定する。光線の屈折は eleⁿ の変位に基くものであるから結局之は electronic polⁿ

に相当する。即ち

$$P_E = \frac{n^2-1}{n^2+2}\frac{M}{S} \quad \text{--------------------} \quad (54)$$

となる。

一方原子核は夫々に結合している同様の交番電界で制定されるから分子内の原子が平衡位置の変位としてモル分極に加はる。これが即ち P_A である。この P_A の値はどうして出すかといふと、P_M 及 P_m がわかれば P_m より P_M を引いて更に P_E を引いて求めることが出来る。P_M の値は gas 状態の場合に稀薄溶液の Pol^n の温度変化から計算によって求め得る。

或いは又液体と固体状として freq を十分高くすると $P_M=0$ となった Pol^n が得られる。即ち P_E と P_A を得るので、従ってこの P_m より P_E を引けば P_A を求め得。

但し P_A は普通の D.K. を測れば全分極の半分程小さいものである。

尚モル分極 P_m が (52) で示される様に周波数 ν の値が交番電界に依て色んな分散現象を示す。即ち紫外線の領域、短波長相当の短赤外線の領域及びヘルツ波の領域に於て P_m は急激な変化を示し、その大体の形式は Fig. 14 の実線に見る通りである。

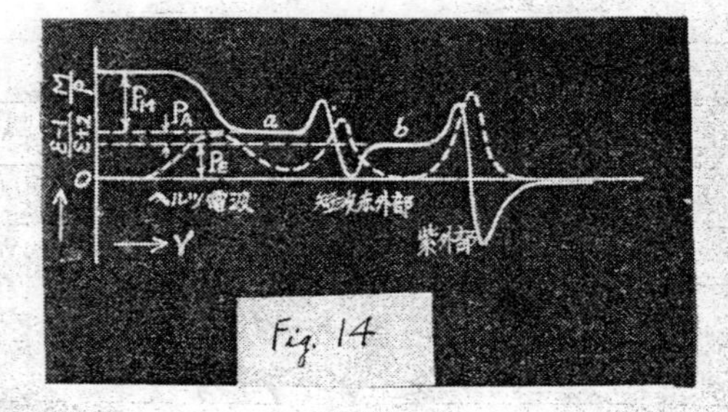

Fig. 14

§. Miscellaneous Effects upon D.K.

(a) Temperature Effect.

(44)から明かな様にgas及び稀液の場合にはnon-polar moleculeに於てはtemperatureの影響は小さいがpolar moleculeに於ては其の影響は大きい。固体の場合にはPolar moleculeの場合でもεのTemp.に対する変化は少く且つ複雑である。

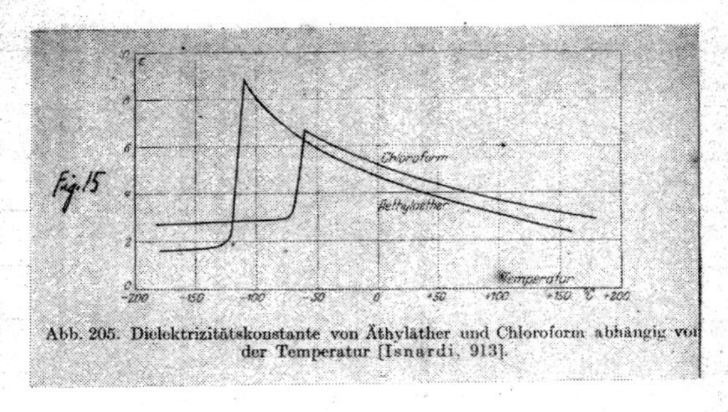

Abb. 205. Dielektrizitätskonstante von Äthyläther und Chloroform abhängig von der Temperatur [Isnardi, 913].

(b) Pressure Effects

gasの場合にはgasのε及び真空のD.K.(=1)との差はgasの分子の存在する為に生ずるのであるからgas分子が多い程大となり

$$\varepsilon - 1 = f(P)$$

を満足す。気圧の小なる時はεとPの関係はlinearで気圧大となればnon-linearとなる。

稀液の時には $\frac{\varepsilon-1}{\varepsilon+2}\frac{M}{\rho} = \frac{4\pi}{3}\frac{M}{\rho}n\alpha$ から εとPとの関係が求められ この関係は εの小な或る程度の稀液にしか当らないことが判明した。

Polar moleculeは圧力の影響はnon-polarより大きい。それは圧力が高いとpolar moleculeの回転に対する障碍が起るからである。

34

(c) Frequency Effect.

Debyeの式にもνの影響は明かであるがこれは次章で詳説す.

(d) Field Intensityの影響

gasの時は const.が記される故 ε は fieldの強さには関らない.

Chap. III. Anomalous Properties of Dielectrics

§. Anomalous Dispersion

dipole にもとづく異常分散 即ち ε の freq と共に減少する現象の起る freq は dipole moment の大さ, 分子の摩擦係数 及び 温度 等によって異るのであるが 大体に於ては 為て周波数の小さいものでも超短波位で 大なるものでは赤外域の程度である。 所が 液 及び 固体の diele の時には 上述の Debye の理論による ε の変化の外に 材料の不均一性によって生ずる surface charge 及び space charge による ε の変化がある。この事実は diele loss とも関係があるので 後述するが 概説すると。

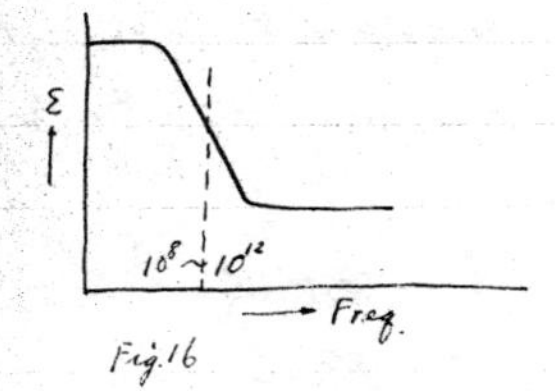

Fig.16

先づ固体の diele の時に就て 不均一のもの最も簡単なものとして 二層の diele を考へる。

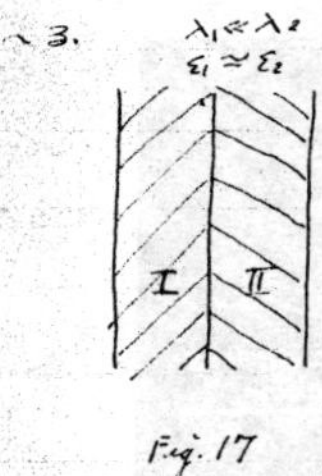

Fig.17

この二層に D.C. Volt を急にかけると 加へた瞬間には各層にかかる電圧は各層の D.K. によって定まる。 所が時間の経過するにつれ 各層にかかる電圧は厚さと導電率とで定まる。

$$\begin{cases} \dfrac{\varepsilon_1}{\lambda_1} \neq \dfrac{\varepsilon_2}{\lambda_2} & \text{即ち 厚さも等しい場合を考へる} \\ \varepsilon_1 \simeq \varepsilon_2 & \lambda_1 \ll \lambda_2 \end{cases}$$

と仮定し D.C. Volt を加へ 或る時間経った後を考へると 電圧は大部分 I 層にかかる。 従て第一の層の容量が大きくなる。 故に この二層 diele の見掛上の容量が大きくなる。即ち 見掛上の D.K が大きいことになる。この場合 I 層と II 層の電圧の分布が違ふ為に I と II の層の界面に surface charge が生じなければならぬ。 この様に 不均一の diele に於ては 不均一の起る所に

charge が去来て見掛上の D.K. が殖ると共に変じてる。従て不均一の diel. に A.C. をかけると freq が増すと surface charge を生ずる時間がないから従て D.K. は freq の増加と共に小さくなる。この事実は実験的に確められた。diel の不均一より来る D.K. ε の変化は $1\sim10^4$ 〜の所で起る。

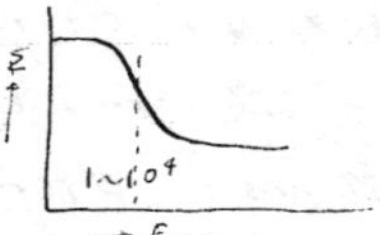

fig. 18

高抵抗の時には D.C. をかけると space charge が生じ、これが固体の時と全く同じ見掛上の ε が殖ると共に変じてくる。従て A.C. をかけた時には freq によって ε が変ることが判るのである。

低周波		高周波
界面電荷	空間電荷	双極子
(Maxwell-Wagner)	(Whitehead)	(Debye)

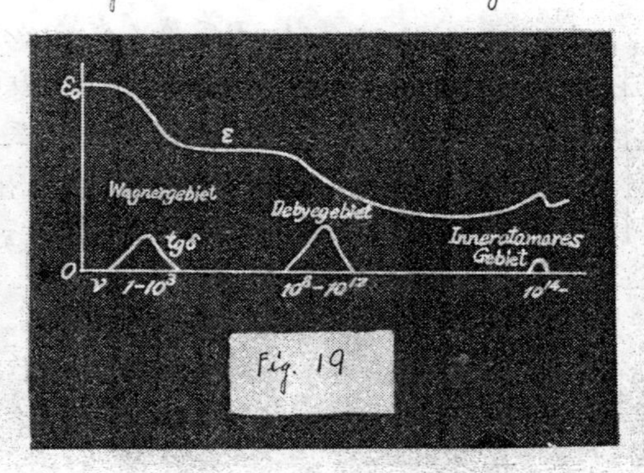

Fig. 19

§ Absorption Phenomena

diele の absorption phenomena は普通の diele loss とは引離し得ない密接な関係があるので diele loss を述べるに先だって先づ absorption phenomena を了解する要あり.

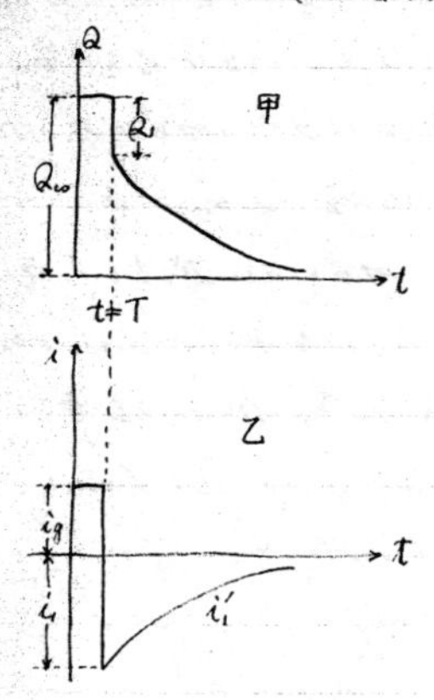

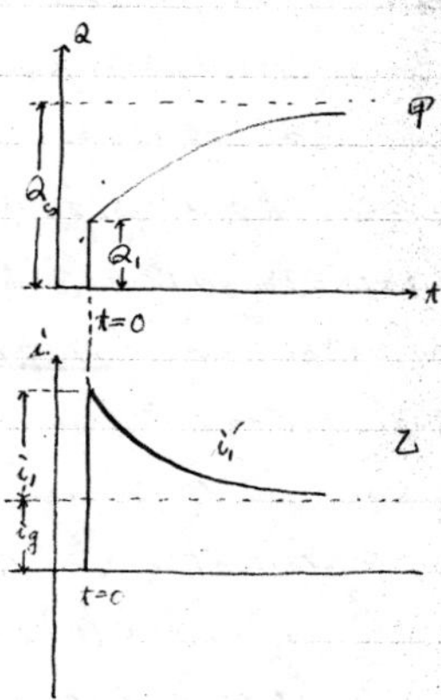

Fig21 discharge　　　　Fig20 charge

一般に diele で充されたcondenser に一定の D.C. Volt. V を加へると condenser の plate には直ちに charge Q_1 があらはれる. condenser の e.s capacity を C とすれば

$$Q_1 = CV$$

然るに多くの場合 condenser は尚徐々に charge されて行って漸次一定値の Q_∞ に近づく. (Fig.20, 甲) Q_1 から Q_∞ に達するまでの時間は極めて短い時もあり. 又場合によっては数時間を要することもある. Fig.20, 乙は 甲を time について微分したもので charging crt の変化を表はしてある.

充電の瞬間には condenser の幾何学的 e.s capacity に加へて電位に応ずる crt i_1 が流れる。その後 max value i_1 から時がたつて時間と共に減衰する電流 i_1' が流れ、それの後には conduction crt i_g に近迫してゆく。次に充電された condenser を短絡すると上述と全く逆の現象が起る。即ち $t = T$ に於て短絡したとすると、Q_1 は直ちに逃げ去つて $Q_\infty - Q_1$ が残つてこれが徐々に放電する。又放電電流は充電の時とは逆方向に流れる。この間の消息は Fig. 21 甲乙 から明瞭である。

この場合瞬間に流れる電流に続いて時間と共に減少しつゝ電流が永続する様な現象を diele の<u>吸収現象</u>といふ。殆ど凡ての diele は吸収現象を示す。気体と少数の pure な solid diele 例へば石英では殆ど之を示さない。さて今 condenser の charge 及び discharge の場合の或る t の時の total crt を夫々 $I_1(t)$, $I_2(t)$ とすると

$$I_1(t) = i_1(t) + i_1'(t) + i_g \qquad (55)$$

$$I_2(t) = i_2(t) + i_2'(t) \qquad (56)$$

こゝに於て $i_1(t)$, $i_2(t)$ は幾何学的静電容量による充放電電流で、circuit const が等しければ

$$i_1(t) = -i_2(t)$$

又 i_g は charge の時の conduction crt であつて放電の時にはなくなるのは勿論である。i_1' 及び i_2' は absorption による充放電の時の異常電流であつて、夫々 $i_1'(t)$ を ~~absorption crt~~, $i_2'(t)$ を <u>residual crt</u> と名づける。

i_1' と i_2' は大さ等しく方向反対の時 reversible absorption crt といふ。この場合

$$Q_1' = \int_0^t i_1'(t)dt$$

を Residual charge といふ。$i_2'(t)$ が 0 か $i_1'(t)$ に比して極めて小さい場合には i_1' を Irreversible absorption cut といふ。

Reversible の方は主として固体，Irreversible の方は液体の誘電体に於て見られる現象である。複合誘電体に於ては Irreversible のものを含んでゐる。殊に電解質や水分を含むものはこの現象がみられる。

Absorption cut の温度変化により受ける影響は solid でも liquid でも大体似てゐる。即ち absorption cut は温度上昇と共にかなり著しく増加する。しかしそれの時間的変化の模様は温度変化によつて殆ど影響を受けない。

Absorption cut を了解するには $i_1'(t)$ の函数形を知ることが最も重要である。それを考へるについて，以下の考察は reversible absorption に限つて行ふものとする。reversible absorption cut の $i_1'(t)$ について古くから殆ど例外なく認められてゐることは $i_1'(t)$ は 1) diele. にかけた volt. に比例する。2) それの時間的変化の模様は加へた volt. に影響されない。3) diele の厚さに逆比例する。4) 時間と共に急激に減少する。

こんな事実から $i_1'(t)$ は volt. V，condenser の geo. cap. C_0 に比例し時間 t の関りの t だけを含む或る連続した減衰函数 $\varphi(t)$ を含むと仮定出来る。即ち

$$i_1'(t)=\beta C_0 V \varphi(t) \qquad (57)$$

の形で表はし得ると予想出来る。

但し β はある const である。この方程式は Curie's Law と呼ばれ，absorption に関する fundamental eq. として広く認められてゐるものである。

$\varphi(t)$ の函数形を定め得ればそれだけで absorption phenomena の大半が解決したことになる。しかし一方 absorption の本質がわからぬ以上この問題を

理論的に取扱い難い。理論的考察と平行して実験的に函数形を定めんとする試みが多くの人によって行はれた。今 $\varphi(t)$ に対する実験式で提案されたものを述べると、先づ古く又最近まで最もよく使はれる実験式は J. Hopkinson が 1876 年に出したもので

$$\varphi(t) = Bt^{-n} \qquad (1 > n > 0) \quad \text{-------------} \quad (58)$$

B, n : material const.

この式が多くの人によって古くから吟味されたが、時間の範囲が余り大きくなければよく実験値を表はすとみられる。然し

$$t = 0 \text{ に於て } \quad \varphi(t) \to \infty$$

になるといふ不自然な結果を来す。之を $t=0$ に於て有限値をもつように直すから

$$\varphi(t) = \frac{C}{D+t} \quad \text{-------------} \quad (59)$$

なる式を試みた人もある。これも実験結果に合ふ様に C, D を定めると途中はよく合っても D が neg. になる様なことも起り、その場合には若し

$$t < D$$

なれば $\varphi(t)$ が neg. になるといふ不合理な結果を生ず。尚理論的考察も加味して

$$\varphi(t) = ae^{-\alpha t} \quad \text{-------------} \quad (60)$$

なる実験式も出された。

この式も $t=0$ では一定値をもつが、実験結果に合ふ様に a 及び α を定めて (60) の curve を画くと途中から実験曲線と著しく合はぬ結果を得ることである。然るに (60) の形で const. を異にする多数の項の和として表はすと、実験結果と比較的よく一致する実験式を得る。経験によると三項の和として表はして十分である様である。(45)

$$\varphi(t) = a_1 e^{-\alpha_1 t} + a_2 e^{-\alpha_2 t} + a_3 e^{-\alpha_3 t} \quad \text{------------} \quad (61)$$

さてこの誘電体の吸収現象の根本原因に就ては古くから多くの説が出てゐる。それらの詳細は省略して概説のみを述べる。

一般にこの現象に対する観察の仕方には三通りある。

1) Maxwell の提唱した Complex dielectric theory. 複合層説.
2) 誘電体の電気変位の異常性の理論 Abnormal displacement theory
3) 誘電体の電気伝導の異常性. Abnormal conduction theory

(a) Complex Dielectric Theory. [Treatise on Electricity & Magnetism]

C. Maxwell の提唱したものであるが、説によると組成の不均一から部分的に relaxation time が不均一なる為と説明されてゐる。このことは実験的にも確められ、彼の説を develop したのが K. W. Wagner であり、diele loss について引用してゐる。

(b) Abnormal Displacement Theory.

diele の吸収は ele displacement が abnormal なる為なりといふ説明は、J. Hopkinson により唱へられてゐて (1876. Phys. Magazine)、次の様な形の電気変位をとってゐる。

$$D(t) = \varepsilon E(t) + \int_0^\infty E(t-\omega)\,\varphi(\omega)\,d\omega \quad \text{------------} \quad (62)$$

その他異常説を唱へた人は Hollevigue, Pellat などである。
更に上の説を develop したのは E. von. Schweidler, K. W. Wagner, V. Karapetoff などである。S. Whitehead は分子配向の有極分子を考へて、所謂 Debye の dipole theory を引用して diele loss を説明してゐる。
(Phil. Mag. 1930)

(C) Abnormal Conduction Theory

E. Warburg は diele 内の不純物が電流の通過によって clean up されるというのである。

S.W. Richardson, A. Joffé らは diele 内の ion の分布が一様でなく electrode 附近に偏在する為 counter emf を生ずる。為に電流を減少せしめるといっている。固体や粘性体になると有障碍物によりさまたげられて ion が移動するのに時間がかかる。従って吸収電流は長くつづくというわけである。

F. Fermie は電気の瞬時に diele 内に el が外部から突入し それによって absorption cut を示すと主張している。

以上のどの説をもってしても実際の diele に於て生ずるあらゆる場合の現象を満足に説明することは不可能である。唯色々の説の仮定が其の一部は同時に成立すると考へた方が妥当である。要するにどの説も皆重要な因をなしてあるのである。

§. Residual Charge and Electret

absorption によって absorp された charge も一種の residual charge であるが、ここに述べるのは diele 内に長く止っている charge のことである。Electret は永久的に固有分極をなしていると考へられているものである。

(a) Residual charge

今の場合は H.V. の時の場合である。diele を持った electrode に H.V. をかけると電極と接する diele が接触部で ionization を起す。その電気中には吸収電流となって現はれ Volt. を除くと Residual Charge として残る。

この場合に残っているchargeは電極の符号と同じである。それはdieleのionizationをしておる場合は電極のpolarityと反対のpolarityのchargeは電極からのchargeで中和されてしまふ。

この現象は例へば H.V. Condenser を充電して、電源をきって短絡して一寸放電させ、次に terminal を開いておくと、今はかへって電極と同じ polarity の charge が再び electrode に現はれてきて、も一度短絡すると又第二の放電をするといふ現象にみられるのは上の事実に基づく。

次に ion が固まってしまふ事による Residual Charge がある。それは低温では固体となり高温で液状になる diele に液状で D.C. Volt をかけると電解的解離をして、＋－の ion が移動して、図の様な分布になる。

Fig. 22

これを徐々に冷却して固状にならせてやるとこの ion の分布は固まってしまふ。これも一種の Residual Charge である。

(b) Electret.

Permanent Magnet に相当して永久的に polarize した diele があれば之を Electret と名づける。これは O. Heaviside、江口博士が唱へられたものである。Polar Molecule を多く持つ diele と、非 polar Molecule の多い適当な diele とを全部 wax は之に近い割合に混ぜたものを加熱熔融して、D.C. Volt を加へながら冷却して固めると、此の間の様な分子排列をそのまま保持する様なものを得る。(Fig. 23)

微小片にしても ⊕ 電極の方は常に ⊖ の性をあらはす様な性質をもつ。

44
fig. 23

Chap. IV. Dielectric Loss.

§. Introduction

diele lossは上述の吸收現象と密接な関係がある。一般にalternating field内におかれたdieleのenergy lossはその實效値に等しいD.C. Voltをかけたときのenergy lossよりも大であって、このことは始めSiemensによって1864年に知られ、それ以來多くの人によって研究されて幾多の報告が出てゐる。

今sineのA.C.電圧をideal dieleにかけるとI_cはVより90° leadするが、

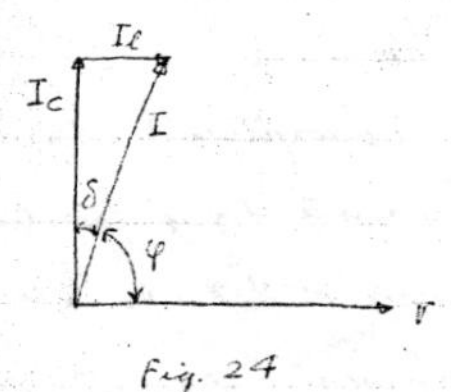

Fig. 24

吸收を示すdieleに於ては、吸收電流の變化が時間的に遅れて電圧の變化に伴はないから total cnt I のphaseの進みが90°よりδ°だけ少くなる。従って電流は電圧に対して energy compᵗ をもってきて、従ってdiele lossを現はすことになる。

吸收の著しいもの程diele lossが大きい。又Conduction cntを含むものに於ては更にcharging cntの他に亦Ohmic lossだけ損失が增加する。δはloss angleであり、δは極めて小なる故、

$$\cos\varphi \fallingdotseq \sin\delta \fallingdotseq \tan\delta \quad \text{---- 力率}$$

conduction及びabsorptionといふdieleのlossを生ずるのであるからdiele lossの根本は結局conduction及びabsorptionを生ずる原因と同じであるといふことになる。此diele lossといふ現象はA.C. Fieldの下に於て始めて現はれるといふことになる。diele lossはdieleを實際使ふといふ點から之を判定する爲も重要なFactorであって特にH.F. Engineering

の発達と共にその重要性を加へてきた。それ故 diel loss の研究は単に diel の characteristics を知る上に必要なのみならず、進んで新しい diel を作る場合に当っての1つの指針を与へるといふ意味に於て極めて重要である。所が diel loss の theory は相当多くあるが、何れも各独自の立場で自分に好都合の様な仮定を立てゐるから、各自の仮定した範囲の diel のみにしかあてはまらないので、その理論の適切か判定に苦しむことが相当にある。

§ Principle of Superposition

E. v. Schweidler は reversible absorption を示す diel に A.C. Volt. をかけた場合について diel loss を principle of superposition を apply して説明してゐる。この principle に基いて計算を行ふ為にその基礎となし得るのは前述の absorption の fundamental eq (57) である。即ち

$$i_1' = \beta C_0 V \varphi(t) \quad \text{------} \quad (57)$$

所が A.C. Volt をかける為にこの式に於て V に A.C. Volt. を代入することは出来ない。何となれば diel が或る1つの Volt に相当する charge の abnormal absorption を終るまでには何がしかの時間を必要とする。所が (57) に於ては電圧を変へた場合については何等考慮が払はれてゐない。そこで A.C. Volt. の時に apply 出来る様に当初 J. Hoppkinson によって導入され Schweidler が一般化した principle of superposition を利用するのである。

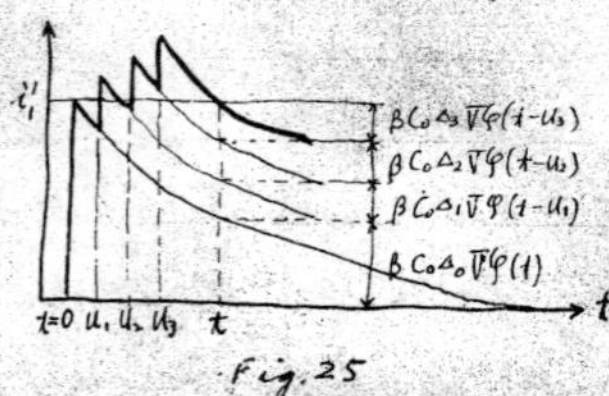

Fig. 25

今時間 $t=0$ に於て印加された電圧 V が $t=u$ に於て ΔV だけ変化した後の吸収電流は単独に V 及 ΔV の定常電圧を加へた時の

$t=0$及びuに於て印加された2つの場合の吸収電流のsuperposeしたものであるといふのがPrinciple of Superpositionである。

従て $t=u_1, u_2, \cdots$ に於て夫々 $\Delta V_1, \Delta V_2 \cdots$ の変化をする時の任意の時刻tに於けるreversible absorption crt は次の様に表はし得る。

$$i_1'(t)=\beta C_0\left[V\varphi(t)+\Delta_1 V\varphi(t-u_1)+\Delta_2 V\varphi(t-u_2)+\cdots\right] \quad \cdots\cdots (73)$$

一般に impressed volt. が時刻によつて $V(t)$ なる連続的変化をなすときは任意の時刻tに於けるreversible absorption crt は次の如く表はし得る。

$$i_1'(t)=\beta C_0\int_{-\infty}^{t}\frac{\partial}{\partial u}V(u)\,\varphi(t-u)\,du \quad \cdots\cdots (74)$$

茲にuはtよりも前の任意の時刻で電圧の変化の起つた時刻を表はしてゐる。電圧の変化を表はす$V(t)$は有限なれば如何なる函数でもよい。

但しこのprinciple は reversible absorption のみに就て適用され irreversible に対しては適用出来ない。

今 $V(t)=V_m\sin\omega t$ とすると

$$i_1'(t)=\omega\beta C_0 V_m\int_{-\infty}^{t}\varphi(t-u)\cos\omega u\cdot du.$$

今 $t-u=w$ とすると

$$i_1'(t)=\omega V_m C_0\beta\left(A\cos\omega t+B\sin\omega t\right) \quad \cdots\cdots (75)$$

$$\text{但し}\quad \left.\begin{aligned} A&=\int_0^{\infty}\varphi(w)\cos\omega w\cdot dw\\ B&=\int_0^{\infty}\varphi(w)\sin\omega w\cdot dw \end{aligned}\right\} \quad \cdots\cdots (76)$$

total cut は (55) により.

$$I(t)=\omega V_m C_0\beta\left\{(1+A)\cos\omega t+\left(\beta+\frac{1}{\omega C_0\beta R}\right)\sin\omega t\right\} \quad \text{------} \quad (77)$$

従って p.f. は

$$\tan\delta=\frac{B+\dfrac{1}{\omega C_0\beta R}}{1+A} \quad \text{------} \quad (78)$$

もし漏洩電流が全くなければ R が ∞ になるから

$$\tan\delta=\frac{B}{1+A} \quad \text{------} \quad (79)$$

この場合の loss は

$$W=\frac{1}{\pi}\int_0^{\pi} IV\,d(\omega t)$$

$$=\frac{1}{2}\omega C_0\beta V_m^{\,2}B \quad \text{------} \quad (80)$$

K. Singelnikoff & A. Walther は

$$\varphi(t)=ae^{-\alpha t}$$

とおいて次の様に A を計算してある.

$$A=\int_0^{\infty}\varphi(w)\cos\omega w\cdot dw=\frac{a\alpha}{\omega^2+\alpha^2}$$

$$B=\int_0^{\infty}\varphi(w)\sin\omega w\cdot dw=\frac{a\omega}{\omega^2+\alpha^2}$$

$$\therefore \tan\delta=\frac{\omega\alpha}{\omega^2+a\alpha+\alpha^2} \quad \text{------} \quad (81)$$

所が実際は

$$\varphi(t)=\sum a_i e^{-\alpha_i t} \quad \text{------} \quad (82)$$

の方がよく現象をあらはし. 従って (81) は

$$\tan\delta = \frac{\omega \sum \frac{a_i}{\omega^2+\alpha_i^2}}{1+\sum \frac{a_i \alpha_i}{\omega^2+\alpha_i^2}} \quad \text{------------} \quad (83)$$

J. B. Whitehead は D.C. の chara ―― から A.C. の diele loss を求めるのに (82) の代りに

$$\varphi(t) = a_1 e^{-\alpha_1 t} + a_2 e^{-\alpha_2 t} + a_3 e^{-\alpha_3 t} \quad \text{------------} \quad (84)$$

を用いて十分実験結果と一致することを述べてある。

高周波上の誘電容量は C' とせば

$$C' = C_0(1+A) \quad \text{------------} \quad (85)$$

と C_0A だけ増加する

以上の関係により diele の abnormal absorption に基づく energy loss と capacity の増加とが共に freq によって変化することがわかる。この事実は ω の入っているからである。上の関係は次の vector diagram を見れば一層よく了解される。

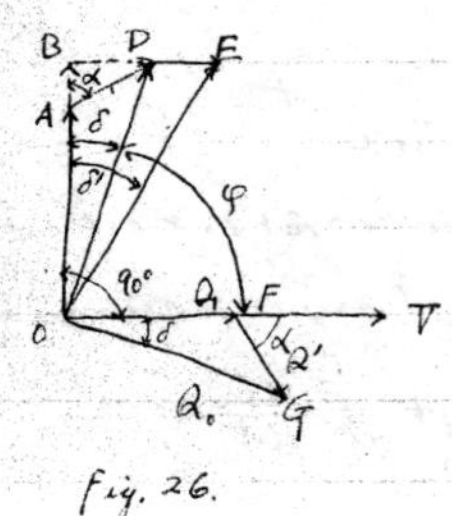

Fig. 26.

図に於て OB は total charging crt

OA は absorption を無視した時の充電電流

AB は absorption の為の充電電流の増加

AD は absorption crt

BD は absorption crt の loss comp^t

DE は conduction crt. これは BD に比して極めて微小で無視し得る。

OE は total crt.

OF = Q_1 は純静電的容量に基づく charge

FG = Q' は吸収電荷

OG = Q_0 は total charge.

50

δ' は loss angle であるが conduction crt DE の小さい時には δ を以て loss angle とする。従って p.f. は tan δ で表はす。

以上によって diele absorption の存在することにより A.C. Field 内に diele を入れた時に生ずる diele loss の現象を principle of superposition により一般的に明らかにし得たが chara— fn $\varphi(t)$ の形を如何にするかについては何等言及されて居らぬことに注意を要する。

§. Maxwell-Wagner's Theory.

これは complex diele theory による解説である。古く Grover の Maxwell の diele absorption に対する complex diele theory を A.C. Field において場合に応用して diele loss の説明をしてある。次いで K.W. Wagner は complex diele theory の特別な場合として厚さ等しく、誘電率及び導電率が夫々 $\varepsilon_1, \varepsilon_2, \sigma_1, \sigma_2$ なる two layer diele に A.C. Field を加へた場合について考察してある。

この図に示す様な等しい厚さ d を有する二層の diele に

$$V = V_m e^{j\omega t}$$

なる電圧を加へたとすると diele を流れる current は const. Volt の時には一般に次式で示される

$$i = \sigma_i E_i + \frac{1}{4\pi}\frac{dD_i}{dt}$$

d	d
ε_1	ε_2
σ_1	σ_2

Fig. 27

この場合 $E_i = E_{im} e^{j\omega t}$ なるため

$$\frac{1}{4\pi}\frac{dD_i}{dt} = \frac{1}{4\pi}\frac{d(\varepsilon_i E_i)}{dt} = j\frac{\omega \varepsilon_i}{4\pi}E_i$$

従って二の layer diele を流れる current は

$$i = \left(\sigma_1 + j\frac{\omega\varepsilon_1}{4\pi}\right)E_1 = \left(\sigma_2 + j\frac{\omega\varepsilon_2}{4\pi}\right)E_2 \quad \text{--------} \quad (86)$$

今

$$\left.\begin{aligned} \left(\sigma_1 + j\frac{\omega\varepsilon_1}{4\pi}\right) &= Y_1 \\ \left(\sigma_2 + j\frac{\omega\varepsilon_2}{4\pi}\right) &= Y_2 \end{aligned}\right\} \quad \text{--------} \quad (87)$$

とおくと

$$i = Y_1 E_1 = Y_2 E_2 \quad \text{--------} \quad (88)$$

一方　$V = d(E_1 + E_2)$ より

$$E_1 = \frac{V}{d} \cdot \frac{Y_2}{Y_1 + Y_2}$$

$$E_2 = \frac{V}{d} \cdot \frac{Y_1}{Y_1 + Y_2}$$

$$\therefore \quad i = \frac{V}{d} \cdot \frac{Y_1 Y_2}{Y_1 + Y_2} \quad \text{--------} \quad (89)$$

これに

$$\frac{Y_1 Y_2}{Y_1 + Y_2} \equiv Y \quad \text{--------} \quad (90)$$

は全体上の equivalent admit である。これに Y_1 Y_2 の値を代入すると

$$Y = \frac{\left(\sigma_1 + j\frac{\omega\varepsilon_1}{4\pi}\right)\left(\sigma_2 + j\frac{\omega\varepsilon_2}{4\pi}\right)}{\sigma_1 + \sigma_2 + j\frac{\omega(\varepsilon_1 + \varepsilon_2)}{4\pi}} \quad \text{--------} \quad (91)$$

D.C. の時は $\omega = 0$ となるので Y は equivalent conductivity σ になる。即ち

$$Y_{\omega=0} \equiv \sigma = \frac{\sigma_1 \sigma_2}{\sigma_1 + \sigma_2} \quad \text{--------} \quad (92)$$

又 freq. の非常に高くなると ω を含まぬ項は neg. して

$$Y_{\omega=\infty} = j\frac{\omega}{4\pi}\frac{\varepsilon_1 \varepsilon_2}{\varepsilon_1 + \varepsilon_2} \equiv j\frac{\omega\varepsilon}{4\pi} \quad \text{--------} \quad (93)$$

今 Y' を吸収現象の存在に基いて見掛上の固有の admit を表はす
そのときに Y を次の式で表はすと

$$Y = \sigma + j\frac{\omega\varepsilon}{4\pi} + Y'$$

これに (91)、(92) (93) を代入すると.

$$Y' = \frac{\left(\sigma_1 + j\frac{\omega\varepsilon_1}{4\pi}\right)\left(\sigma_2 + j\frac{\omega\varepsilon_2}{4\pi}\right)}{\sigma_1+\sigma_2+j\omega\frac{\varepsilon_1+\varepsilon_2}{4\pi}} - \frac{\sigma_1\sigma_2}{\sigma_1+\sigma_2} - j\frac{\omega}{4\pi}\cdot\frac{\varepsilon_1\varepsilon_2}{\varepsilon_1+\varepsilon_2} \quad \text{---} \quad (94)$$

そこで

$$\tau = \frac{\varepsilon_1+\varepsilon_2}{4\pi(\sigma_1+\sigma_2)} \quad (\text{time const}) \quad \text{------------} \quad (95)$$

とおくと

$$Y' = \frac{j\omega(\varepsilon_1\sigma_2 - \varepsilon_2\sigma_1)^2}{4\pi(1+j\omega\tau)(\sigma_1+\sigma_2)^2(\varepsilon_1+\varepsilon_2)} \quad \text{------------} \quad (96)$$

今もし $\varepsilon_1\sigma_2 - \varepsilon_2\sigma_1 = 0$ 即ち $\frac{\varepsilon_1}{\sigma_1} = \frac{\varepsilon_2}{\sigma_2}$

なれば $Y' = 0$ となり absorption は 0 となる.

又 $$\kappa = \frac{(\varepsilon_1\sigma_2 - \varepsilon_2\sigma_1)^2}{\varepsilon_1\varepsilon_2(\sigma_1+\sigma_2)^2} \quad (\text{absorption factor}) \quad \text{---------} \quad (97)$$

とおくと.

$$Y' = j\frac{\omega\varepsilon}{4\pi}\cdot\frac{\kappa}{1+j\omega\tau} = \frac{\omega^2\varepsilon\cdot\kappa\cdot\tau}{4\pi(1+\omega^2\tau^2)} + j\frac{1}{4\pi}\frac{\omega\varepsilon\kappa}{1+\omega^2\tau^2} \quad \text{---} \quad (98)$$

然るときは

$$Y = \sigma + \frac{\omega^2\varepsilon\kappa\tau}{4\pi(1+\omega^2\tau^2)} + j\frac{\omega\varepsilon}{4\pi}\left(1+\frac{\kappa}{1+\omega^2\tau^2}\right) \quad \text{-------} \quad (99)$$

これの R-part は加へた電圧と同じ phase の電流の compt. 即ち energy loss を与へる項である。その中の又第一項は conduction loss を与へる項で第二項は absorption に基づく diele. loss を与へる項である。
I-part の第一項は charging cut を与へる項であり、第二項は absorption の為に余分の charging cut を与へる項である。即ち diele const が吸収現象の為に見掛上増加する。

今任意の周波数での D.K. を ε_ω とすると

$$\varepsilon_\omega = \varepsilon\left(1+\frac{\kappa}{1+\omega^2\tau^2}\right) \quad \text{-------------} \quad (100)$$

で ε_ω は freq の増加と共に減少し、D.C. の時の $\varepsilon(1+\kappa)$ から、$\omega\to\infty$ の ε まで減少するわけである。その模様は Fig. 28 の如くである。

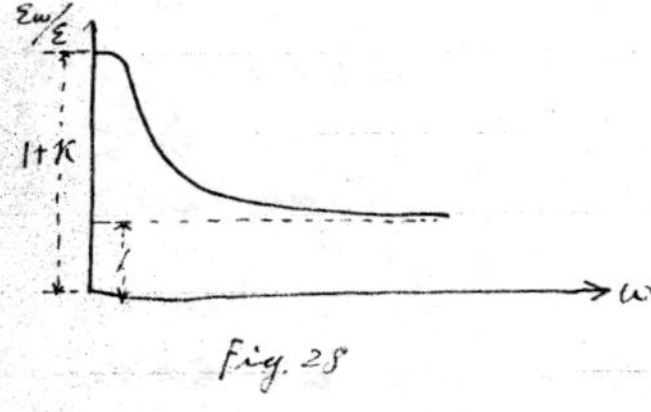

Fig. 28

これに考察した所の二層誘電体に流れる電流密度は

$$i_g = \frac{V}{d}Y$$
$$= \frac{V}{d}\sigma + \frac{V}{d}\cdot\frac{\omega^2\varepsilon K\tau}{4\pi(1+\omega^2\tau^2)} + j\frac{V}{d}\cdot\frac{\omega\varepsilon_\omega}{4\pi} \quad \text{-------} \quad (101)$$

i.e. $i_0 = i_g + i' + i$ ------------- (102)

where $i_g = \frac{V}{d}\sigma$ = 純導電電流密度, $i' = \frac{V}{d}\frac{\omega^2\varepsilon K\tau}{4\pi(1+\omega^2\tau^2)}$ = diele loss の電流密度.
$i = j\frac{V}{d}\frac{\omega\varepsilon_\omega}{4\pi}$ = 充電電流密度.

54

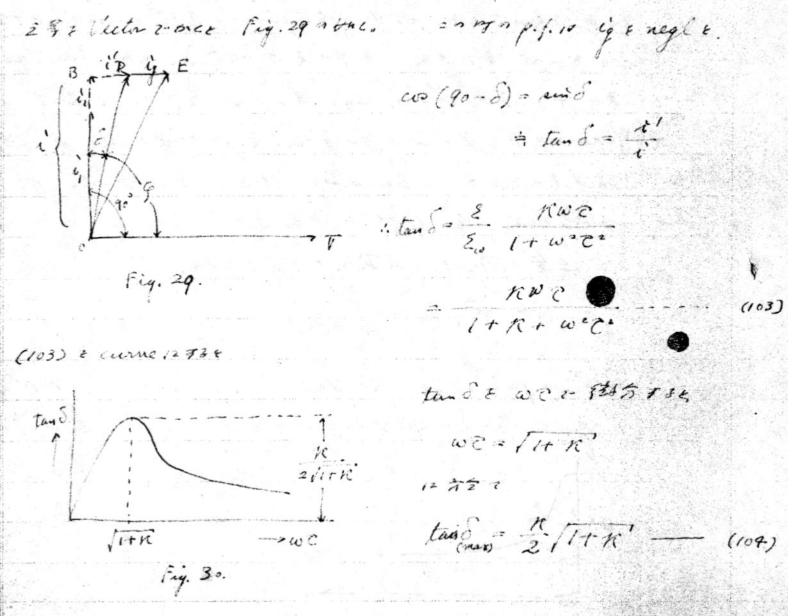

之等をvectorで示せば Fig.29の如し。 この時のp.f.は i_g を negl と.

$$\cos(90-\delta) = \sin\delta \fallingdotseq \tan\delta = \frac{i'}{i}$$

$$\therefore \tan\delta = \frac{\varepsilon}{\varepsilon_\infty}\frac{K\omega\tau}{1+\omega^2\tau^2}$$

$$= \frac{K\omega\tau}{1+K+\omega^2\tau^2} \quad\text{------}\quad (103)$$

Fig. 29.

(103)をcurveにすると

tanδを ωτで微分すると

$$\omega\tau = \sqrt{1+K}$$

に於て

$$\tan\delta_{(max)} = \frac{K}{2}\sqrt{1+K} \quad\text{——}\quad (104)$$

Fig. 30.

次に tanδの tempに対する変化を考へると temp.が高くなると一般にconductivityを増加し、τが減少するから tanδと freqとの関係を表はす curveは freqの高い方に移動する。

又 tanδと temp.との関係を表はす curveに於ては freqを高くすると高温側に移動する。

以上の事は実験的事実をよく説明する。しかし Kは一般に温度により著しく変化し又分布の如きは湿気の変化を受けるから この理論は是非共考察すべきもので之を更に検討すべきである。

§ Debye's Theory.

Debyeの考へによると dipole molecule が A.C. field 内におかれて dipoleの rotation polarization を示すときに分子間の frictional resist によつてその回転運動が呼応的に field の変化に遅れるから displacement の phase が遅れることになり、従って D.K. の ε は

$$\varepsilon = \varepsilon' - j\varepsilon'' \quad \text{----} \ (50)$$

で表はされる。即ち displacement vector が field の vector の方向に comp^t をもつことになり loss を生ずることになる。又 $\omega = 0, \infty$ に於ける D.K. を夫々 ε_0, ε_∞ とすると

$$\varepsilon = \frac{\dfrac{\varepsilon_0}{\varepsilon_0+2} + j\omega\tau\dfrac{\varepsilon_\infty}{\varepsilon_\infty+2}}{\dfrac{1}{\varepsilon_0+2} + j\omega\tau\dfrac{1}{\varepsilon_\infty+2}} \quad \text{----} \ (51)$$

(50)と(51)から ε' 及び ε'' を求めて、それから p.f. を計算すると

$$\left.\begin{aligned} \varepsilon' &= \varepsilon_\infty + \frac{\varepsilon_0 - \varepsilon_\infty}{1 + \left(\dfrac{\varepsilon_0+2}{\varepsilon_\infty+2}\right)^2 \omega^2\tau^2} \\ \varepsilon'' &= (\varepsilon_0 - \varepsilon_\infty)\frac{\dfrac{\varepsilon_0+2}{\varepsilon_\infty+2}\,\omega\tau}{1 + \left(\dfrac{\varepsilon_0+2}{\varepsilon_\infty+2}\right)^2 \omega^2\tau^2} \end{aligned}\right\} \quad \text{-----------} \ (105)$$

$$\therefore \tan\delta = \frac{\varepsilon''}{\varepsilon'} = \frac{(\varepsilon_0 - \varepsilon_\infty)\dfrac{\varepsilon_0+2}{\varepsilon_\infty+2}\,\omega\tau}{\varepsilon_0 + \varepsilon_\infty\left(\dfrac{\varepsilon_0+2}{\varepsilon_\infty+2}\right)^2 \omega^2\tau^2} \quad \text{-----------} \ (106)$$

計算の結果によれば $\tan\delta$ は Wagnerの結果と全く同様に $\omega\tau$ に対して分布の変化になる。ω 或いは粘性係数 τ の値で $\omega\tau$ に対して最大値を示す。

今 tan δ の最大値を tan δ(max) とすると

$$\tan\delta_{(max)} = \frac{1}{2}\left(\sqrt{\frac{\varepsilon_0}{\varepsilon_\infty}} - \sqrt{\frac{\varepsilon_\infty}{\varepsilon_0}}\right) \quad \text{------------------} \quad (107)$$

$$\omega\tau = \frac{\varepsilon_\infty+2}{\varepsilon_0+2}\sqrt{\frac{\varepsilon_0}{\varepsilon_\infty}} \quad \text{------------------} \quad (108)$$

(105)を用いて tan δ と ω との関係を表はすと Fig.31 である

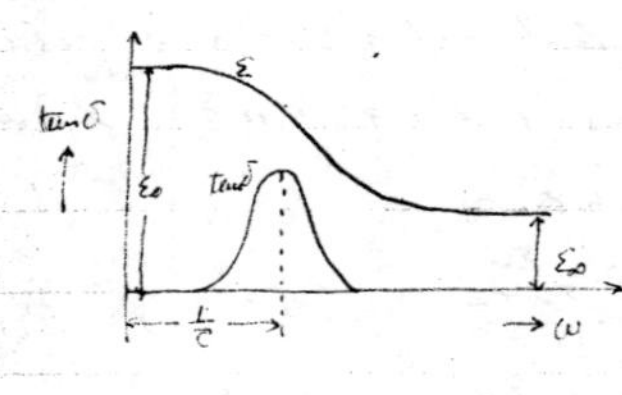

Fig. 31.

以上は dipole が液体中にある場合であるが、固体については Debye は計算してあるが煩雑である。しかし ε 及び tan δ の概略値は液体の場合と大体同様である。

次に温度で変化した tan δ を求めてみると、Fig.32 の如し。

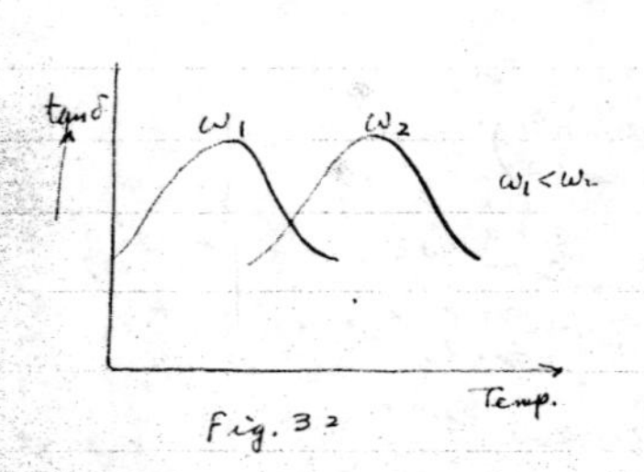

Fig. 32

freq の高い時の tan δ の max が高温の方に移動するのは温度が高い程 Relaxation time が小になるからである。

$$\left[\ \tau = \frac{4\pi\eta a^3}{kT}\ \right] \cdots (47)$$

以上の Debye の理論による diele loss の解説であるが、実際の場合にあたって前の説に述べた Wagner の理論によって Debye の理論によって説明出来ない場合があって屢々 discussion の的になっている。

今 tan δ(max) の起る時の ω を ω_{max} とすると (47) から ω_{max} は

$$\omega_{max} = \frac{kT}{4\pi\eta a^3}$$

$$\frac{\tau}{\omega_{max}} = \frac{4\pi\eta a^3}{k} \quad \text{------------------} \quad (109)$$

(47)の右辺に適当な値を代入すると τのorderは10^{-10}となり 従て tanδのmaxの起るfreq.は波長にして数cm程度になる。

もしη, aが非常に大ならば ω_{max}は格に小になるのであってD.W.Kitchin及びH.Reicheはη, aの大きい時, 即ち分子の粗い誘電体では相当低周波に於てDebyeの理論による diele loss を呈するものであるといふことを述べてゐる。(c.f. Fig 33)

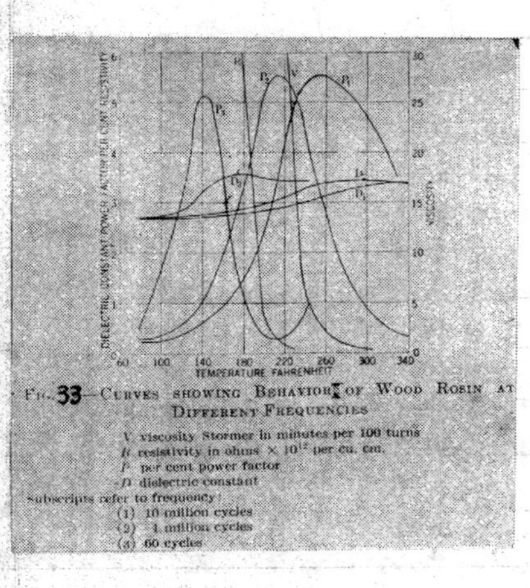

FIG. 33—CURVES SHOWING BEHAVIOR OF WOOD ROSIN AT DIFFERENT FREQUENCIES

V viscosity Stormer in minutes per 100 turns
R resistivity in ohms × 10^{12} per cu. cm.
P per cent power factor
D dielectric constant
subscripts refer to frequency:
(1) 10 million cycles
(2) 1 million cycles
(3) 60 cycles

所がA. Gemantは低周波のLossは誘電体の不均一 或いはWhiteheadの言ふ如く誘電体中のspace chargeによるといふことを主張してゐる。

要するにH.F.に於て起るdiele lossは理論の余地なくDebyeの理論によるものと考へるべきであるが L.F.に於けるlossには Debye's theoryによるといふ説と組成の不均等又は空間電荷の存在に基くといふ2つの説が対立してゐる。併しL.F.に於てspace chargeを無視することは出来ないことは誘電体の種類や性質により色々異る。

上の説明で freq.或いはtemp.に対して tanδのmaxの起ることは

了解出来るけれども　実験によると、更に temp が高くなると tan δ が増加するのであって、これは今までの考察では全然予想されない conduction による Loss に基づくものと考へられてゐる。

§ Equivalent Circuit for Actual Dielectric

A.C. field を受けた diele の loss factor を表はすのに色々の equivalent cct が挙げられてゐる。

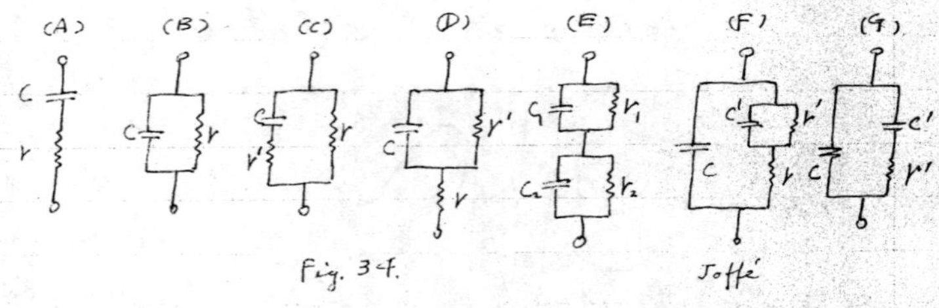

Fig. 34.　　Joffé

(A), (B) は或る特定の temp., freq. に対しては用ひられるが一般的ではない。(C), (D) も Tan δ の max. を説明するには不適当である。(E)(F), 及び (G) は max. の起ることをよく説明する。

之等を考へるとすれば回路要素の物理的意義を明かにせねばならぬ。或る状態に於ける測定結果について代表させた eq. cct から逆に誘電体損系の物理的原因を推定することは出来ない。

§ Miscellaneous Effects upon Dielectric Loss.

diele loss は温度及び freq により変化するのでこの点について色々の誘電体について測定された結果が非常に多く発表されてゐるが 今これ測定温度及び freq の range を少くとると Fig. 35, & 36 に示す一般特性を現はす

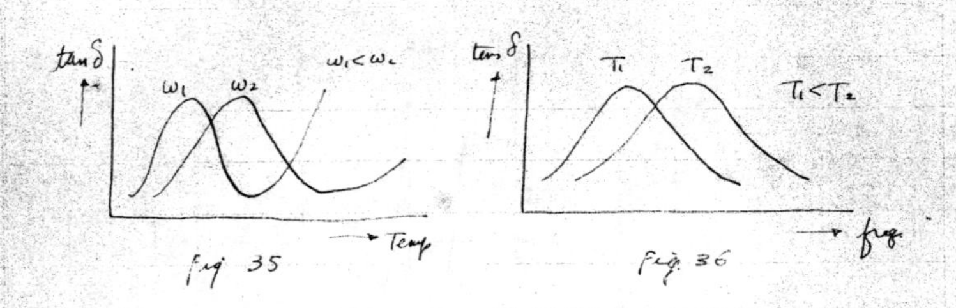

Fig 35　　　　　　　　Fig 36

但 diele に含まれる dipole molecule 或いは electrolytic の性質の多少によって顕著な変化を示すものと示さないものとの相違がある。
又容易に凝固しない固体や容易に固化しない液体に於ては、この図に示した様な一般的の場合の一部分の curve に相当する特性を測定することになる。 又は如き容易に液化固化する物質では比較的 temp 或いは freq の範囲に於て図の様な一般的特性を得る。

Fig. 37 :—
by A. Gemant

Cylinder oil に色々の割合に Resign を加えたもの power cycle で p.f と temp の関係を測定した結果である。Resign の量が増すに従って溶和点が移動し p.f の最大値の移動する事が又この図の50%によってよくわかる。

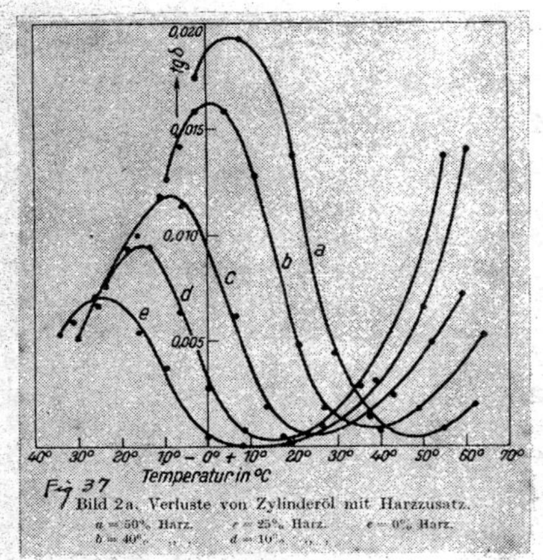

Fig 37
Bild 2a. Verluste von Zylinderöl mit Harzzusatz.
a = 50% Harz.　c = 25% Harz.　e = 0% Harz.
b = 40% 〃　d = 10% 〃

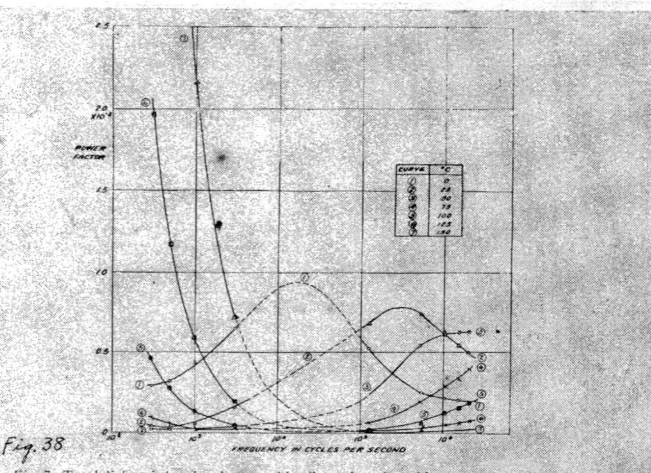

Fig. 7. Total dielectric loss in a heavy cable oil as a function of frequency for different temperatures. Loss per cycle per cm³ = $(2\pi CE^2/V)$(P.F.) joules/cycle/cm³. E is the potential in volts, C is the capacitance in farads, and V is the effective volume of oil in test cell (73.7 cm³).

上と全様の結果は硫化ゴム, Gutta Percha (G.P.) についても得られてゐる。

次は力率と測定電圧との関係：——

単純な絶縁物で ionization を起す様なことのなかつたら電圧の影響を p.f. は殆ど受けないが 不純なる絶縁物の内部で ionization を起すと著しく p.f. が変わる。

この時絶縁物の電気的な

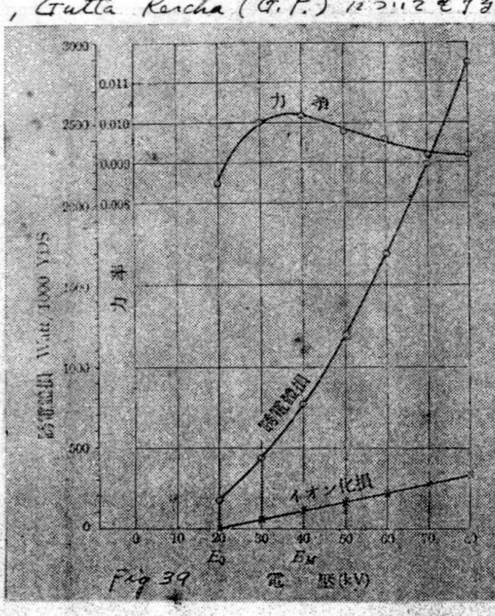

uniformでないionizationを起し易い部分をもっているとき、力率と電圧のcurveはmax.を示す様なことがある。

今電圧の2乗に比例する材料のdiele lossの外に電圧に比例するionization lossもあるとtotal diele lossは

$$\text{Total Diele. Loss} = K_1 V^2 + K_2 (V - V_0) \quad \text{------------} \quad (111)$$

$$\left\{ \begin{array}{l} V : \text{impressed volt} \\ V_0 : \text{ionization volt.} \\ K_1, K_2 : \text{certain const.} \end{array} \right.$$

今 static cap. を C とすれば

$$p.f. = \frac{K_1 V^2 + K_2 (V - V_0)}{\omega C V^2}$$

$$= \frac{K_1}{\omega C} + \frac{K_2 (V - V_0)}{V^2 \omega C} \quad \text{------------} \quad (112)$$

p.f. を max. にする條件は

$$V = 2V_0$$

この時 $\tan\delta_{max} = \dfrac{K_1}{\omega C} + \dfrac{K_2}{4 \omega C V_0}$ ------------ (113)

例へば Fig. 39は P. Dunsheath が實驗で void をもつ cable の 66^{kV} の single core cable (絶縁厚さ 0.65^{inch}) について求めた結果で、材料の diele loss と ionization に基ずく loss とに分けて求めてある。

Chap. V. Properties required for Electrical Insulating Material

ここでは電気材料として具備すべき諸性質を別箇に説明す

§. Electrical Properties

絶縁材料として具備すべき電気的性質としては

1. 体積絶縁抵抗が大なること
2. Surface Leakageの小さいこと.
3. Diele. Strengthの高いこと. (絶縁耐力)
4. D.K.が用途に適応しておること.
5. p.f.の小さいこと.
6. 種々の電気的性質の温度係数の小なること.

絶縁材料は本来導電材料が電気を efficiency よく伝えることを目的として電気の必要以外の場所へ伝わるのを防止する為に用いられる材料であるから絶縁抵抗, 耐力が高いと同時にその電気材料自身の中に電気的な lossを起さぬということが必要である. 即ち p.f. 又は Diele loss の小さいことが必要である. このことは特に H.F. の場合に重要になる. しかし実際に存在する絶縁材料としてはこんな ideal なものはなく多少電気を熱の形で失ふ. 従て温度上昇を来すのである.

絶縁材料は使用温度によって電気的性質の変化するものでは面白くなく, 出来る限りの温度係数の小さいことが望ましい. しかしこの条件を充すことはかなり困難である. 一般に絶縁体の抵抗の温度係数は neg. であるから導体の温度上昇に伴って抵抗力が小さくなり, 材料中に漏洩する電流が増加してくる. 従て絶縁体温度は益々上昇し loss は益々増加する傾向になる. 故に温度上昇に対して電気的に安定なことが重要であって, この事は電気機器の設計ばかりか進歩発達に対し重要な factor となる.

以上の他に電熱器具などに使ふ耐火材の様に高温度で良好な絶縁性を保持する材料のものも要求される。一般に高温に耐へる、即ち耐火耐熱性といふことと熱の伝導を防ぐ、即ち熱の絶縁性といふこととは別の性質と考へられるが、普通耐火材として使はれるものは大てい この両性質を兼備してゐる。然るに高温での電気の絶縁性を保持するものが少い。故に電熱器などでは絶縁材料の方から温度が制限されることがある

§. Physical Properties

絶縁材料として具備すべき物理的性質としては

1. Mechanical Strength の大なること。
2. 硬度が用途に適応してゐること。
3. 脆弱でないこと。
4. 加工の容易なること。
5. チミツであって多孔質でないこと
6. 湿気を吸収しないこと。
7. 熔融する、軟化する温度の高いこと
8. 比熱の大きいこと。
9. Thermal Conductivity の良いこと。
10. 膨脹係数が小なること。
11. Viscosity が用途に適当であること
12. 沸点高く凝固点の低いこと。 (液体)

mech. property は主として碍子の様な一般の窯業製品に対して、電熱器具に使ふ耐火材に対して要求される。電気材料の性質は水分により著しく影響を受ける。水はもしも極めて pure なれば相当大きい

固有抵抗をもつが ion 化物質を含む水の conductivity は相当大で絶縁体にならない。要するに絶縁材料はふつうの状態では多少の ion 化物質を含むものと考へられるから絶縁材料中に水分があると甚しく絶縁抵抗に大きい影響をもたらす。従て材料中の水分は勿論のこと材料の吸湿性と surrounding medium の水分の多少が問題になってくる。材料の構造の如何は吸湿性に関係が深い。次に熱的性質については熱の如何な状態で操作し固体状態で使用する材料例えば compound, wax などについては軟化点の高いことが必要である。前述の如く温度上昇で絶縁性の低下するから比熱の大でなるべく高温にならぬことも必要であるし。又一方発生した熱を速かに cooling medium へ導き去る為に Thermal conductivity の大いことも必要である。熱伝導の大いことは Immersion Heater とか アイロンの如きも要求される。一般に電気と熱の絶縁性は相伴ふものであってこの要求を充し得るものは少い。Mica や Quartz の如き crystal はこの要求をかなり充す。所が amorphous のものはいずれも電気の絶縁性の大いものは熱伝導が悪い。このことは Wiedeman Franz の法則として良く知られてゐる。

次に誘電損失の小さいことはすべての電気器具に必要なことであるが高周波 H.F. の方面で喧しく云はれてゐる。Freq の高くなると diel. loss が増加して temp rise が大となるから絶縁材料の誘電損失が小さくないと装置の電気的特性を一定に保持し得なくなる。勿論周囲の温度の変化に基づく膨脹収縮は云ふまでもない。

沸騰点・凝固点の低いことは絶縁油などの使用温度範囲を広くするという意味から必要である。

3. Chemical Properties

この性質としては、

1. 化学的成分の安定すること。
2. 水、酸、アルカリ、油などに溶解されず作用されないこと。
3. 酸、アルカリ、塩類の如き容易にイオン化する物質を含まぬこと。
4. 金属を腐蝕する成分を含まぬこと。
5. 難燃性であること

などが必要である。

Part II.

Electrotechnical Insulating Materials

"Reference Books"

H. Warren : Electrical Insulating Materials

H. Stäger : Elektrotechnische Isoliermaterialen

○ R. Vieweg : Elektrotechnische Isolierstoffe

R. S. Morrell : Synthetic Resins and Allied Plastics

福田 勝：電気材料.

小川 若三郎：電気材料の知識

電気工学ポケットブック.

電気材料ポケットブック.

杉本俊一：合成樹脂.

西沢勇志智：[illegible] プラウチブック.

船戸春吉 訳：高周波絶縁物. (Ernst Albert-Schönberg)

今日電気工学上使はれてゐる絶縁材料に対して要求される事はPart Iの終りに述べたが、これらに関係するものは其の成分である。故に成分によつて分類したら大体の推定はつく。又研究にあつても成分の分類をしておけば非常に便である。成分による分類は大別すると、

- 無機絶縁材料.
- 有機絶縁材料.
- 混合絶縁材料（無機と有機の）

無機と有機は又夫々天然品と人造品とに分けられる。

現在使用される重要な絶縁材料を二つの分類法に従ってまとめると次の様になる。

(I) 天然産無機絶縁材料

(a) 元素

(1) 硫黄 (Sulphor)

良い絶縁体. $\rho = 8\times10^{15} \sim 10^{17}$ Ωcm.

脆く、とけやすく、燃え易い.

通信用碍子の心棒をはりつけに使ふ.

耐熱性を大にする為にセメント硝子粉末を混合する.

(2) 空氣

(b) 硅酸塩 (Silicate)

(1) 雲母 (Mica)

Al.とAlkaliとの硅酸化合物.

白(印度) Muscobite, 金(朝鮮) Plogopite などあり.

劈開性. 可撓. 弾性. 化学的安定 耐熱. などよい性質あり。

蓄電器. セグメント. Coilの絶縁. Heater, 点火栓.

(2) 石綿 (Asbestos)

Mg.の硅酸塩. 天然産無機物中唯一の繊維状結晶.

Chrysotile (温石綿)

やはらかく, 可撓性, 紡績出来る.

耐火, 耐酸, 耐アルカリ. 電気絶縁性はMica程よくないが耐火性で

布状. テープ状に作り得るから 耐熱絶縁材料として使はれる.

(c) 炭酸塩 (Carbonate)

(1) 大理石

炭酸石灰 $CaCO_3$. pureなものは白色. 金属化合物が入ると種々色がつく.

吸湿性. 酸に弱いので表面に絶縁塗料をぬる.

配電盤. 開閉器. 抵抗器.

(II) 人造無機絶縁材料.

(a) 珪酸塩.

(1) 熔融石英 (Fused Quartz)

水晶では任意の形のものは得られず 575°位にて脆くなるから熔融水晶(石英)として用ふ

水晶の特性を失はずに任意の形のものが得られるから電気的光学的に重要.

1000~1100°Cまで耐熱. 膨脹係数極めて小. 化学的安定.

熱電対管. 点火栓. 水銀灯管. 電気炉管. H.F.絶縁.

(2) 硼硅酸系硝子.

硝子はSilica (SiO_2)を主成分とす. その他の成分の中 Boric Oxide (B_2O_3)

を含むものを硼硅酸硝子といふ。(Pyrex, Telex)

温度急変に対し、又高温でも変化せず.

(3) 岩石硝子

玄武岩 (Basalt) をとかしてつくった。

化学的安定.

磁器碍子代用に研究された.

(4) 硝子及び岩石ウール (Glasswool & Rock wool)

硝子繊維 太さ 5~10μ cont. & staple の両 fibers あり.

塗料をぬる.

Rock wool … 電池のカクリ板.

(5) 磁器

珪石, 長石, 陶土.

碍子. Bushing

炻器(Stone Ware)は 磁器と成分の%が違うのみ. 大型のものを作る

(6) セメント (Cement)

Portland 粘土, 石灰 吸湿性で絶縁価値少.

(b) 酸化物

(1) ZnO (2) Al_2O_3 (3) Cu_2O. (CuO) ~~Silica (SiO_2)~~

(4) SiO_2 (5) MgO. (6) TiO_2 (Rutile) 金紅石

(7) Fe_2O_3 (8) PbO_2

これ等は電気絶縁性をもつ. またものは絶縁物として用いられ

~~Al_2O_3~~ Alの OE としては Arrester, Rectifier, Electrolytic condenser

Al_2O_3の純なもの ~~[illegible]~~ 99.5% に焼結したもの sinter Korund で点火栓に使用する.

Cu_2O は整流器, Fe_2O_3 は Sheet iron の相互絶縁.

PbO_2は oxide film arrester の絶縁体.

TiO_2は ion 結晶で D.K. が大きく $\varepsilon_m = 114$. H.F.用 condenser diele として注目する. 独乙の Stemag. と Hescho の二社が専売している。

(c) 型造絶縁物 Moulded Insulator (I)

アスベストス、セメント. 滑石(Talk). 石英, Mica powder. 硼酸鉛 などの組合せたもので press してつくる.

(1) Mycalex.

mica powder と 熔融点低い硝子 flux ホーロー (硼酸鉛の化合物) とともに混ぜて 700°C 位で heat しておいて 型造したもの.

電気特性はMicaに似る。Impulseに強い。寸法に正確なることは他のmoulded insulatorにも見ない
化学的安定にして而も加工が出来る。
無線通信用機器の部分品、水銀整流器陽極絶縁。

(2) Steatiteを原料とした絶縁物
滑石を原料として、夫れに混合剤を加へて型造す。
磁器、硝子に比べ電気、機械的性質は遥かに良い。
Ultra-Calanが商名で H.F.絶縁、耐火性絶縁、コイル枠、
真空管ソケット、真空管電極の Spacer、Television の Concentric cable 中の支持物。

(III) 天然産有機絶縁材料

(a) 瀝青質 Bituminous

(1) Paraffin
Paraffin系原油から潤滑油を分溜した残りの油を -10°C 位で析出させたもの。
condenser、木材絶縁。

(2) Asphalt.
本来は石油の自然に蒸溜酸化されたもの
用途、絶縁塗料 型造絶縁物 絶縁混和物 Cableの絶縁

3) Gilsonite (ギルソナイト)
固化した Asphalt の中で最も pure なものである。
gum に混じてつかふ。

(4) Mineral Oil (鉱油)
C_nH_{2n}, C_nH_{2n+2}.
Transf, Condenser, Oil Switch, Cable.

(5) Pitch

Asphalt に性質似る. 硬く脆い.

黒色の絶縁塗料.

(6) Montan Wax.

Asphalt 系の褐炭を基油にしたもの. Benzol で抽出してもよい. Montan酸と高級アルコールとの合成物.

Cable の含浸. 絶縁混和物

(7) Ceresin

天然産鉱物性蝋と Ozokerite 地蝋といい. 之を精製したもの.

絶縁塗料. 混和物.

(8) Petrolatum

Cable の含浸

(b) ゴム炭化水素化合物.

(1) Gum

(2) Gutta Percha (G.P.)

樹液からの hydrocarbon. 自然に固まる. thermoplastic である

粘着性. 吸水量少い. 低温. 暗い所に保管が必要 海底電線に使われる.

(3) Balata

樹液. 中南米産. p.f. は G.P. より低いから 電話用海底電線

(c) 樹脂 Resin

松柏科

(1) Copal.

化石樹脂. 型造絶縁物. 膠着剤.

72.

(2) 琥珀 Amber

裸子植物系樹脂. Amberoid は Amber を加工したもの.

電気的性質は極めてよい.

(3) Elemi (Gum)

(4) Dammar

エナメル紙塗料 型造絶縁物. 接着剤

(5) Mastic

(6) Sandarac.

接合剤

(7) Colophony (Rosin)

松柏科から採り Turpentine を蒸溜し Turpentine oil をとった残り

である

含浸混和物. Solid Cable の材料に入れる

(8) Shellac

Lac 虫の分泌物

塗料. 型造物 膠着剤

(9) 樹脂油

Colophony 蒸溜の中にある 250° 以上でとる油.

含浸材料.

(10) 漆.

被膜が吸湿性であることが欠点.

(d) 脂肪酸とそのエステル.

(1) Stearic acid

(2) Palmitic acid (木蝋)

(3) 日本蝋

(4) 植物油（油脂）……Glycerin と高級脂肪酸の中性Ester 即ち Glyceride である。
↓ 3価アルコール

蝋は1価乃至2価のアルコールのEster

桐油は乾性油で不可欠なVarnishの原料.

荏油，亜麻仁油も同様.

大豆油は半乾性

綿実油（サラダ油）

ヒマシ油は不乾油.

オリーブ油

(5) 蜜蝋……蜂巣. 局内Cableの含浸

(6) 鯨蝋

(7) 支那蝋

(8) Carnauba Wax……ブラジル特産Palmの葉からとる。 混和剤 型造物

(6) 含窒素化合物.

(1) Casein

甲乙製品. Galalit. 商名Lactoloid 吸湿性.

(2) 絹

(3) 羊毛.

(7) 繊維素

(1) 植物繊維.（黄麻など）

(2) 木材 …

(IV) 人造有機絶縁材料

(a) 合成樹脂 (Synthetic Resin)

(1) 石炭酸系 (Phendic Resin)

Phenol + Formaldehyde. 型盖物. 積層物

(2) Alkyd Resign

多塩基酸と多価アルコールとからつくる. G.E.の Glyptal

(3) Vinyl Resin

Vinyl 基をもつ Halogen 化物 又は Ester 類の重合より成る樹脂状物質

酢酸Vinyl樹脂が最も多い. 永久に可塑性 塗料.

我国にはエ業化してない

(4) Styrol Resin

これの重合したもの Polystyrol で H.F.絶縁物で最もよく. 90°Cで

軟化する. それ一つの欠点

(5) Urea Resin

尿素と Formalin

(6) Cumarone Resin

(7) Acrylic Acid Resin

[illegible]膜. 航空機安全硝子.

(8) Hydro-Carbon

(9) Cellulose

(b) ワニス Varnish

(1) 油ワニス.

樹脂を乾化油にとかして作ったもので電気機器絶縁用. 浸漬用として不可欠である.

75

(2) アスファルトワニス

一般絶縁物の外に. Core Plate

(3) アルコールワニス

合成樹脂をアルコールに溶かしたもの. 仕上用. 膠着剤

(4) Pigment Vanish

顔料とボイル油に溶かしたもの ---- ペイント

顔料とワニス ---------- エナメル

(c) 絲及び布

(1) 綿布及び綿糸

(2) 絹布及び絹糸

(d) 繊維素誘導体

(1) 硝化繊維素 (ニトロセルロース) } --- 塗料, 型造

(2) 酢酸繊維素 (アセチルセルロース)

(3) Viscose

(4) Benzyl Cellulose 塗料, 型造

(e) Paper Board

(f) 化学処理紙

(1) Varcanized Fiber

(2) Perchment Paper (羊皮紙, 硫酸紙)

(g) 塩化炭素化合物

(1) 四塩化炭素

(2) Chloro-Naphthalene

(3) Halogenated Rubber Product

(h) 混和物

(1) 含浸混和物

(2) 充填混和物 (Compound)

溶剤を含まぬもの. やら 不揮発性の絶縁層をつくる

(i) 硫化ゴム (エボナイト)

(j) 人造ゴム.

(k) 塑造絶縁物 (II)

(V) 混合絶縁材料

(1) 塑造絶縁物 (III)

(2) 雲母製品.

(3) 石綿製品.

—— 終 ——

電気化學

(応化)教授

昭和16年3月卒

電気工学科　池田盈造

Kaptil　Die Elektrolyse der Alkalichlorid lösungen

1. Allgemeines

中性の食塩水溶液をPt板で電解するときを考へるとこの aq の中にはNa˙ 及 Cl ion の他に水のH ion, OH ion が存在するから. その中のCl' とOH' は anode で放電し. Na˙とH˙ は cathode で放電す。所が実際にはどの ion が放電するかは その放電に必要な pot^l によって定る。先づ Na˙とH˙ につき考へると. Na˙ の n^l pot^l は

$$_0\varepsilon_a = -2.71^V$$

で. H˙の n^l pot^l は

$$_0\varepsilon_a = \pm 0.000\,V.$$

又. 水素の中性溶液に対する pot^l は

$$\varepsilon_a = -0.415^V.$$

上の2つは n^l pot^l なる1^l 中に

中性の食塩溶液では cathode pot^l が -0.415^V を越ゆると水素を放電す。今もし Na˙を之と同時に放電させようとすれば 溶液中の Na˙ と接触して Na の aq に対する電位を又 $\varepsilon_a = -0.415^V$ まで近づけねばならぬ。それに必要な Na˙の濃度を X で表はすと

$$E = E_0 + 0.058 \log C$$

なる式より

$$-0.415 = -2.71 + 0.058 \log X$$

となり. 従て　$X = 3 \times 10^{39}$

となり食塩の飽和溶液でも Pt の cathode では Na˙の放電は行はれないで全く H_2 ばかりが発生す。即ち 之は

$$2H^{\cdot} + 2OH' + 2\ominus \rightarrow H_2 + 2OH'$$

に過剰の OH' が出来. この OH' は $Na^{\cdot}$ と balance して $NaOH$ をつくる.

以上は cathode に就いて anode では中性液に対する酸素の平衡電位は

$$\varepsilon_a = +0.82^{V}$$

に塩素の el. pot'l は

$$\circ\ \varepsilon_a = +1.36^{V}$$

飽和の食塩水に対する Cl' の平衡電位は

$$\varepsilon_a = +1.313^{V}.$$

この平衡電位からみて中性の飽和の食塩水溶液では陽極に先ず O_2 ばかり出るが. 然し白金鍍金した Pt 極を anode として用いれば O_2 は過電圧が高く Cl_2 は過電圧が低い為に Cl_2 のみが発生する. 所が滑かな Pt 極に対しては Cl_2 も過電圧を示す為に Cl_2 の発生と同時に僅かづつ O_2 の発生を伴ふ. 電解が進んでゆくと Cl' ion 濃度が減少すると他の ion の放電が容易になるから Cl_2 の放電を容易にする為には食塩を補ふか液をとりかへて Cl' の濃度を高く保つ. もし食塩水電解の際に生成する cathode に於ける H_2 と $NaOH$ anode の Cl_2 をそのまゝ取出すには隔膜を用いて cathode と anode の室を分離して Chlorid と Alkali の混合をさけねばならない. もし之等が混合して反応すると Hypochloride ($NaClO$) や塩素酸塩 ($NaClO_3$) が出来ることになる。

以下に $NaClO$ 及び $NaClO_3$ の電解的製造法について述べる。

2. Darstellung von Hypochlorit und Chlorat.

a. Die Theorie der Hypochlorit bildung.

$NaOH_{aq}$ に Cl_2 を通じると $NaClO$ を生ずるのであってその時に次の平衡が成立つ.

$$Cl_2 + OH' \rightleftarrows HOCl + Cl' \quad \text{----- (1)}$$

$$HOCl + OH' \rightleftarrows ClO' + H_2O \quad \text{---- (2)}$$

先づ第一に次亜塩素酸が出来て それが過剰の OH' と作用して ClO' をつくる.

ここで化学方程式にあらはすと

$$Cl_2 + 2NaOH = NaCl + NaClO + H_2O \quad \cdots\cdots (3)$$

となり。このNaClOは弱酸である故Na塩は加水分解し

$$NaClO + H_2O \rightleftarrows HOCl + NaOH \quad \cdots\cdots (4)$$

次亜塩素酸が出来る。今 Cl_2 とNaOHの反応に於て(3)の如く当量づつ反応させると Cl_2 の半分は食塩、残半分はNaClOになる。而してNaClOは加水分解する為 aqは常に少量の free の HOCl を含む。そこで(3)でNaOHに Cl_2 を通じてNaClOが出来ると反応が止るかといふと止るのでなく この溶液を常温で長く放置するか温度を高めると塩素酸ソーダが出来る。その反応は

$$2HClO + NaClO \rightarrow NaClO_3 + 2HCl \quad \cdots\cdots (5)$$

or

$$2HClO + ClO' \longrightarrow ClO_3' + 2H^{\cdot} + 2Cl' \quad \cdots\cdots (6)$$

である。$NaClO_3$ の出来る速度は両方の濃度と温度により定まる。で NaClO の aq をつくるのには過剰の　　　に Cl_2 を吹込み液を攪拌してNaOHの部分的に過剰になるのを防ぐやうにすると $NaClO_3$ の発生は完全に防がれる。之は ClO_3 の生成に必要なHClOが余り出来ない為である。之に反し(1)及び(2)の式により示されたより多くの Cl_2 をNaOHに通じてHClOを多くつくるとき or HCl_{aq} を加へて中和後のNaClOの一部を分解しHClOにかへると Chlorat が速かに出来る。又中性の $NaCl_{aq}$ であっても(5)で出来たHClによってHClOをつくるから $NaClO_3$ の生成速度は早くなる。

以上のべたNaOHaqと Cl_2 による化学反応の式から NaClaqを隔膜なしに電解しNaClOをつくる時の反応を説明すると 先にのべた如く隔なしPt極で中性NaClaqを電解すると anodeに Cl_2, cathodeにNaOHが出来る。之が当量の割合で出来てくる。之は H_2 の発生や攪拌で互に反応して(3)によってNaClとNaClOとを生成す。又先にNaClをPt極を用ひて電解するときanodeで放電するものはCl'

とOH'とだけの考へられることをのべたが、隔膜なしでNaClを電解すればCl_2と$NaOH$によって$NaClO$が出来てゐて、そのClO'のanode放電をも考へねばならぬ。更も合理と次亜塩素酸ソーダとの等分存在する液ではPt極に於いてCl'よりClO'の方が低電圧で放電することは次の如し。

$$ClO' + \oplus \longrightarrow ClO$$

このClOはSO_4''のときと同様にH_2Oと反応して次の様に分解す。

$$6ClO' + 6\oplus + 3H_2O \longrightarrow 2HClO_3 + 4HCl + 3O \quad \cdots\cdots (7)$$

之と同時にcathodeには6分子のNaOHが出来る。このNaOHは$HClO_3$とHClを中和して夫々のNa塩をつくる。故に全体として$NaClO_3$の陽極生成は次の式であらはし得る。

$$6ClO' + 6OH' + 6\oplus \longrightarrow 2ClO_3' + 4Cl' + 3H_2O + 3O \quad \cdots\cdots (8)$$

即ちClO'の放電によりanodeに於て高いO化合物$HClO_3$と低いO化合物の合塩とに分解する。同時にFaraday法則により電流実量に相当するO_2を発生す。故に食塩電解では(2)によりClO'の濃度が大になって之がCl'と共に放電出来る様になると(8)の反応が起る。今NaClOを含んだNaCl aqを電解すると先づNa'の放電してCl_2を生じ之のNaOHと作用してNaClOとなってできてくるとClO'の方がCl'より容易に放電するからNaClOの濃度は非常に少いと考へ得る。所が実際の場合相当の濃度となる。そのわけはNaOHのCl_2とが電解液全体に均一に等量存在するのでなくNaOHはcathodeの附近に多く、Cl_2はanode附近に多く存在す。この様な時は(1)及び(2)のbalanceが成立するのでanodeではNaClOでなくしてHClOが出来てゐる。そしてanodeから少し離れた所にNaClOが出来る。そしてNaClOはNa'とClO'に強く解離するがHClOは殆ど解離せぬ。従てanodeではClO'が殆ど存在しない。所がanodeからはなれた液の中ではOH'の濃度大なるため、NaClOの濃度も大となりClO'はCl'と共にanodeの方へ移動して陰極 anode で放電し得る濃度まで増す。かくの如くして(3)で作られる NaClO を全部(8)の反応で放電させ得る状態になると NaClO の濃度は電解をつづけても液の中に増加せず一定となる。かくの如く NaClO の const 濃度は次の反応で示される。1^{mol} NaClO をつくる為には(3)によって 2^{mol} の NaOH と 1^{mol} の Cl_2 とが必要。又(8)により必要である所の 6^{mol} の ClO' の為には(3)の関係から 12^{mol} の NaOH と 6^{mol} の塩素が必要。之を電気的に合併の電解で得ねばならぬ。即ち

$$12Cl' + 12OH' + 12⊕ \rightarrow 6Cl' + 6ClO' + 6H_2O \quad \cdots\cdots (9)$$

(8)と(9)を加へると anode に於ける濃度の const になることを知る。

$$12Cl' + 18OH' + 6ClO' + 8⊕ \rightarrow 2ClO_3 + 10Cl' + 6ClO' + 9H_2O + 3O$$

or

$$2Cl' + 18OH' + 18⊕ \rightarrow 2ClO_3 + 9H_2O + 3O\uparrow \quad \cdots\cdots (10)$$

即ち(10)により電解の一定状態に達した時には 18F の中の 12F だけが $NaClO_3$ の生成に、残りの 6F は $O_2\uparrow$ を発生するに使用される。即ち電気的に ClO' の放電で ClO_3 をつくれば $\frac{12}{18}$ の電流効率即ち 66.7%。之は中性の NaClaq を Pt 極で隔膜なしに電解するとき一定状態に達して後、直接的に $NaClO_3$ をつくる時の電流効率。この時 NaClO も $NaClO_3$ も溶解して cathode に達してそこで発生する水素で還元される事を注意せよ。$NaClO_3$ は Pt 極では還元されぬが NaClO は還元されて

$$NaClO + H_2 \rightarrow NaCl + H_2O$$

となる。即ち pure NaClaq の電解ではこれにより cur. eff. に大きい loss が起る。

尚工業的電解の時はアルカリクロメートを 0.1〜0.2% 加へ還元を完全に防ぎ得ることを E. Müller が発見した。之はクロメートが cathode に密についてクロムオキサイドの多孔性の隔膜をつくって次亜塩素酸塩の還元を防ぐことによるのである。

5.1 n-NaCl 220°C } を用い.
0.2g K_2CrO_4 in 100cc.

極は平滑Pt極で 12~13°C. cut density = 0.067 A/cm² で電解した時の curve で I は active O_2 の電流效率

II は gas 状 O_2 の電流效率

III は NaClO の濃度變化

IV は電解中の Chlorat の濃度

を示す.

Stromausbeute in %

Strommenge

Gramm aktiver Sauerstoff in 100 cm³

active oxygen に対する cut eff は下って 66.7% で const となる. 同時に NaClO の濃度, O_2 の cut eff も const となる

Chlorat 濃度はにつれて他の const となると直に上ってくる. 又 Chloride の濃度の十分の時は Chlorat の濃度の大にても Chloratは放電せず 而後電圧は Chlorät の方が高い. 然し電解時に濃厚な Hypo をつくるには此の事は必ずしも不利にならない. 此の濃度の低い時に本手に起すはならない. 此の為には

i) 濃い濃度の NaCl aq を用い.

之により Cl_2 発生容易となり ClO' の放電がおくくなる 又 Pt 極では Cl_2 の放電の過電圧で行はれる故都合よし. Pt 極は高いが工業的に用い得ず

ii) ClO' 濃度を anode で高めないように攪拌せよ.

然し HClO の擴散で anode とつる付近に電流密度を考くす.

iii) 電解液の中性なることを.

alkali 液では anode での ClO' の放電が容易になる. 此れは (1),(2) の ClO' をつくる様な進む為であって 此の結果 cut eff は早く const で達す. 酸性液では pure 化学的生成 (5) によって Chlorät となる

7

NaClO ノ製造ニ就テ。

6. Die Technische Darstellung von Natriumhypochlorit lösungen

NaClO ハ次ノ様ニ aq ハ O化力モ主トシテ漂白スル方ニ於テ漂白液トナス。
この液のつくり方は 電解 NaOH 製造の byproduct なる Cl_2 を石灰に吸収させてつくった漂白粉を水に溶かして製す。

$$Ca(ClO)Cl \rightarrow Ca^{++} + Cl' + ClO'$$

或いは byproduct Cl_2 を liquid chlorine とし これから之を NaOH に吹込んでつくる。又一つの方法は 次の如く NaCl aq を電解して直接 NaClO をつくる方法である。以上3法の内 始の2つは 化学法 含電解法で 得た Cl_2 を利用するから 有効でない ……… は良くなく 又 NaOH を得ることが出来る。
しかし漂白粉の如きは市販のもの 漂白粉に不溶性石灰化合物を含むから操作を困難。又 liquid Cl_2 をつかう際は bombe が高い 危険である。第三法は 簡単な電解槽をつくれば良い。之等の利用する場合は

濃い漂白液必要の時は 前者 2つ
薄くてよい時は 後者
} の方法である。

Haas & Oettel 式電槽

B: 陶器 矩形

内側に溝切ってある graphit の板をはめ、之を bipolar electrode として 内側に巾の狭い vertical の多数の室に区劃す。

O: 各室の下部にある孔

R: overflow pipe.

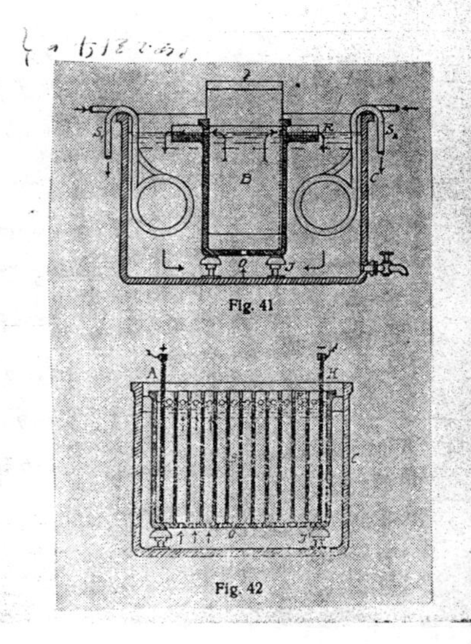

Fig. 41

Fig. 42

8.

Bは全体を絶縁してcooling tank Cの中に入っている。Cの中にはS₁, S₂なるPbのcooling coilがあり、之にcooling waterを通じて液を冷す。電解中H_2が発生し、その気泡は電解液の一部と共にCから吸上げられRからoverflowして循環す。c.d. density大なる程循環速度も大である。(凡そ 0.14 A/cm² 以下)
bipolar ele^de の為に電解電圧に槽を直接つなぎ得る様にしてある。
115^V で28の室。cathodeのreductionを防ぐ為には[illegible]。
このやり方で 10～12 g/l の濃度として active Cl_2 の1kgをつくるには 6.2 kWhr のenergyと14 kgのNaClが必要。液は[illegible]濃度へ達するまで循環させて[illegible]。

Kellner式

Ptに1%のIridiumを加えた金網のbipolar electrodeを水平に大きconcの板をつくし通す。gがセメントでつくり底を階段状にし壁に底と両壁に溝をつけ石英のガラス隔壁gをはめてz₁～z₆の室に分ける。隔壁下端と溝の底との間に隙間を残し、両室にまたがるbipolar ele^de の支持をする。その板はanodeに近い接近させ水平のanodeより5mm位上のcathodeを平行におき磁器棒を挟んで絶縁す。
c.d.は$a_1 \rightarrow k_6$からまる。ガラス壁まわり12cm。
液は第一室に入り槽の横についた管を流れて一番低い槽に入り冷却されて再び槽に入る。

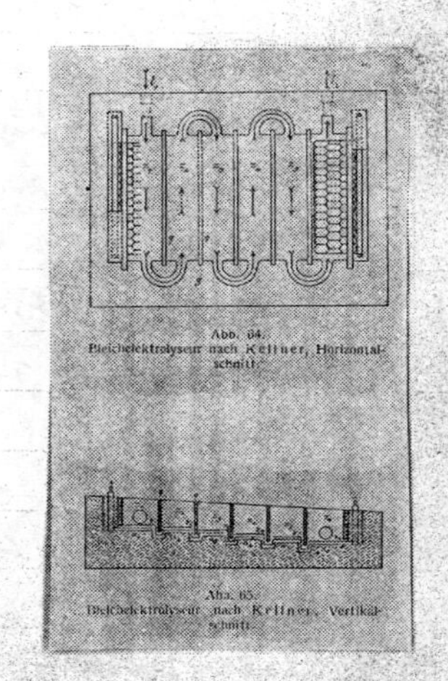

Abb. 64.
Bleichelektrolyseur nach Kellner, Horizontalschnitt.

Abb. 65.
Bleichelektrolyseur nach Kellner, Vertikalschnitt.

液は下側の cathode から入り ここから anode 附近の液は静止. conc の液をつくる為の好都合. 陰極で之を除く為 - Chlomate にならぬ為 石灰乳と重クロム酸塩を加へる。 ムレート油を用いると anode に于ける陽膜をつくり cut density 高くなり NaClO の濃度が高くなる

15% NaCl aq で 1l は 5gr の active Cl_2 を含むものをつくれる。

Cl_2 の 1kg をつくるに 4 KWH. 各電解槽の電圧 6V

C. Die Elektrolytiche Gewinnung der Chrolate

電解の仕方 熱した hot alkali 溶液へ chlorine を入れて

$$2HClO + ClO' \rightarrow ClO_3' + 2Cl' + 2H'$$

の反応を生ずる。この式の反応速度は

$$\frac{dC_{ClO_3'}}{dt} = K C_{HClO}^2 \cdot C_{ClO'} \quad \text{------ (6)}$$

で表され, 温度を上げると K が大きくなり速度は早くなる. Cl_2 で飽和させることは丁度適当な H' 濃度を与へることになる 酸性が余りつよくなると C_{HClO} が大きくなるが $C_{ClO'}$ が小さい。反対に酸性が小さい時には $C_{ClO'}$ は大となり C_{HClO} は小さすぎる. 故に酸性を適度にして行ふ. $HClO_3$ の電解的製法では alkali 性にして ClO' の放電を速かに行はせる. かくの如くにして電解的に ClO' の放電でつくる時には cut eff. は 66.7% 以上には上らない。これ以上に上げるには pure chemical の反応を行はせ anode での放電を少くすると cut. eff. は 90~95% で Chlorate が出来る. 故に実際は中性液で電解して HClO 塩の出来てから後に HCl を加へて $HClO_{11}$ 塩の一部を HClO にかへると化学的製造速度が高まる. 故に Chlorate 製法は 2 通りに分け得。

1) 理論的 cut eff. なる 66.7% で alkali 性 aq で行ふ方法.
2) 中性液で電解して後時に酸を加へて 90~95% の cut eff. で行ふ方法.

上のcrt eff.は陰極還元を完全にさけた場合のことで この還元を防ぐ為には先のHypochroliteの時の如くbichromateの如きを加へる。この当時のanode材料は昔は白金、近年は黒鉛、酸化鉄。白金はcost高いことを償ふ為にanode crt densityを高くして用いる。(80~95℃) 黒鉛の時にはanode crt densityは $3^A \sim 5^A/dm^2$ で温度は40~55℃。この電極は多孔質なため細孔の中で電解が起り Cl' が少くなると ClO', OH' が放電して電極を消耗させるため予めアマニ油などを含浸させ細孔を充しておくと一年以上も使用し得るが多孔質のままでは2~3ヶ月である。酸化鉄鋳造のanodeはcrt densityは $1 \sim 3^A/dm^2$ でcost安いがdensity大にする必要なし。90%以上のcrt eff.を得ること困難。この極を用いた一例としてGrubeの実験によると

$D_A = 1\ ^A/dm^2$　65℃　3.6^V で電解して crt eff 80~90%

電力消費 $5.25 \sim 5.90\ ^{kWH}/kg\ KClO_3$　約4年使用可能.

陰極は鉄が使はれ、安くて丈夫で過電圧が小。又電解を中止してもChlorateが入って居れば侵されない。電槽はセメント製で電極は垂直に吊し、crtの抵抗でで温度が上る。極の上方に十分電解液を入れておき又気容積を大きくしてClの逃げるのを防ぐ。電解液としては25%のKCl aqを用い $KClO_3$ で飽和されるとcoolして結晶させ母液を除き母液はKClで飽和して再び電槽へかへす。$KClO_3$ は $NaClO_3$ にくらべて吸湿性小、溶解度小。塩素酸塩の中K, Naの用いられる、同様の時には $KClO_3$、液体として用いるときは $NaClO_3$ である。用途は医薬、爆薬などである

3. Die Darstellung von Alkalilauge und Chlor durch Elektrolyse

食塩アルカリ電解に於ける一次生成物はanodeで $Cl\uparrow$, cathodeで $H_2\uparrow$ と $NaOH$（苛性アルカリ）である。之等をpureに取出すにはanode生成物cathode生成物の混合することをさけ、特に苛性アルカリと $Cl\uparrow$ との混合を防ぐ要あり。

工業的に之等を純に生成するには次の方法あり

1) Quecksilber verfahren 水銀法.

cathode として Hg をつかい Na と Hg で アマルガムを作り この amalgam を水で分解して NaOH をつくる方法

2) Diaphramen prozesse 隔膜法.

陽極室と陰極室を隔膜で分けて行ふ。

3). Glocken verfahren (Schichtungs verfahren) 鐘形法又は成層法.

anode cathode 両室距離を大にして anode 生成の アルカリの cathode へ来ぬようにす。anode から cathode へ向い順に組成濃度のちがう液層でつくり anode へ常に新しい NaCl を加へて液層が cathode へ移る様にしむける NaOH は cathode 側から槽外へ出す。

a. 原料塩及電解生成物の処理

原料食塩は何れも溶解し易いが 電解には濃い液の方が有利。20°C での飽和溶液は $D^{20°}_{4°} = 1.200$ 26.4% の NaCl を含み aq 1ℓ中に 317g の NaCl を含み 5.42 mol に相当す

原料塩としては欧では岩塩、我国では海塩 で不純物多い。不純物が電解の妨害をする。即ち SO_4'' は anode で Cl' 濃度へった時に OH' と共に放電して anode 消耗を害す。Ca, Mg は水銀法では current eff を害し、他の電解法では alkali を消費して Ca, Mg の沈澱物を生じ

この沈澱は隔膜法では隔膜の目をつめて抵抗。漸次液の透過が悪くなる。その他の重金属塩も有害で 水銀法では水素過電圧の上で良くない。

不純物影響の最小のものは 3) であって、1) は最も鋭敏である。

2) はその中間に位す。原塩は溶かす前に食塩の飽和液で洗い MgCl, $MgSO_4$ などをとかし 得った塩は精製された食塩の程度になる。

食塩液をつくって後は苛性ソーダを用いて $Mg(OH)_2$ や $Ca(OH)_2$ を沈殿し鉄分も沈殿す。このうちから NaOH は電解して生ずる NaOHaq をにつめる時に先づ NaCl が結晶するから、少しも取り去って NaOH をにつめる。この時ロ過した NaCl cryst の中に母液の NaOH がついているから この NaCl を再び溶解するとこの NaOH が不純物の沈殿剤になる。困難な不純物は SO_4'' で $BaCl_2$ を加えて $BaSO_4$ として沈殿さすのが最良なるも cost 高いので一般的でない。

生成物は液と H_2 と Cl_2 の[1]液は水銀法以外では食塩を含んだ NaOH の液となるので NaOHaq として得ようとするには前の濃厚液を作らねばならない場合が多く、この場合固形 NaOH として市場へ出す為にこの液を conc. にして NaCl を分離する要あり。食塩の分解率を高くすると cut eff. は低くなるが NaOH が conc になるから濃縮の時に有利である。之に反し分解率を低くすると cut eff. は高くなる。濃縮の時に燃料を食うので不利である。液をにつめるには大きい多重効用真空蒸発管を用いる。これでは蒸発に伴って分離する食塩を除き得る。この蒸発器では濃度 45% までつめるが、これ以上につめるには固形にし、之以上では鋳鉄鍋でする。この真空蒸発器で 10% から 45% までにつめるのに NaOH 1 ton に対して 5〜7 ton の steam を必要とし、これの為に boiler で 0.8 / ton の石炭を必要とし、更に固形 NaOH をつくるに必要な石炭を加えると全体として 2 ton の石炭を要す。[2] anode から出る Cl_2 に混ずるものは水蒸気, O_2, 炭酸, 空気で 水銀法では之に H_2 が加わる。H_2O は電解槽の水蒸気圧力によるもので温度が高ければ多い。又 O_2 は SO_4 や OH の放電によるもので H_2CO_3 は炭素極が酸化されて生ず。空気は Cl が漏れるのをふせぐ為に pump で pipe 中を減圧する為に継目などから入ったものである。この Cl_2 は湿っているから金属 pipe ではおかされる為、硝子や陶磁器 pipe をつかう。この Cl_2 をさらに精製原料にする為には air,

O_2は差支へないが CO_2 などは影響を与へる。通常 Cl をつくる原料としては純度高い Cl_2 も必要で水分 O_2 air, CO_2 などの入ることはさけた方がよい。3) 水素は水蒸気を含む以外は純粋で硬化油などにつかふ。

6. 水銀法

中性食塩水を Pt 極を用い電解すると Na より H の方が放電し易く、然るに Hg を cathode にすると Hg に対する H の過電圧が高いので H_2 発生を困難。而し Na や K が容易に電析される。そして之等は放電して水銀の表面の中に溶解し水銀の中へとけて alkali metal は甚しく溶液の(?)となるので alkali metal もこの方法で電析させ得るか。Na を Hg cathode に電析させれば Pt cathode に於いて H を電析させるより高電圧を要す。今 4n の NaCl aq の Pt 極に対する分解電圧は 2.15〜2.2V なるも 0.2% の ナトリウムを含む Hg を cathode として Pt を anode として NaCl 又は KCl を分解するときの分解電圧は 25°C に於て 3.57V 及び 3.56V である。実際電圧としては 4.5〜5.0V である。他の方法による電槽より高電圧が必要であるが、かくの如くして生成した amalgam は之を再び分解して alkaliage(?) を得る方法と電解槽に分解する方法と2つ考へ得る。電解槽方法としては Fig47 に示す。電槽は W により二室になっており、底の Hg は W の下を通って両室に流動し得る。左の E 室で NaCl 電解が行はれ、Cl は Carbon anode A から、Hg cathode にゆく。生じた Na-amalgam は分解槽 Z に入り、ここで dil の NaOH が充たされ鉄網でつくられた cathode K により短絡して分解され NaOH と Hg とに分る。(a)の方法では Z において K が陰極 cathode、amalgam が anode。

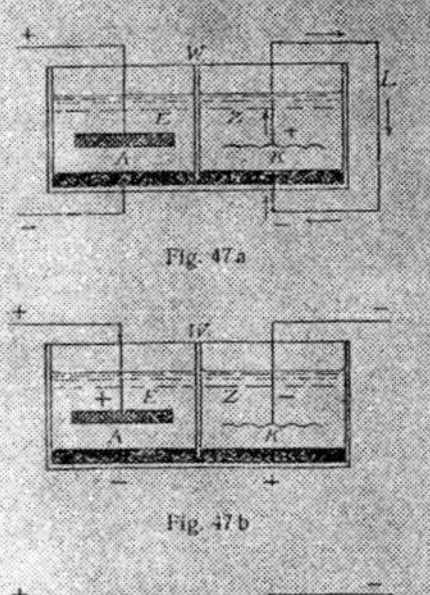

Fig. 47a

Fig. 47b

Fig. 47c

14

Lにより short させてある。これは化学電池のもの、amalgam から Na をとって、NaOH をつくっていけば、Fe 板は水素を発生する。これは化学的に水と化合するより速度は早い。この電気に利用される化学 energy は失う方向へ流れ、熱となって失はれる。この energy を利用する為に Castner は 47(b) の如き電解槽を提出した。a と b をむすびつけることがわかるであろう

Na-amalgam / NaOH / Fe

なる電池の emf を利用してある。即ちこの電池の電位差に相当する電圧はこれらの電池から与へられるから 電解の anode と 鉄の cathode とつないでも [illegible] 現実にこの電流は流れねばならぬ。

今 E に於て 100% の cur eff をもって amalgam が出来たとすると電気の smooth な流れとともに Z を流れる電流で b の室中へ出来た amalgam を NaOH と H_2 とに分解する為に利用される。しかしこのような smooth な電気は起らず E に於ける cur eff は 90% ならば b の如き connection では amalgam を分解して後 excess の cur は これに従って Hg 陰極で O と Hg になる。この副反応は Hg の loss と電圧上昇を伴って非常に害がある。この O と水銀をつくるのを防ぐ為 Kellner は Fig 47 C の如き connection を用いた。これは a と b を組合せたので電解槽 E で amalgam が 90% の cur eff でつくられるとすれば Z は電池で全電流の 90% に相当する電気量を出し、その pos. の cur は L を先の方向に流れ、又 L cur は外部の source から与へられ、その電源の pos の電極を全部この cur を先と反対方向に通る。しかしその中の 90% は amalgam 電池の電流で消されて僅かに 10% だけが測定される。その amalgam 電池では amalgam elec^de が Fe よりもずっと neg pot^l をもっているから Z の cur を通すが Hg と Fe の pot^l は等しいから cur を生じない。これは外部の電源の電流は L の cur を通させて水銀の O と Hg を防ぐ [illegible]。

α.) Amalgam を電気化学的に分解する水銀法.

Example としては Schaukelzelle nach Castner (上下式電槽)

3室に分けてある。左右の室は電解、中央は分解の室。左に偏心車ありて上下動す。この方法は 90〜95% cut eff. で主な cut eff の loss は ① NaCl aq に少量とけた Cl_2 が cathode にて還元されること。

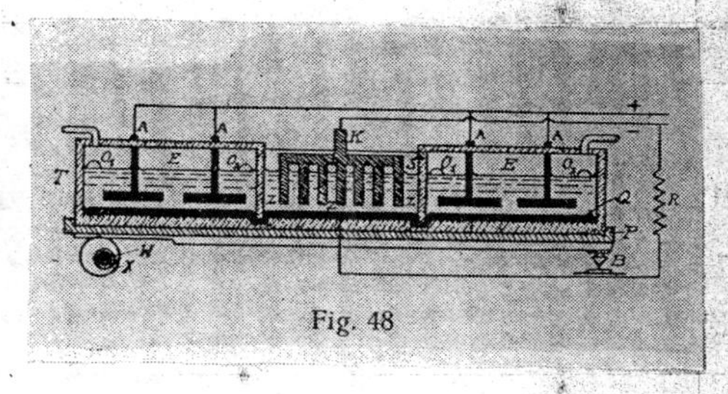

Fig. 48

$Cl_2 + 2\ominus \rightarrow 2Cl'$

これは cathode の cut density を大にして減じ得る。② cathode に H_2 の発生する。之は NaCl 及び Hg の不純物に原因す。即ち水銀面で水素過電圧小なる部分の生ずるからである。又 NaCl の中に Ca Mg Fe があると少量の amalgam をつくり、之が Na-amalgam と共に短絡した電池をつくり水素を発生す。又 anode に炭素黒鉛を用いると侵されてその粉末が水銀面に落ちて電池をつくり cut の loss を起す。 電槽内での H_2 の発生は cut loss のみではなく Cl の中に 5% の H_2 があれば日光にて爆発する Chlor Knall gas を生ずる危険あり。故に anode の Cl 中には水素は 2% 以上入らぬことを要す。 電解液としては pure NaCl 又は KCl の conc aq で Ca Mg Fe の塩を含まないこと。又硫酸塩は H_2SO_4 をつくって黒鉛 anode をいためるから之を含まぬこと。

此の場合 amalgam 生成の cut eff は 90%。 且つ alkali amalgam は viscosity のため Na の含有量を大にすることは出来ぬ。水銀は Na と $NaHg_4$ なる化合物をつくり、之の excess の Hg にとけて 48.2°C にて溶ける共晶体をつくる。この共晶体は 0.33% の Na を含む。電解温度の 50°C では

1%のNa amalgamはその melting curve から見て $NaHg_4$ の組成に相当するものになってamalgamはかたくなる。そしてHgは高価なのでNa-amalgamをつくるから実際はNaの量を少くして0.2%位にする。

Shuntをつくるのは amalgam 生成に与らなかった cut を分解槽へ通さずに Hg の中を通す為であり、cut eff が90%であれば total cut の90%を分解槽へ、残り10%をshuntへ通す。

其の Castner, Kellner の connection の目的である amalgam 電池の emf を電解の電解に使用することは実際行はれていないことがわかる。電解に graphite と amalgam 又は amalgam と鉄の間の電位差を計るときは amalgam の方が鉄より pot^{l} が 0.15～0.21^{V} 高い。Castner, Kellner の利用せんとした電池は低いまま amalgam の方を neg. にせねばならぬ。実際には之を要さず。即ち amalgam から alkali metal の溶出 aq にとける amalgam を neg. にするのではなく、電解する実際にはその電位を受け分解しておるのである。この方法は amalgam の早くから高濃度 alkali metal を含有する所の amalgam がまず alkali metal の diffusion がおそい為に充分な cut をとるためには amalgam の不足するからである。

この cell は古くから知られた構造，而し実際に用いた工場のものは現在は用いられず。実験全体をすがめて Hg を動かす為に大電流使用し、流れ抵抗 630^{A} で電圧 4.3^{V}, 40°C　NaOH 濃度 24% になればとり出す。cut eff = 90% で anode から出る Cl_2 の純度 97%。

Druckluftzelle nach Kellner

Fig. 49　　B: 電槽. 3室に分れ. 中の電解室. 両側が分解室

E: 電解室は Gas Glocke で覆われ. その中に Pt 網の anode が 500^{g} 以上

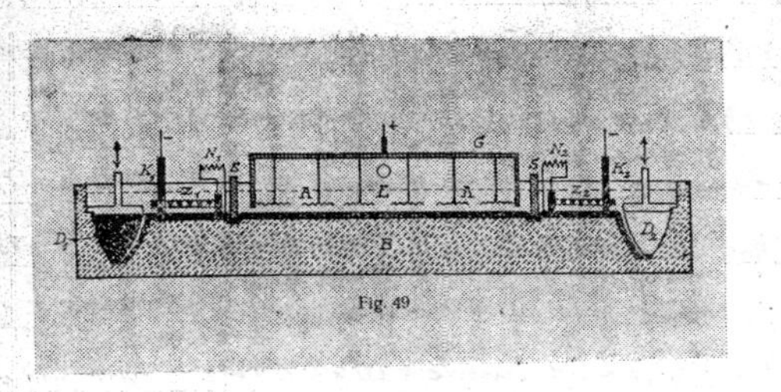

Fig. 49

も水平に保たれてある。

Z；分解室では鉄格子製の cathode K_1, K_2 があって N_1, N_2 の shunt により Hg と連絡されてある。圧縮空気は D_1, D_2 に交互に送られてそれにより水銀は右又は左へ揺動する。この装置では 30〜35%の濃度をもつ NaOH が作られ、4000 A 程の cap. をもつ電槽まで作られてある。

β.) amalgam を化学的に分解する水銀法

Castner 及 Kellner のその他の装置では電解的に作られた amalgam を電化的に分解してその energy を利用することが出来ず、以下述べる電槽では energy は利用してないがやはり分解を電化的に行はせて分解速度を早くしてある。即ち水の存在に於て amalgam はそれより pos. な metal（例へば Fe）の上に流し short した電池の如くて amalgam の分解が早められる。その一例として Solvayzelle がある。(Fig 50)

amalgam の生成分解の各別の室で行はれ、電槽は細長い室で、底が少し傾斜し、Hg は $R_1 \to R_2$ に流れて D なる壁をこえて R_2 に入る。G なる Glocke には Cl の出口がある。この G を通して Pt 金網製の anode がある。電極面は Hg cathode と平行におかれてある。この Hg は鉄底から neg current を通じてある。

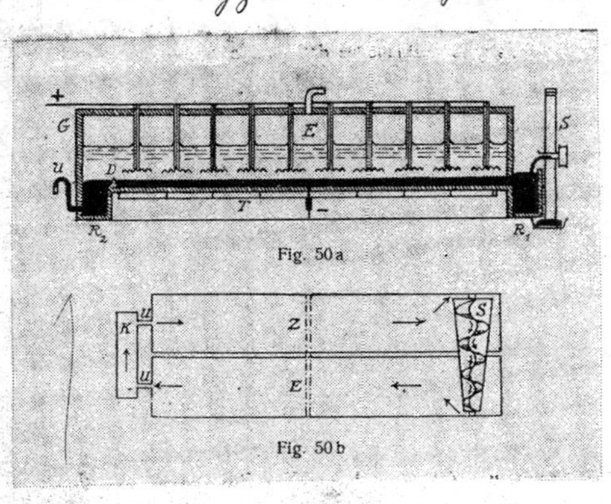

Fig. 50 a

Fig. 50 b

18

電解板も水銀と同方向に振り. Amalgam は電極 E をぬれて U を通って K に入り. それから分解槽 Z に入る. Z は電解槽と反対に傾斜し, その底に炭板をしき. amalgam は左→右へ流れ, 水は右→左へ流れる. 水銀を分解槽から電解槽へ戻すのには S なる screw で押上げる。最大容量は 1200^A, 5^V, NaOH の濃度 24% 位。水銀の循環容量は 0.15~0.2 amp/cm²。
anode の Pt の代りに Graphit anode を用いたものあり この形式は我国でも用いられてゐる.

Wildermann-zelle は今までの Pt の代りに graphit を用いると破壊の Hg の上から電解室と分解室の欠点あり. 之を除く為に水銀を垂直に用いたものの之である. (Fig 51) 円筒形.

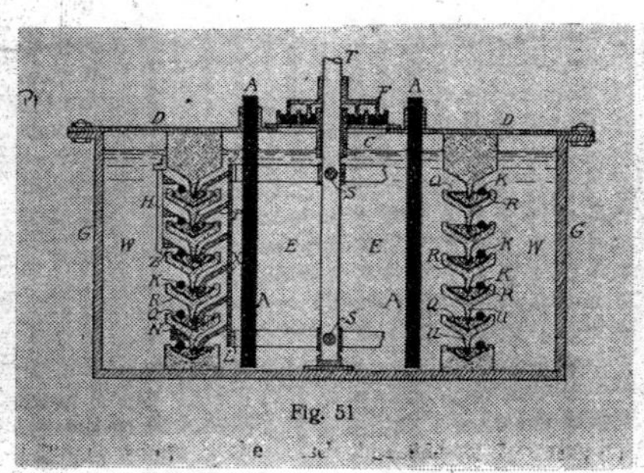

Fig. 51

左右の漏斗型には Hg を充した輪状の溝. 之を積重ねて円筒状の壁を作り. 中央電解室 E と, その外側の環状分解室 W とに分ける.
Anode は A で graphit 製。E へは conc NaCl aq を送り W へは H_2O を通す. 撹拌装置 P が X 軸についていて之の anode の当らぬ様に前後に動き. これで Hg を撹拌する様になっている。Amalgam は撹拌により分解槽へ送られる. K の所で短絡電池を作り分解を早める.
2200^A 位まで作られた。crt density at cathode 0.6 A/cm² 以下.
D_A = 0.1 A/cm² 以下. 電圧 5^V. crt eff = 97~98 %.

C. 隔膜法 Diaphragmen prozesse

α) Allgemeine

KCl aq を入れた電槽を多孔性隔膜で陽極室と陰極室とに分ち. crt は通すが

陽極液と陰極液の拡散を防ぎ、陰極には Fe、陽極には C を用いて、陰極室には alkali と H_2↑、陽極室では Cl_2 を生ぜしむ。

今隔膜により完全に alkali は陽極室へゆかず、Cl_2↑は陰極室へゆかぬものとする。cathode にて生じた alkali は完全に取り出せる。この状態では電流の全部は Cl' によって陰極室から陽極室へ運ばれ、OH' は current の運搬には与らない。しかしこの考へに反して Alkali 濃度が増すとその OH' も current の運搬にあずかり陽極室へ入って Cl_2 に消費される。anode の Cl_2 は減ずるから、従って alkali と Cl との current eff. は悪くなる。今 current eff の悪くなるのに就いて述べると、この場合 2 種の elektrolyte KCl と KOH が夫々の電導率に比例して電気を導く。今 cathode にて生じた alkali の隔膜の近くに達するとき隔膜に平行した電解液のある断面を通り、ある電気量を運ぶ為に 1 当量の KCl の必要と仮定して、電解液のこの断面に alkali の侵入したら、この alkali は current の運搬に参加しているのである。今 κ_1 を KCl の電導率、κ_2 を KOH の電導率とすると、大略

$$\frac{1-X}{X}=\frac{\kappa_1}{\kappa_2} \qquad \text{(1)}$$

の関係が成立つ。X：X 当量の alkali の current の運搬に与ったと考へた。

又 C_1, γ_1, $\Lambda_{\infty 1}$ を KCl の濃度, 解離度, 無限大稀釈度に於ける当量電導度を示すとし、C_2, γ_2, $\Lambda_{\infty 2}$ は KOH のそれらを示すとすると

$$\kappa_1 = C_1\gamma_1\Lambda_{\infty 1}, \quad \kappa_2 = C_2\gamma_2\Lambda_{\infty 2}$$

$$\left[\because \frac{\kappa}{\eta}=\Lambda \qquad \gamma=\frac{\Lambda}{\Lambda_\infty}\right]$$

（η：1cc 中の電解質の当量数）

$$\therefore \frac{1-X}{X}=\frac{C_1\gamma_1\Lambda_{\infty 1}}{C_2\gamma_2\Lambda_{\infty 2}} \qquad \text{(2)}$$

20

(2)より

$$X = \frac{1}{1 + \frac{c_1 \gamma_1 \Lambda_{\infty 1}}{c_2 \gamma_2 \Lambda_{\infty 2}}} \quad \cdots\cdots\cdots\cdots (3)$$

となる。

今電解初めに於てKClのみのcell電解になるとし、KCl中のCl'の輸率を ~~KCl~~ n とすると cathode側で1当量のalkaliが生ずるには n当量のCl'が陰極室から去って $K^{\cdot}$の$(1-n)$当量が入ってくる。故に陰極室に於ては n当量の$K^{\cdot}$がCl'に代って残される。一方$(1-n)$当量の$K^{\cdot}$が入ってきて合計1当量の$K^{\cdot}$が残ることになる。このcathodeに生ずるOH'と結んで1当量のKOHを作る。然し1当量のKOHをつくるのに単に n当量のCl'しか陰極室から去らぬ。故にこの電解ではKOHの増え方はKClの減少より大きい。又電解中cellで電解するものがKOHのみであるとすると、その輸率を n_1 で表はすと cathodeに於いて1当量のKOHが生ずるに n_1当量のOH'は陰極室から去って、実際の陰極室における KOHの増加は$(1-n_1)$当量である。この時 cell eff. は A とすると $A = 1 - n_1$ ⋯⋯(4)

実際の場合は以上の両極端の間にあるから塩化カリも水酸化カリも cell の一部を運ぶ。依て実際cellの電解は1当量のKOHの中に X部分だけであるとすると

$$A = 1 - X n_1 \quad \cdots\cdots\cdots\cdots (5)$$

(3)のXに之を代入

$$A = 1 - \frac{n_1}{1 + \frac{c_1 \gamma_1 \Lambda_{\infty 1}}{c_2 \gamma_2 \Lambda_{\infty 2}}} \quad \cdots\cdots\cdots (6)$$

この式に於て KOHとKClは全く解離度をもつから $\frac{\gamma_1}{\gamma_2} \fallingdotseq 1$ とみられる。$\Lambda_{\infty 1}, \Lambda_{\infty 2}$ は文献測定から知られ、$\frac{\Lambda_{\infty 1}}{\Lambda_{\infty 2}} = a$ とおくと

$$A = 1 - \frac{n_1}{1 + a\frac{c_1}{c_2}} \quad \cdots\cdots\cdots (7)$$

となる。

即ち隔膜に於ける KCl と KOH との比が $\frac{C_1}{C_2}$ であるときの KOH の生ずる curr. eff. を示す式である。但し KCl, KOH の拡散による損失はないものと考へる。この式から分る様に C_1 が減じて C_2 が大となると alkali の curr. eff. は減少する。即ち電解をつづけて KOH の濃度が増すと陰極電流効率は降る。かくの如く隔膜法では alkali 濃度が直接 curr. eff に影響するから高い curr. eff. で作業するには alkali 濃度を低くして送らなければならない。従って多量の chloride を含んだ dil. alkali が出来る。之を蒸発して chloride を結晶分離させる。

次に数値を入れて KOH と NaOH との curr. eff を比較する。

18°C
$$A_{NaOH} = 1 - \frac{0.82}{1 + 0.501\frac{C_1}{C_2}} \quad \text{------------} (8)$$

$$A_{KOH} = 1 - \frac{0.74}{1 + 0.545\frac{C_1}{C_2}} \quad \text{------------} (9)$$

従って実際には KOH の方が curr. eff 高い。 何となれば anion の輸率は 0.5 に近いので n_1 が 0.5 になろうとし、一方 a を 1 に近づけんとするから、A は大きくなる。そして A_{NaOH} と A_{KOH} の差が少くなってくる。次に隔膜法では温度を高めると curr. eff が増す。高 OH' が陽極室に行くと anode の近くで NaClO が出来る。この ClO' が少くなって anode に放電する。故に Cl_2 の curr. eff は下り、同時に O_2 及び ClO_3 が作られる。又 C 電極は発生機酸素に侵されて CO_2 を生ずる。従って陽極室で Cl_2 の外に CO_2 及び O_2 を含んだ gas が出る。故に陰極室の OH' の濃度が高くなると alkali 及び Cl_2 の curr. eff. が下る。尚 anode gas の純度にも影響す。故に alkali 濃度は重大な factor になる。

β) Griesheimer Diaphragmen verfahren

最も古いものでありながら現在用いられている。Fig 53, 54, 55 に示す。

陽極室は 53, 54 に示す通り。周囲はセメントで作られた箱で四面の壁は D

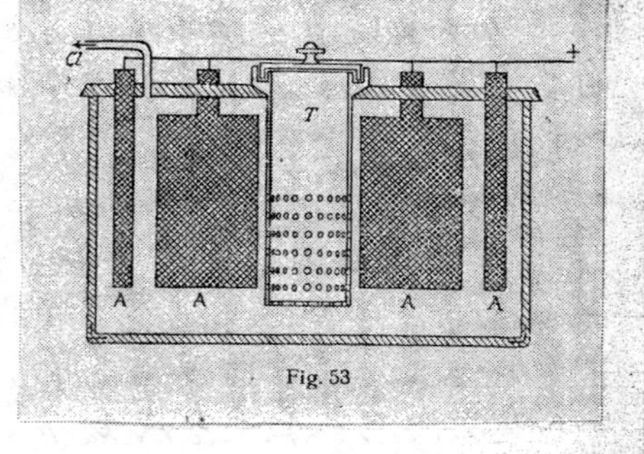

Fig. 53

の隔膜で囲まれてある。

陽極はCの時には6枚入れてあるが 最近は酸化鉄を多く入れて用いる。54の如く。

室中にTなる容器があって之にKCl又はNaClを盛し。53の如く壁に多くの孔があいてある。之により陽極液をsaturateの状態に保つ。

この構造の陽極室を69から234個を並べ55に示す状態にする。之を1つの絶縁されて陰極室Eの中に入れる。55のKは陰極の鉄板が陽極室の周囲に配置されてあってEの容器自身もcathodになる。Hは電解液の出管である。

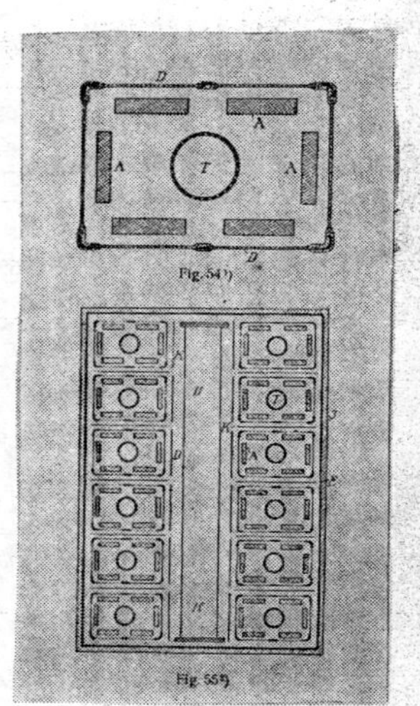

Fig. 54
Fig. 55

(陽極室 深さ 1^m 長さ 1.1^m 巾 0.75^m
陰極室 〃 1^m 〃 4.8^m 〃 3.3^m

anodeは $11^{個}$ になっている：温度80°Cで

anode c.d. density $0.02^{A}/cm^2$

電圧は carbon anodeで 3.6^{V},
酸化鉄 4.0^{V}.

陽極室は食塩飽和溶液で陰極室は食塩 2.7^{mol} 溶液を入れ alkali 液の $1.1 \sim 1.2^{mol}$ になるまで電解を行う。

陰極液には又約 2^{mol} の塩化物が残っているが 之を除去して又陰極室へ

新しい NaCl aq を入れる。電流效率 80〜84%

この場合も塩の少量を含まない pure な chloride の液を用いねばならぬ。

この装置ではカクマクは特殊のもので之をつくるにはセメントの中に所定の食塩を混じ合せたものを塗布してこれで 2〜3cm の厚さの板をつくり、硬化してから食塩の結晶を水で浸出し去り多孔質の壁、即ち alkali に安定なカクマクをつくる。

δ) Verfahren mit vertikalen Filterdiaphragmen.

β)のカクマクでは液の透過が少なく抵抗大なるため、alkali の或る濃度になると電解を中止し、alkali 液を取出して食塩水を陰極室へ入れて連続的に作業することが出来ない。この欠点を除く為に、電解中止なしに anode へ食塩水を補給し一方陰極室からは絶えず alkali を取出す方法が考えられ、anode から cathode へ液を通し易いカクマクで陰極室と陽極室とを分離せねばならぬ。こうすると OH' が anode へ流移することが防げるから cut off でよくなる。電解室の通り易いカクマクを Filter diaphragm という。工業的の電槽ではこの膜を水平にするものと垂直にするものと二種類ある。

Hargreaves & Bird 式電槽

垂直式のもので最も古いもので陽極室は細長く巾狭い長方形の室で天井と底、両端はセメント又はコンクリート製で B が底、D が天井の部である。d_1, d_2 はカクマクで之をさしはさんで両方の外側に陰極室がある。カクマクはアスベストとセメント混合物製にて、厚さ 4mm。K_1, K_2 の Cu 網の cathode があり之によりカクマクを支ってある。S, E により固定されてある。anode はレトルトカーボン又はグラファイトで空中に T の metal holder で支えられてある。食塩水は底の e から入って

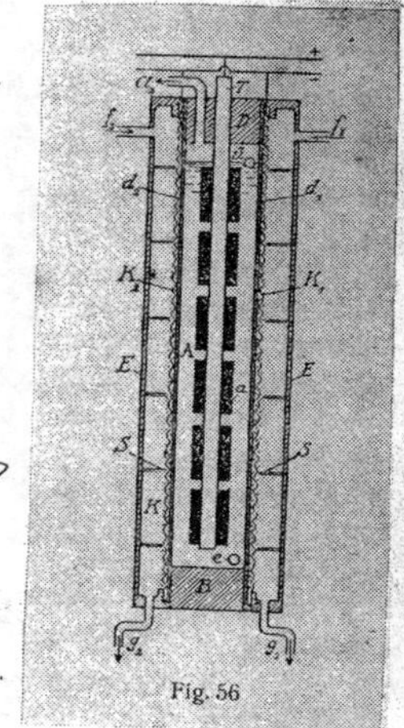

Fig. 56

一部は ü から overflow する。陰極室は空で、水面の高さ食塩水一部はカワマクを通って cathode 面に来て alkali を作る。陰極室には f_1, f_2 から steam と CO_2 の混合物を吹込み cell を温めると共にソーダの溶液をつくり、之を g_1, g_2 から流出す。この電槽では 97~98 % の Cl と 15 % 濃度の炭酸ソーダである。温度 85°C で current density 0.028 A/cm²，電圧 約 2V current eff は 92 %。

Townsend 式電槽.

上の電槽には current eff は高いが陰極室にソーダの生ずるのが欠点。この様な CO_2 を入れる目的は OH′ が anode へゆくのを防ぐのと、カワマクの cathode 側のアルカリに侵されるのを防ぐのである。Townsend 式では陰極室の中に石油を充して分極の目的を達する。即ち cathode に出来た苛性ソーダは石油中で粒状となり沈んで流出す。この cell は出来る細長い電槽で当ってよく似ている。

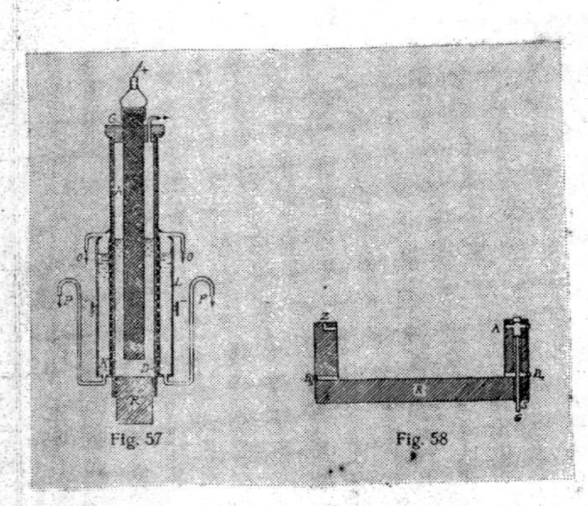
Fig. 57　Fig. 58

R は陰極室外枠でセメント製。底と狭い方の木空の壁を囲み U 字形をなす。両側に 57 の如く D なるカワマクがある。G は anode で graphite plate である。Fig 58 の Z は食塩水を入れる入口。食塩水一部は G の細孔を通って overflow する。Fig 58 の A は Cl の出口。B_1, B_2 は陰極室をソーダ液の流出口。

D は陰極室の広い方の側壁で asbestos の布で出来。布目を酸化鉄と[アスベスト]繊維と水酸化鉄で塗りつぶしたもの。K は cathode に鉄で房状のものを附けたものである陽膜に密着して之を支へる。陽極室食塩水液面は陰極室石油液面より高く食塩水の一部はDを通過してKに達し alkali を作って之の石油中を通ってPを通って流出する。陰極室両側のOは水素の出口である。長さ2.4m 高0.9m 巾30cm の槽に 2000～2200A の電流を通す。電圧 4.5V D_A = 0.13–0.16 A/cm² である。curr. eff. は 95～96% 生成アルカリ液は濃度 1l につき苛性ソーダとして 150～250g 含まれ、3.75～5.% 位の食塩を含む。温度は電槽で 70° 位になり。陽極室気は 2% の CO_2 を含む。16000A 位の大容量のものもある。

Mac Donald式電槽

之は Townsend に石油を入れることなく、陰極室へアルカリ液を入れ液面を anode 側液面より下げるもので curr. eff. は 82% である。

Nelson式電槽

Townsend 式によく似、陽極室はU字形断面をもち、其の両側を鉄板より成る cathode に囲まれ、其の内側にアスベストの隔膜を密着す。食塩水は食塩カラマラを通り陽極室へ来る。アルカリは滴下する様になっている。陰極室へ steam を吹込み、温度を適当に保ち、アルカリの散布を防ぐ様に蒸汽を吹込む。1000A のもので 3.7V. curr. eff. 86%. alkali 液は NaOH として 10～12% 其他食塩を 14～16% 含まれる。

Allen-Moore式電槽

Nelson 式と大体同じで filter diaphragm を用いるもの。陰極室は中が空で、之に steam を吹込む。2000A のもので curr. eff. は 92～94%. 電圧 3.4～3.8V. 10～11% の アルカリ (NaOH) を生ずる。

Krebs式電槽

Nelson 式の構造をもったもの。

δ) Verfahren mit horizontal Filterdiaphragmen

垂直式のものでは僅かの液位の差により陽極室から陰極室へ食塩水を送るので隔膜も薄い。そこでカクマクの耐久力も弱く、交換も頻繁となる。OH'がanodeへ拡散することを完全に防げないから cur. eff. は低くなる。そこで

Billiter式

この式ではdiaphragmを水平にして用いて食塩水は重力によりanodeからcathodeへ滴下する。このcellは工業的にSiemens-Halskeと製造しているのでSiemens-Billiter式という名がある。

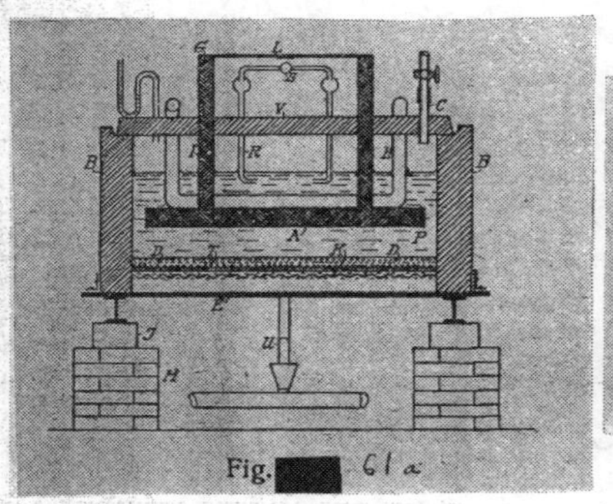

Fig. 61a

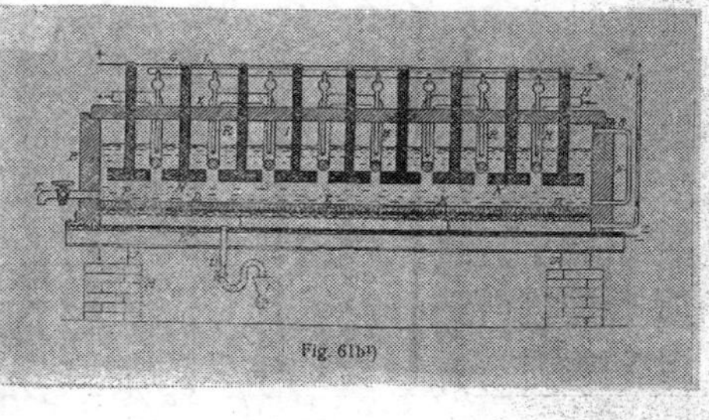

Fig. 61b

Eは浅い鉄製皿で、またBなるコンクリートの枠型の側壁があり、之により陰極室をつくる。更にVなる蓋がのっている。Tはアスベスト布のカクマクで、Tの下側に鉄網のカソードKが密着す。Tの上にアスベスト繊維と硫酸Ba粉末をまぜたものをぬる。Aはanodeでgraphite製。食塩水はSからRへ分れて入り、anodeの上の側へおちてゆく。生成NaOHは滴下してUを通って出る。陰極室の水素は小管のWを通って出、ClはCを通って出る。Hはガラス又は磁器管でU字形をなし泡を混ぜないのである。この式ではアルカリは陽極から滴下して離れるが、OH'は陽極室へ

多少移動し、之を防ぐのには液の移動速度を同時にOH'が陽極へ動くのを防がねばならぬ。即ちカソードと陽極との間に中和性の層をつくる様にし、(anode附近に)弱酸性の下に中性のカソード附近にアルカリ性となる様にする。温度は85~90°。alkali濃度はNaOHで12~16%、KOHで18~20%。current eff は94%, current density at anode 0.06 A/cm^2. 電圧 3.4~3.5V. 生成塩素は酸素を少量と1.5%のCO_2を含む。2000~3000 A位の電槽が用いられる。

d. Glocken verfahren

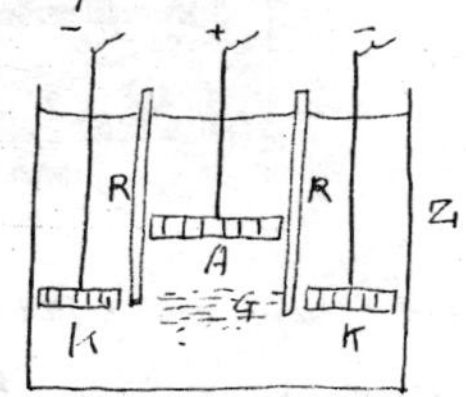

Zなる器に食塩水を入れ、その中へRなるガラス円筒を入れ、之をとりまいてKなるring状の陰極を入れ、その室中へAなる陽極たるa^{de}を入れ、之を電解する。C^{de}では水素を発生しながらalkaliを作りa^{de}ではClを発生す。C^{de}でalkali濃度の増加するのはClの溶解よりも早い為に電解が進むにつれalkaliの為にC^{de}溶液は重くなり、一方陽極液はdil.になって軽くなる。この重いalkali液は軽い陽極液の下の方に層をつくり、目に見えぬ境の中性のGなる層が出来る。a^{de}の近くは酸性でgas状Clが発生する。H'はC^{de}の方へ移動し、Clと液となり全方向に拡散し、OH'は陰極液からcurrentにより anodeの方へ運ばれる。そしてGの層の上の方で小さいionとOH'が中和され、Clとalkaliは $NaClO$ or $NaClO_3$を作り、即ち中性層が出来る。その上へ酸性の陽極液の層が出来る。電解を続けていけば cathodeからはa^{de}へ酸の出来るより早くalkaliの出来 Gはanode側へ上り遂にa^{de}に達する。すると OH'の放電が始まり alkaliとClとの**ausbeute**は急に減る。又 carbon anodeはCO_2を発生しながら壊れてしまう。それ故Gがa^{de}に達せぬ様にa^{de}の上から Clの液を送り alkali液を取ってC^{de}の上の方へ流し出す。この方法の工業化は…

28

Glocken verfahren であるが又 Schichtungs verfahren 成層法ともいう。

Aussiger Glocken verfahren

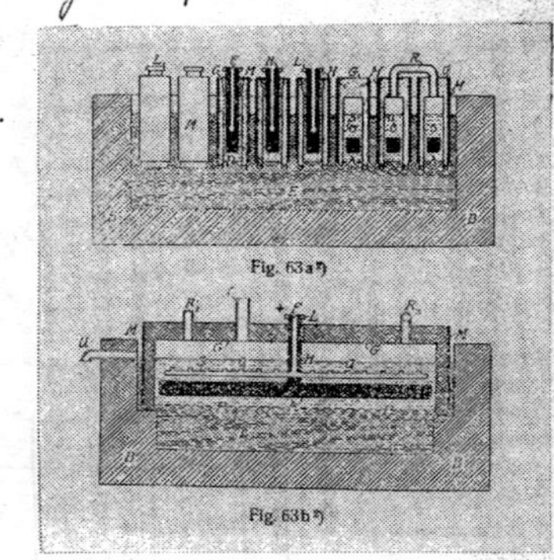

Fig. 63a 9)

Fig. 63b 9)

B：コンクリート製電槽

両側の Glocke をのせる為に階段状になって居り、G の C 及び 総グロッケの上に立て a^de 室をつくり、其周辺にもつて合流する c^de M の外側をとりまく。

この Glocke の 22～25 個が一つの電槽に入れてある。A は graphite 製アノードで H により支へられる。H の中心の F を通って NaCl conc. aq の入ってきて、1 つの O に分れて入り、S の口から anode の上側に上る。生ずる alkali の陰極液は u を通って overflow する。a^de の下の電解液の流れを十分にする為に a^de の glocke の断面を一杯に広がらせず大きくつくられ、anode の下側に丸味をつけて Cl の逃げ易くしてある。電圧 4.0 ^{V}。飽和 NaCl aq を 10% NaOH 迄は 3 ^{xl} の値。KCl aq の KOH 迄は 2.1 ^{ml} の値。cut eff. 89～91%。

Billiter-Glocken zelle

上の方は製作の日が不明であるので電圧の高くなる欠点あり。之をのぞく為に C^de と a^de の間に下に置いて又 C^de を asbesto の布につつんだものが特徴である。64 の a, b は其れである。

Fig. 64a 9)

Fig. 64a 9)

Cl の抜けは N から R を通って入る
A は graphite 製 a^de.
a^de 室で生ずる Cl は C の pipe を通って来る。

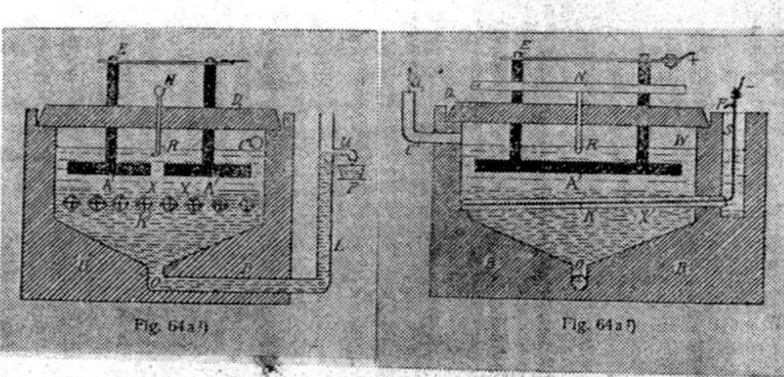

cathode Kは下字形をなるをもち. 少し傾斜しておる. anodeの下の方に約11^el
に並んでおる. Xなるアスベストの膜につまれ. Sの室へ H_2を導き去る. アルロイ
極は O から去る. 1250^A 位のもので あり 温度は 85°. curr eff 93.8%.
電圧 3.1 V. NaOH 濃度 12.5%. この発明の優利点は合金を精製せずに
使へることである. Ca や Mg の不純物は slag となって陰極室の底に沈む。

e. Vergleich der verschiedenen Verfahren

Tabelle XXX.

Verfahren	Normalität d. gewonnenen Natronlauge	Kathodische Stromausbeute Proz.	Spannung Volt	Aufwand an Kilowattstd. für 1 kg NaOH
Castner's Schaukelzelle	7,5	90	4,3	3,2
Kellner's Druckluftzelle	10—12	?	?	?
Solvay-Zelle	7,5	97	5,0	3,4
Wildermann-Zelle	5—6	97	5,0	3,4
Griesheim-Elektron (Kohleanoden)	1,2	82	3,6	2,9
Hargreaves u. Bird	15 Proz. Na_2CO_3	92	4,2	—
Townsend	3,75—5	95	4,5	3,2
Finlay	2,0	98	3,0	2,1
Billiter's Diaphragmen-Zelle	3,5—4,5	95	3,5	2,5
Aussiger Glockenverfahren	3,0	90	4,0	3,0
Billiter's Glockenzelle	3,5	94	3,1	2,2
Nelson	3.0	86	3.7	2.8
Allen-Moore	2.5	93	5.6	2.6

水銀法はアルカリ, クロライドを含まぬ conc の Alkali を出す. Cl も pure である. 所が この方法は 電圧の高い為 多量の energy を要する故 power の低い地方に適する. 又 建設費の高くつく. 水銀の loss は1年に約1割以下である

水銀法以外では alkali 濃度の高くなると energy efficiency の低くなる。標準の濃度の energy efficiency をあげると

Conc. of alkali	1.5^n	2^n	2.5^n	3^n	3.5^n	4^n
Normal energy efficiency	75%	70	65	60	55	50
kW.hr / kg NaOH	2.06	2.20	2.37	2.57	2.8	3.08.

Townsend 式 発明の標準式の eff. に近い. Billiter 式も之に近い。
要するに隔膜法と鐘形法とは所要電力小さいが 生成 NaOH 液は dil. であり, 且つ多量の塩化物を含む。次に使用の目的と発明種類について考えると alkali 製造の目的のみなら Townsend 又は 之の改良の Billiter 式等が最上

30

特に Billiter 式は電力消費が少い。又 Cl を要する目的においては Alkali 純度に重きをおかないから Allen Moore や Nelson 式がつかはれる。又 2 重の Billiter 式もつかはれる。

全體の觀點からいふと今吾的には[illegible]の[illegible]法であろう。

[illegible]法は構造が compact で床面積を余りとらないが他のものより劣る。

第三に水銀法は電解の純度が高く生産に便利なり 費用少く、特に Solvay 式には大なる unit のものを使へる利点あり。一方建設費及び energy 消費の大なることが欠点なり。

Billiter 式は苛性利用の上において電力消費少く、Billiter の Filter 式は他より勝れる。

どの式の設備をえらぶかは目的と状況に判定せねばならぬ。

Kaptil Die techinische Elktrolyse des Wassers.

水素はアルカリクロライト電解つまり biproduct として得る。Bombe に詰めて市場に出す。酸素は[illegible]空気分離により得る。又石灰窒素製造の他空中窒素利用の副産物として得る。H_2, O_2 は酸水素焔として熔接，[illegible]に用いられ[illegible]。[illegible]水素は[illegible]。化学的需要としては[illegible]。[illegible]水の電解が1つの方法となっている。H_2 の他の製法としては water gas，コークス炉ガスから[illegible]不純である。電解法は pure H_2 である。pure を必要とし[illegible]安い電力を利用すれば水の電解の方が[illegible]。

1. Allgemeines

水の電解で H_2 と O_2 とつくるに pure water は電導度悪いので、電解質として NaOH or KOH などの水溶液を用いる。[illegible]酸を用いて[illegible]。又 H_2SO_4 を使ったこともあるが、この時は Pb をつかう。Faraday law により 26.8 A·hr にて 1g当量の H_2 と O_2 が出来る。水素分子は2原子より成るから 1 mol 即ち 2g の H_2 は $2 \times 26.8 = 53.6$ A·hr.

然し 1 mol gas は 0° 1気圧で 22.4 l となるから 1 m³ の H_2 は

$53.6 \times 1000 \div 22.4 = 2390$ A·hr

この電力使用で同時に O_2 の 1/2 m³ が出来る。但し 20°C で水分を含む gas は約 10% 体積増加する。Curr. eff. は水の分解だけならば 100% [illegible] H_2 [illegible] O_2 [illegible]。[illegible]電力の loss がある。電導度は NaOH の方が良いが[illegible] Viscosity [illegible]。溶液 100g 中 NaOH 15g が max. で 15°C で比電導度 0.35 である。KOH aq は電導度はよいが cost 高い。溶液 100g 中 KOH 29g 含むもの 15°C の比電導度 0.54 である。この溶液は空気中 CO_2 を吸収する[illegible] air [illegible] carbonate の soln を[illegible]。[illegible] cost [illegible]

ものが純粋であるらしい。~~NaOHのK₂CO₃~~ 電解液をheatすれば電導度は高まる。
水電解では極の[illegible]をつかない。比抵抗を利用す。水の分解電圧は
O_2とH_2とのなす Knallgaskette の emf に等しくなるわけで、理論上 1.23^V
とされてある。実際の[illegible]では 1.67^V になる。主に A^{de} に於ける
O_2 の overvoltage の為で その他 cell の ohmic resistance による[illegible]
電圧が必要である。又 発生した gas の間に[illegible]の[illegible]
小の電解槽で $2.2 \sim 2.5^V$ の必要な c.d. density の高くなれば電圧も高くなる。

2. Wasser zersetzer

水の電解に電解液としては NaOH か又は dil H_2SO_4 がつかわれる。H_2SO_4 を電解液
としてつかう場合には[illegible] cell と隔膜の[illegible]を用いる。

a) Schoop-Zersetzer

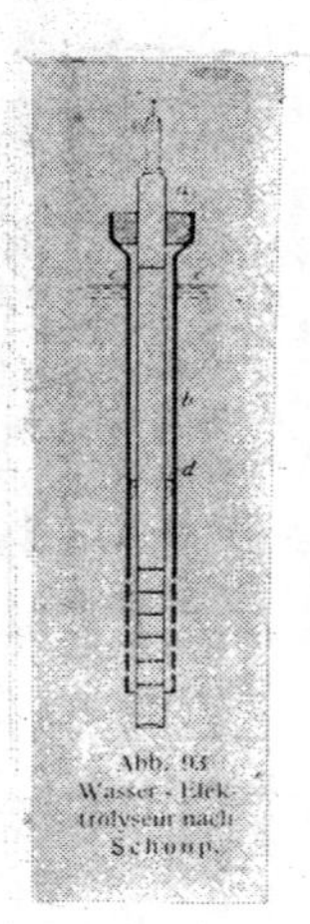
Abb. 93 Wasser-Elektrolyseur nach Schoop.

a：電極。Pb管で下端閉。上下に多数の小孔あり。
　内部にPb線を入れ gas は上端の細管から出る。
b：絶縁用陶製の[illegible]のリング。上には電極 a との間に
　気密に gas tight にしてある。下に多くの
　小孔あり。
これ電極の + の一つを[illegible]電極の[illegible]
をPbで[illegible]電槽中に入ってある。この電槽には dil H_2SO_4
を入れ液面は[illegible] C の所にあり[illegible] d の
所にある。[illegible] gas の[illegible]する。
電圧 $3.5 \sim 3.6^V$。水素ガスの 1^{m^3} に対し 6^{kWh} の
energy の必要。
アルカリ性電解液の時は C^{de} として Fe を用い A^{de} は Ni メッキを
する。これは[illegible] A^{de} [illegible]

b) Schmidt-Zersetzer

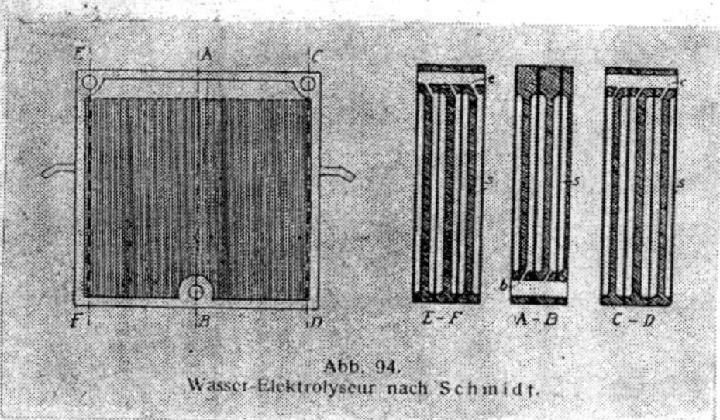

Abb. 94.
Wasser-Elektrolyseur nach Schmidt.

之は Filter press に似た形で枠は cast iron 製の板で縦に溝が多く掘りこまれてある。周囲の厚くなって居る周囲に3ヶの孔あり、この枠板を多数重ねてその間にアスベストの布と周囲にゴムをパッキンとしたものを挟む。アスベスト布はカソード・アノード隔膜電極各室隔壁の役目を作れる。

各室の中で(cathode)室は CD 断面に見る c の小孔によって上の C の大孔に通じ C は枠板を重ねると一つの管になりここに水素ガスが集まる。A(anode)室は EF 断面に見る e の小孔によって O_2 を E の管へ集める。電解液は 10% の K_2CO_3 aq で之は B の pipe から AB 断面に見る b の小孔を通って cathode 室、Anode 室へ供給される。この電極は bipolar であって外側は両端の end electrode へ通じる。その anode 側は K_2CO_3 で一定の腐蝕するから Ni メッキとする。電解液は大体水に蒸溜水を加えて行くから。

各室に必要な電圧は 20°C で 2.17V、60°で 2.3V。1 KWhr によれば 40°C で 167ℓ の H_2、83ℓ の O_2 が発生する。0.13ℓ の水を分解する。即ち 1m³ の水素に 6 kWhr 要する。60° 以上になるとアスベスト布の寿命が短くなる。

c) Pechkranz-Zersetzer

b) と違うのはカソードではなくアノードは電解槽によって全て Ni の 0.1mm の箔を用い、これには 1cm² に付き 90~120 の小孔があいていて、その孔は全面に一様でなく下の方ほど大きく多くなる。形も四角である。カソードは鋳鉄枠にはめて電極に挟む。この時の電解液は 20% の NaOH で、水素の純度は 99.5% に達す酸素は98.6%のもの。

その他 Filter press type の電槽としては I.O.C. type のものあり。

d) I.O.C. type

主に中級の電解槽也。極間にビラミット隔壁を有し 鋳鉄製の極面にアスベスト布のカクマクを持つ。A^{de} 面には Ni メッキがある。電流は600 A unit のもので 2.2 V. 1hrで H_2 270 l, O_2 135 l 出来る。1 KW hr にて H_2 270 l. 生ずる水素純度 99.7% 酸素 99.5%

床面積 1 m² に対し日産水素 60 m³ 容量の小さなわりには電槽の少ないこと 丈夫. 修繕容易で 1つの電槽能力大きく 或る程度利用をし得る事あり。この図面についてされた電槽の1つとして

e) Schuckert & Co. Zersetzer

Glocken type で Abb 95 に A^{de} を夫々 11^{d} につないだもの

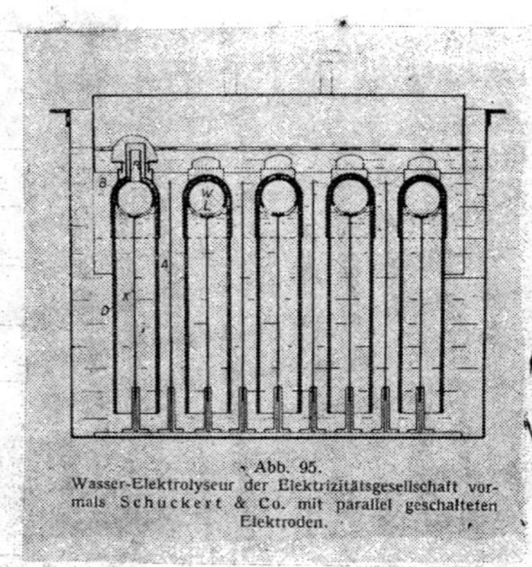

Abb. 95.
Wasser-Elektrolyseur der Elektrizitätsgesellschaft vormals Schuckert & Co. mit parallel geschalteten Elektroden.

Kの Fe 製 Cde と上の W なる pipe。pipe には L から管につなしあり. 液は主を通って W に入り 液の R に達する。D はカクマクで 下端の開いた筒形で W に吊されている。その上の絶縁体製の B なる cap とカバーで固定する。カクマクの外は A なる A^{de} あり. Ni メッキした陽極あり。C^{de} に於て O_2 の2倍の H_2 が出るから gas の気泡のマークト A^{de} 陽と C^{de} 陰との電気を通して… C^{de} とカクマク間隔を A^{de} とカクマク間隔の2倍にした。

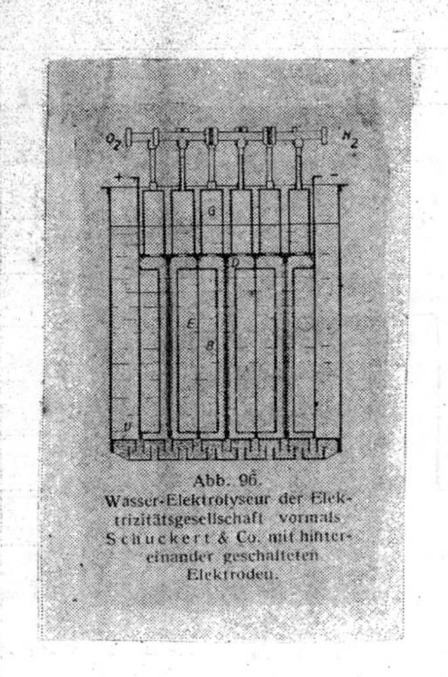

Abb. 96.
Wasser-Elektrolyseur der Elektrizitätsgesellschaft vormals Schuckert & Co. mit hintereinander geschalteten Elektroden.

Abb.96 は Series 式電槽である。槽は鉄製で A^de 面に Ni メッキ。E 板の両側には B なる隔離板がとりつけてあり、之で電極各槽を分けて電解液の通路を完成する。2つの槽には B から口ワクあって O_2 と H_2 とは夫々 G なる Glocken に分けて集められる。電槽はセメント製で ?? 絶縁材を用いてある。ワクはアスベスト布又は鉄のかナアミをつかう。全体の附は Cl をフクます CC質 1.2 の KOH をつかい、之に $Mg(OH)_2$ を suppend する。gas の気泡が大となって電極に沿うて上層に浮きをする。其の電槽温度は 60°~70° で電流密度は 1 cm² に対して 0.08~0.15 A である。電圧 1.9 V ~ 2.3 V. cur eff. 96%~98%. H_2 1 m³ と O_2 0.5 m³ をつくるのに 4.5~5.5 kWhr を要す。また H_2 は 99~100%, O_2 は 98~99%

f) Knowles - Zersetzer

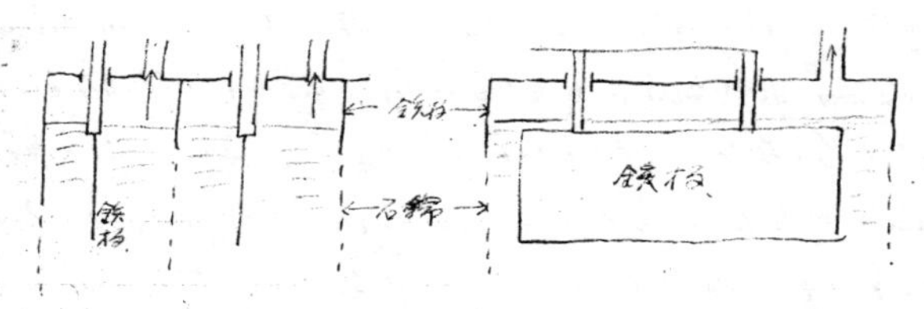

鉄板の glocken の中に鉄板電極を吊し鉄板の glocke の下の端にアスベストを吊してこれを glocke を支え A^de から C^de 夫々に大きい鉄電槽内に吊す。

液はNaOH 15% aq. 電圧 2.25〜2.55V で 水素は99.5% 酸素99%

g) Fauser-Zersetzer

伊、日両国にてアムモニア合成に使われた

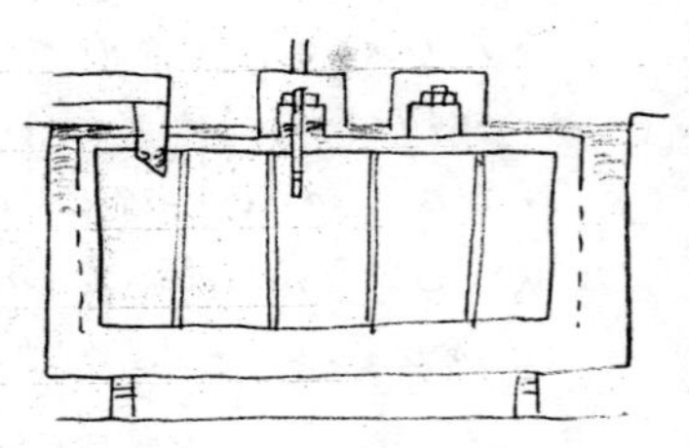

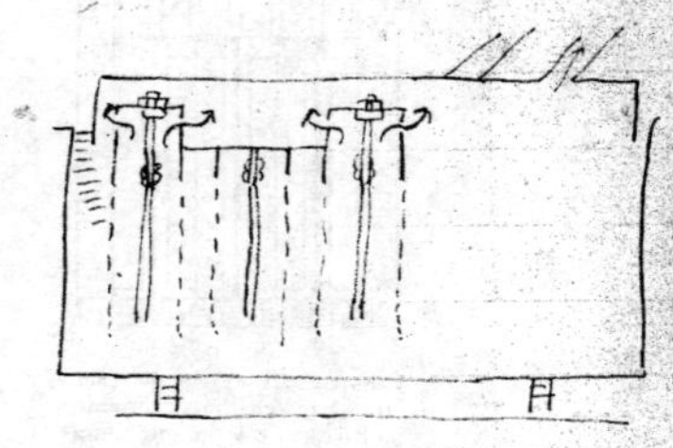

大鉄製電槽内に28% KOH aq を入れ、中に鉄製のglockeの多数に Ade, Cde とに分けてある。glockeの中には各2枚の陰電極あり外側にはアスベストの布があってglockeの下の縁から下っている。Ade 極はNi鍍金されている。

要するに電解槽には小規模の時はSeries、大規模の時は∥el式を用ふ。Series式の特長としては short cut の損失と、形の小さいことと terminal の節約である。従って 1hr に数百 m^3 の H_2 をつくるにはSeries type よし。

∥el式の特徴としては short cut のないこと、床面積を大とし terminal 複雑。

以上述べた水の常圧下の電解の外に高圧下の電解も試みられ O_2 及び H_2 は高く高圧で得られるが電槽は自ら高圧で発生するならば compression の費用節約となり工場床面積利用もよくなる。又高圧での電解では電圧が低くてすむ。20°C 1気圧で 1 m^3 の H_2, O_2 を 200気圧の下でつくるには 3〜3.5 KWhr で足る。床面積は常圧電槽の1/3 即ち 1日 120 m^3 に対し 2 m^2 である。又得られる純度は H_2 99.9% O_2 99.1%。

Kaptil　Die Anwendung der elektrolytischen Oxydation

酸化反応は酸化剤の代りに電解法を利用し陽極に於て酸化を行はせるもので、その特徴は他の不純物を含まないものが出来る特徴がある。

1. Ferricyankalium

赤血塩を酸化剤によって作るには黄血塩の溶液に

$$2K_4Fe(CN)_6 + Cl_2 \rightarrow 2K_3Fe(CN)_6 + 2KCl$$

の反応を利用して Cl_2 を用ひて酸化することが出来る。然し塩化カリが出来るから、結晶法によりこの溶液から分別することは出来るが実際問題としては困難を伴ふ。そこで結晶法を利用して純粋な赤血塩を作り得、他の製法も研究されたが化学的と電気化学的と二通りある。pure 化学的方法を考へると Ferricyanide を作る時にその中間体として難溶性の $CaK_2Fe(CN)_6$ がある。之を80°Cに水に suspend させ、炭酸カリと CO_2 及び過マンガン酸カリを用ひ次の様な反応を起させる。

$$3CaK_2Fe(CN)_6 + 2CO_2 + KMnO_4 \rightarrow 3K_3Fe(CN)_6 + 3CaCO_3 + MnO_2 \quad \cdot (1)$$

不純物は何れも沈殿となり濾過してそれから純粋の赤血塩を得る。

電解的に行ふには陽極室へ黄血塩 conc を入れ、陰極室へ KOH を入れ、その両室を隔膜で仕切り 40~50°C に於て陽極液をかきまぜし Ni, graphite, 鉄の電極^{de}を用ひて電解する。

A^{de}に於て　$2Fe(CN)_6'''' \rightarrow 2Fe(CN)_6''' + 2\ominus$

C^{de} 〃　　$2H^{\cdot} + 2\ominus \rightarrow H_2$

全体の化学反応としては

$$2K_4Fe(CN)_6 + 2H^{\cdot} + 2OH' + 2\ominus + 2\oplus \rightarrow 2K_3Fe(CN)_6 + 2KOH + H_2 \quad \cdots\cdots (2)$$

となる。

A^{de}で 1^{mol} の Ferricyanide の生ずると共に 1^{mol} の苛性カリが蓄積する。その為に PROZ は

酸化の割合に従って僅かに約60%が陽極室に残り、他の40%は陰極室へ移る。従て陰極室では苛性カリの濃度が高くなる。この時の cut-density は 0.02~0.005 A で cut density が低い程 酸化の cut eff は高い。大部分の黄血塩が酸化されてから mode に近い酸素を発する。では Ferrocyanide(黄血塩)の濃度が減ると陽極で酸素が発生するに電解をつづけると cut eff は僅か95%に電解が進める。工業的には赤血塩は濃縮して pure な結晶をつくる。一方陰極は段々アルカリが濃くなる。電解をつづけて陽極液中にはそれ反面にこの液の中の Alkali が濃くなり益 Ferricyanid と Ferrocyanid が存在する。之に煮つめると Ferrocyanide は OH の作用をうけて一部分解して 10 % Ferricyanid は還元されて Ferrocyanide になる。それで陽極液は Ca 塩を加えて $CaK_2Fe(CN)_6$ の沈殿をつくらせ之に CO_2 を通して溶かした Ferrocyanide として再び電解酸化に用いる.

$$CaK_2Fe(CN)_6 + 2KOH + CO_2 \longrightarrow K_4Fe(CN)_6 + CaCO_3 + H_2O$$

この電解の時の電圧は約 2.5 Volt, Ferrocyanid 1 kg に対し 0.2 kWhr の電力をつかう。理化学研究所により研究されている 1 kg の Ferrocyanid に対し過マンガン酸カリ 162 kg が要である。酸化剤としてつかう。又 C^{de} の cut density を高くし陰極還元を防ぐ方法に対してカソードを用いない電解槽に於て 40~50% の cut eff で赤血塩をつくることが出来る。

2. Kaliumpermanganat.

過マンガン酸カリを酸化剤としてつくり得るのは電解酸化の方が有利。実験は工業的にマンガン鉱を苛性カリと一緒に空気に接して溶融し、

$$2MnO_2 + 4KOH + O_2 \longrightarrow 2K_2MnO_4 + 2H_2O \qquad (1)$$

K_2MnO_4(マンガン酸カリ)を dil の NaOH aq に溶かし、マンガン酸 Manganat solⁿ をつくる。pure な製品を得るにはこの液を Cl_2 又は CO_2 で酸化する。

$$2K_2MnO_4 + Cl_2 \longrightarrow 2KMnO_4 + 2KCl \qquad (2)$$

$$3K_2MnO_4 + 2CO_2 \longrightarrow 2KMnO_4 + MnO_2 + 2K_2CO_3 \qquad (3)$$

(2)の方法ではマンガン酸カリから遊離した高価なKを安価なKClにかへることになり、又(3)では Mn酸カリの1/3がMnO₂に戻ることになる。2KはK₂CO₃として損失すること、(1)の苛性カリとして用いる為には一度苛性化をせねばならぬ。この化学的の方法であるので電解するには先の Ferricyan化カリと同様に陰極側には Manganat solⁿ入れて陽極側には dil Alkali solⁿを入れてその間をカクマクで仕切をする。~~陽極室~~と

$$MnO_4'' \rightarrow MnO_4' + \ominus \qquad (4)$$

となり、全体としては

$$2K_2MnO_4 + 2H^{\cdot} + 2OH' + 2\oplus + 2\ominus$$
$$\longrightarrow 2KMnO_4 + 2KOH + H_2 \qquad (5)$$

この場合ニーリされたKは苛性カリとなり、その大部は陽極液の中に存在す。然しこれを用ひMnO₂の一部につかい得る。その電解條件は Ni の A^{de} を用ひカクマクで仕切をし、電流密度は0.005 A/cm²、電圧は3V。その cut eff は90%。従って1kgの~~KMnO₄~~過マンガン酸カリには0.5 KWhr の電力を要す。

カクマクを用ひると長い中に目がつまって液が通りにくくなる。故に鉄電極を用ひて C^{de} の cut density を高くしカクマク無しに電解を行ふ。この時の cathode の電流密度は0.85 A/cm²、A^{de} は0.085 A/cm² である。その陽極液は1ℓの中に Mn酸カリを85gと苛性カリ50g含有する。60°Cで電圧は2.7V。Mn酸カリの2/3のみが電解せられる。されば1kgの過マンガン酸カリに対し0.7 KWhr を要す。カクマク無しの方法では過Mn酸カリの損失にMnO四の沈殿を生ずる。然し損失しながら A^{de} で酸化されるだけ C^{de} で還元されるから完全な酸化は行ひ得ない。而もこれにAlkaliのConcによって過マンガン酸カリはMnO酸カリとなるので solⁿ から結晶して来ないことがある。~~—~~ 電解液の完全な電解は仕方がない。

また過マンガン酸カリをつくるにはMn酸カリの ... [illegible] MnO酸を

飽和させ溶かした部分をとると Manganat の一部は分解して MnO_2 や不純物が沢山あるので濾過して過Mnカリの結晶を取るが以下の方法で行ひ得る。

又 MnO_2 の存在すると次の如き反応を起す反応である

$$2KMnO_4 + 2KOH \rightarrow 2K_2MnO_4 + H_2O + \frac{1}{2}O_2$$

の反応が早く起るので MnO_2 の存在はさけねばならぬ。以上の如き理由により Mnカリの電解酸化は困難に行ひ得る。適当な所で停止して過Mnカリの全て溶液を冷却して析出した過Mnカリの結晶を除き母液は又再び電解に濾過乾燥して得て過Mn酸カリを結晶させ、残りの KOHaq は前和の extraction に用いる。

3. Kaliumperchlorat

過Clカリは火薬につかふ。KClを一旦電解してClO₃カリにしてこの aq. で start する。それには A^{de} pot^{e} を高くせねばならぬ故に glatt な Pt を anode に Cathode は Ni を用いる。その時の反応は

$$ClO_3' + 2OH' \rightarrow ClO_4' + H_2O + 2\ominus \qquad (1)$$

である。又一方には

$$ClO_3' + H_2O \rightarrow HClO_4 + HClO_3 + O + 2\ominus \qquad (2)$$

$$HClO_2 + O \rightarrow HClO_3$$

下の方の反応が実際起るらしい。

Clカリから直接過Clカリをつくるとき A^{de} 高いがClカリの間は Terminal Volt が高くなる。故にCl残りとけばClサンプル(?)が必要する。

4. Persulfate und Wasserstoffsuperoxyd.

過硫酸
$H_2S_2O_8$ を加水分解すれば 第一に H_2SO_5 (Carosche säure) が出来て次に加水分解が出来る。

過硫酸塩の塩は酸化剤として用いられ、又全部電解法で作られる。この過硫酸塩の電解法が出来るのは SO_4' の陽極放電により

$$2\left[SO_2\begin{matrix}-O-\\ \diagdown O-\end{matrix}\right]' \rightarrow \left[\begin{matrix}OSO_2-O-\\ |\\ O-SO_2-O-\end{matrix}\right]'' + 2\ominus$$

に基くのである。Anode pot' を高くする。それには 平滑白金線の Pt を用いて行う。温度の高いと

$$R_2S_2O_8 + H_2O \rightarrow 2RHSO_4 + \frac{1}{2}O_2$$

の副反応で分解するから温度は低くせねばならぬ。

i) Ammonium per sulfat

隔膜を用いて Cde 還元を防ぐ様にして電解をする方法と 隔膜なしで行う方法と二つの方法がある。この中 前者は Ade 室に conc の硫安 aq を入れ Cde 室には H_2SO_4 を入れ、その電解液は冷却して 15°C に保つ。Ade には Pt を Cde は Pb 又は Al, Sn, Au など水素過電圧の低いものを用い Ade より面積を小さくする。

$$4NH_4' + 2SO_4'' \rightarrow S_2O_8'' + 4NH_4' + 2\ominus$$

4つの NH_4' の生成の中2つは S_2O_8 と化合、残りの一部は Cde 室へ行き、他の一部は Cde 室から入る SO_4'' を中和する。Ade 室では過硫酸アンモニウムが析出し、一方硫安を加える。Cde 室では SO_4'' の減ってゆく。NH_4' の入ってくる次第に中和されるから 水酸化アンモニウムの生成で Alkali 性になるのを防ぐ為に時々 H_2SO_4 を加える。
その電解條件は 15°~20°で 電圧は 8V 位、Ade は 0.2 A/cm²
cur eff は 80%。

$$(NH_4)_2SO_4 + H_2SO_4 \rightarrow (NH_4)_2S_2O_8 + H_2$$

隔膜を用いない方法では クロレイトと同じ様に 0.2% の クロム酸カリを加えて Cde 還元を防ぐ。この時 Cde で 水酸化アンモニウムの生成 陰極液は中性ないし弱アルカリ
Alkali 性で 電解する点は

42

$2(NH_4)_2SO_4 + 2H_2O + 2\oplus + 2\ominus \rightarrow (NH_4)_2S_2O_8 + 2NH_4OH + H_2$

アルカリ性ではOH'がA^{de}に来て放電し cnt eff を悪くするから 4 硫酸アンモニウムの電解には H_2SO_4 と中和し中性又は微酸性で電解する。この場合電圧は6Vで cnt eff は80%　過硫酸アンモン 1 kg に対し 2.1 kWhr の energy を要す。又 elektrolyte として硫安の代りに酸性硫酸カリ $KHSO_4$ を用ふと $K_2S_2O_8$ 過硫酸カリが生ず。此の場合はアルカリ性ならず 酸性硫酸カリの酸性なる為 chlorate に於いて C^{de} 還元を防ぐことは出来ない。尚過硫酸カリの溶解度が小さく電解液を用ふる為、溶液中の濃度は少く C^{de} の cnt density 大なれば還元を防ぐ事も少い。かくして chromate を加へても cnt eff は55%。

$H_2S_2O_8$ (blank)

H_2O_2 Perhydrol (blank)

Kapitel IX. Anwendungen der Elektrolytischen Reduktion

電解還元では C^{de} の材質が大いにきいてくる。C^{de} 金属の還元力は分極の大小程度に。この分極により H_2 が電極の所に発生する。又 H_2 発生の分極は色々の金属によりちがふ。そのため又同一金属でも表面状態により非常に変化するから、恐らく(?)発生 H_2 を還元剤としてつかふときは陰極の金属と表面状態との関係を適当におくとその還元力を殆ど任意に定めることが出来る。又陰極材料が特に接触的に還元を促進させる例があるから、適当な C^{de} 材料を選ばねばならぬ。その他温度、電流密度、撹拌、その他の操作条件によることも多く、その目的に対し方策の要を考へる必要あり。

Die elektrolytische Reduktion des Nitrobenzols. $C_6H_5NO_2$

この最後の製品は $C_6H_5NH_2$ アニリン であり、還元中間に Nitrosobenzol C_6H_5NO, β-Phenylhydroxylamin C_6H_5NHOH が出来る。その還元は

$$C_6H_5NO_2 \rightarrow C_6H_5NO \rightarrow C_6H_5NHOH \rightarrow C_6H_5NH_2 \qquad (1)$$

実際には各々の化合物が互いに化学的に反応し得るから、その結果は複雑になる。即ち Alkali性溶液で還元すれば適当な条件で $C_6H_5NO_2$ は容易に C_6H_5NO になる。C_6H_5NO は $C_6H_5NO_2$ より容易に C_6H_5NHOH まで還元される。然るに C_6H_5NHOH はもし Ni-C^{de} をつかふと容易に $C_6H_5NH_2$ まで還元されない。之に対し C_6H_5NHOH は化学的に大きい速度で C_6H_5NO と反応して

Azoxybenzol $$C_6H_5NO + C_6H_5NHOH \rightarrow C_6H_5N(O)\!=\!NC_6H_5 + H_2O \qquad (2)$$

が出来る。

この化学的に出来た Azoxybenzol はこれより Cde 材の alcohol を含むものでは大速度で電解的に還元され Hydrazobenzol まで還元される。$C_6H_5NH\text{-}HNC_6H_5$

Hydrazobenzol は更に Nitrobenzol と化学反応して Azobenzol をつくる

$$3\,C_6H_5NH\text{-}NHC_6H_5 + 2\,C_6H_5NO_2 \rightarrow 3\,C_6H_5N\!=\!NC_6H_5 + C_6H_5N(O)\!=\!NC_6H_5 + 3\,H_2O \qquad (3)$$

14

これが Azoxybenzol となり之が電解により Hydrazobenzol になり 後者が Nitrosobenzol の存在すると (3)により Azobenzol をつくる。 Azobenzol をつくるには [illegible] として電解槽の Cathode 室に ナフタリンスルフォン酸をといた Nitrobenzol の Alcohol aq を入れて Ni-Cathode を用いて電解還元を 行ふと高い current-efficiency で Ph–N=N–Ph がえられる。 ナフタリンスルフォン酸は電解液を弱アルカリ性にし、 アルカリにより (2)の反応が促される。 以上のアルカリ性の Alcohol 中の還元経過を 全ての実験の結果を基に図示すると、

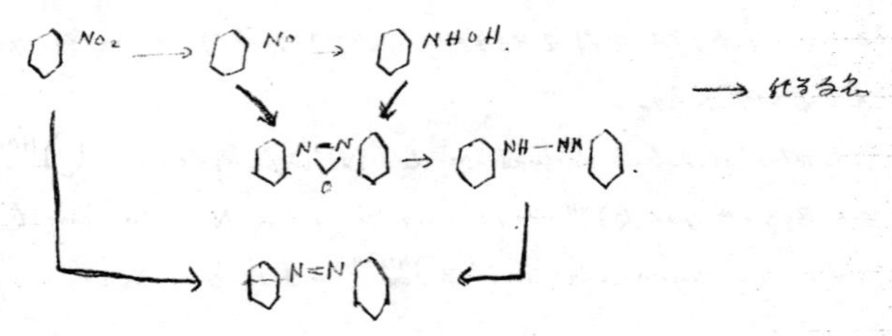

この條件では電解還元は主にまって前者の Ph–NH_2 より遅く又 Ph–NHOH は[illegible]電解 を受けて Ph–NH_2 になるが 一方(2)の反応で Ph–NHOH は大分速く Ph–N(O)=N–Ph を生成する ため Ph–NHOH は還元を受ける前になくなる。 Ph–NO_2 → Ph–NH_2 には アルカリ液ではなく 陰極を高い電位として Cu を Cathode として用いる。 又 Ph–N(O)=N–Ph は (2)によって Alcohol aq では current が大きくなると Ph–NH–HN–Ph まで還元されるから Ph–N(O)=N–Ph を得るために[illegible] ない。電解によりこの化合物をつくる為には Ph–NO_2 を アルカリ aq に加えてエマルジョンの形 にして陰極還元を行ふ。 そして アルカリ aq には Ph–N(O)=N–Ph が[illegible] 析出す。 次に Ph–NH–NH–Ph をつくる為には 電解の Cathode 液が Ph–NO_2 を含まないことが必要。 含んでいると (3)の反応が起る。 原料としては電解により Ph–N=N–Ph を用い、 之をアルカリ性 Alcohol aq の中で高い current-density で還元する。

$$Ph{-}N{=}N{-}Ph + 2H^{+} + 2\ominus \longrightarrow Ph{-}NH{-}HN{-}Ph$$

又は $C_6H_5N{=}N(O)C_6H_5$ が出来ます。この物はアルカリ性アルコール aq の中に容易に還元さる

$$C_6H_5N{=}N(O)C_6H_5 + 4H^{\cdot} + 4\ominus \rightarrow C_6H_5NH{-}HNC_6H_5 + H_2O.$$

$C_6H_5NH{-}OH$ は Pt 又は Ni-Cathode にて $C_6H_5NO_2$ を電解還元の時に中性に得るが alkali 性 aq では(OH)によって大速度に C_6H_5NO と反応する為に この化合物を取出し得ず。又酸性溶液では不安定で Paraamidophenol に変る。故に C_6H_5NHOH を電解的につくるには $C_6H_5NO_2$ の中性溶液を Cathode 液に用ひねばならぬ。[illegible] アンモニア水を加へた $C_6H_5NO_2$ の alcohol aq に OH' の ion 濃度を減ずる為に塩化アンモンを加へたものを用ひる。これを陰極 Pt で[illegible]を用ひると $C_6H_5N{=}N(O)C_6H_5$ を生ずる前に cut off して C_6H_5NHOH が出来る。中性溶液で OH によって C_6H_5NHOH と C_6H_5NO とから $C_6H_5N{=}N(O)C_6H_5$ の出来る速度は アルカリ性溶液の時より遅い。酸性の溶液では C_6H_5NHOH は容易に p-amidophenol に変る

$$C_6H_5NHOH \rightarrow C_6H_4(NH_2)(OH).$$

この変化は H' 濃度大なる程早く起る。又酸性溶液では C_6H_5NHOH の化学変化の外に其の時により多少電解還元で $C_6H_5NH_2$ が出来る。C_6H_5NHOH の化学変化を無視しても $C_6H_5N{=}N(O)C_6H_5$ は アルカリ性溶液に於けると同じく容易に $C_6H_5NH{-}NHC_6H_5$ まで電解的に還元出来る。しかしこの化合物は [illegible] の mineral acid の存在では不安定で出来ると同時に Benzidin に変る。

$$C_6H_5NH{-}NHC_6H_5 \rightarrow NH_2C_6H_4{-}C_6H_4NH_2$$

上の色々変化を示しに

$$C_6H_5NO_2 \rightarrow C_6H_5NO \rightarrow C_6H_5NHOH \rightarrow C_6H_5NH_2$$

$$C_6H_5NO,\ C_6H_5NHOH \rightarrow C_6H_5N{=}N(O)C_6H_5 \rightarrow C_6H_5NH{-}NHC_6H_5 \rightarrow NH_2C_6H_4{-}C_6H_4NH_2$$

$$C_6H_5NHOH \rightarrow C_6H_4(NH_2)(OH)$$

46

⬡NH_2 をつくるには dil の H_2SO_4 溶液に Sn, Pb, Cu or Hg の cathode を用ふと高い cut-off に ⬡NH_2 のを生ず。又 ⬡NH–NH⬡（H, H）のかわりに ⬡NO_2 を陰極液の中に Pt 板に変わらし ⬡NHOH。p-amidophenol に [illegible] 変る。

Kaptil X. Technical Anwendungen der Elektrolyse geschmolzener Salze

1) Allgemeine

工業的にアルカリ、アルカリ土金属、Mg、Al、Se、Be などをつくるに応用される。これらの金属は [illegible] Carbon や他の地金属と [illegible] 水溶液電解では不可能である。これらの金属の塩を融解して C^{de} に析出させなければ金属は [illegible]。アルカリ金属では Na のみは NaOH と [illegible]、Mg, Al では [illegible] 塩化物を [illegible] C^{de} をつくる。又アルカリ、アルカリ土金属は水銀電極から Hg 陰極で amalgam として析出されるが pure metal 製造としては工業的には用いられない。[illegible] 研究から ion の形で [illegible] をつくることが [illegible] 陽極を [illegible] その salt の ion の存在することが分った。多くの [illegible] の電導は ion の [illegible] しかし [illegible] Faraday 法則が適用される。この理由は ion に [illegible] 完全解離 [illegible]。[illegible] 水溶液の [illegible] 10〜20倍の電導度である。Abb は $\frac{1}{\rho}$ と Temp. との関係。

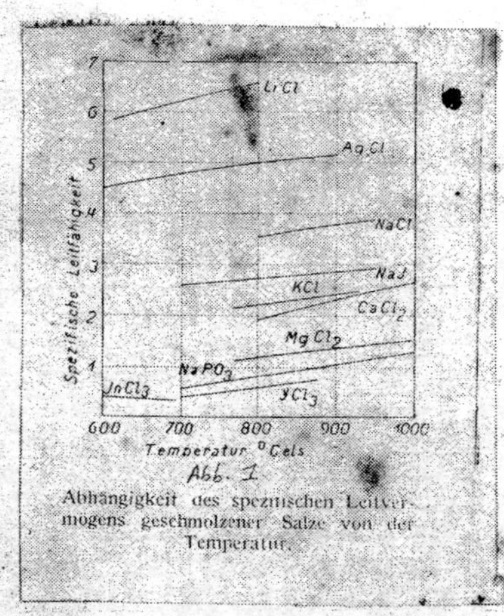

Abb. I
Abhängigkeit des spezifischen Leitvermögens geschmolzener Salze von der Temperatur.

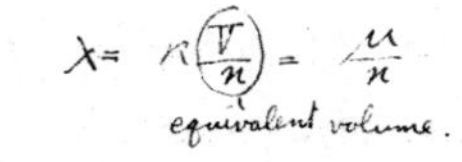

$$\lambda = \kappa \left(\frac{V}{n}\right) = \frac{\kappa}{n}$$

equivalent volume.

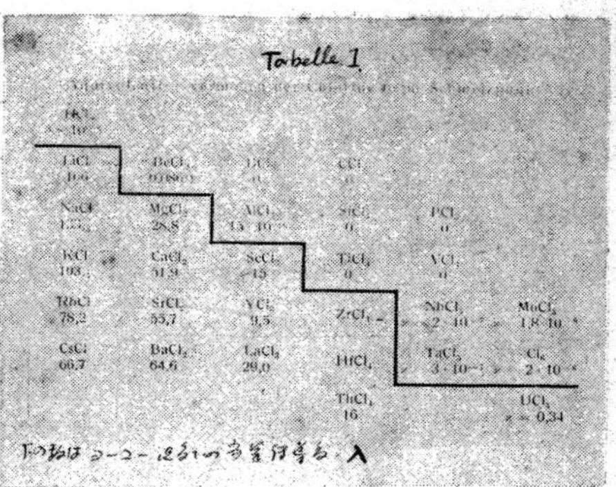

Tabelle 1

HCl [illegible]					
LiCl 166	BeCl₂ 0,0860	BCl₃ 0	CCl₄ 0		
NaCl 133,5	MgCl₂ 28,8	AlCl₃ 15·10⁻⁶	SiCl₄ 0	PCl₅ 0	
KCl 103,5	CaCl₂ 51,9	ScCl₃ ~15	TiCl₄ 0	VCl₄ 0	
RbCl 78,2	SrCl₂ 55,7	YCl₃ 9,5	ZrCl₄	NbCl₅ <2·10⁻⁷	MoCl₅ 1,8·10⁻⁶
CsCl 66,7	BaCl₂ 64,6	LaCl₃ 29,0	HfCl₄	TaCl₅ 3·10⁻⁷	Cl₆ 2·10⁻⁶
			ThCl₄ 16		UCl₄ ≈ 0,34

下の数はヨーユー [illegible] の当量伝導度 λ

48

@O EMK, Zersetzungsspannung und Spannungsreihe der Metalle im Salzschmelzen

$Pb/PbCl_2/Cl_2$ の熔融塩電池の EMK 測定は Lorenz により Pb 棒と C 棒をつかい $PbCl_2$ の熔融塩を電解してその分極電圧を、電位差計メーターで測定して

$Pb/PbCl_2/Cl_2$	$1.263-0.000679(t-498)$ (V.)	498°～660°
$Pb/PbBr_2/Br_2$	$1.094-0.000714(t-367)$ V	367～640°
$Cd/CdCl_2/Cl_2$	$1.258-0.000750(t-560)$	560～740
$Zn/ZnCl_2/Cl_2$	$1.662-0.000751(t-430)$	430～660

EMKは温度高くなると下がる。水溶液では金属の単極電位によって ~~[illegible]~~ 測定されている所謂電位序列がつくられる。所が熔融塩の場合は単極電位の[illegible]求めることが[illegible]電位序列をつくり難い。分解電圧も水溶液より難しい。その理由は水溶液でも分解電圧以下において depolarization の為に少しの電流が流れ 熔融塩ではこの電流が大となり 分解電圧曲線でもその彎曲点が分らなくなる。その測定値[illegible]大。

640° 543° 456° 340°
電流
電圧

326 Technische Anwendungen der Elektrolyse geschmolzener Salze.

Tabelle 2

Zersetzungsspannungen geschmolzener Salze.

Salz	NaCl			KCl			$MgCl_2$		
Temperatur °Cels.	835	910	970	810	910	980	783	827	881
Zersetzungsspannung, Volt	2,6	2,55	2,4	2,8	2,65	2,54	2,23	2,20	2,16
Temperaturkoeffizient	$1{,}48\cdot10^{-3}$			$1{,}51\cdot10^{-3}$			$0{,}712\cdot10^{-3}$		
Salz	$CaCl_2$			$SrCl_2$			$BaCl_2$		
Temperatur °Cels.	638	675	773	633	675	—	647	689	745
Zersetzungsspannung, Volt	2,82	2,79	2,725	2,99	2,96	—	3,06	3,03	2,99
Temperaturkoeffizient	$0{,}704\cdot10^{-3}$			$0{,}714\cdot10^{-3}$			$0{,}714\cdot10^{-3}$		
Salz	NaF			MgF_2			CaF_2		
Temperatur °Cels.	827	872	917	738	783	808	782	827	872
Zersetzungsspannung, Volt	0,96	0,77	0,58	0,43	0,25	0,16	0,74	0,56	0,38
Temperaturkoeffizient	$4{,}22\cdot10^{-3}$			$4{,}04\cdot10^{-3}$			$4{,}04\cdot10^{-3}$		
Salz	SrF_2			BaF_2			AlF_3		
Temperatur °Cels.	[illegible]	[illegible]	877	785	827	872	783	823	[illegible]
Zersetzungsspannung, Volt	[illegible]	0,78	0,66	[illegible]	0,81	0,63	0,59	0,40	[illegible]
Temperaturkoeffizient	[illegible]			[illegible]			[illegible]		

Tabelle 2 は Neumann により測定された分解電圧と温度との関係。

ヨウ化物塩から金属を析出する際の分極電圧の cat density に対することを Tabelle 3 に示す。

Tabelle 3

Polarisationsspannung der Metallabscheidung in geschmolzenen Salzen.

Temperatur °Cels.	Salzschmelze	D_K Amp. × 10^{-3} pro cm² 10	20	30	40	50
		Polarisationsspannung in Millivolt				
250	$AgNO_3$	0,0	0,7	1,2	1,5	1,5
670	Ag_2SO_4	0,2	0,5	1,2	1,8	2,3
475	AgCl	0,5	1,7	2,6	3,4	4,5
560	AgBr	1,2	2,0	2,2	3,0	4,2
590	AgJ	0,5	0,5	0,8	1,1	1,5
275	$AgNO_3 + NaNO_3 + KNO_3$	4,5	10,0	15,0	—	25,0
375	$AgNO_3 + NaNO_3 + KNO_3$	3,5	—	7,0	—	14,5
750	AgCl + NaCl + KCl	1,2	4,8	8,8	13,0	16,7
550	AgBr + NaBr + KBr	3,0	6,0	8,5	11,2	14,0
640	AgJ + NaJ + KJ	2,6	6,0	9,0	13,0	15,0
460	CuCl	0,3	0,4	0,5	0,7	1,0
690	CuCl + KCl	2,0	4,5	7,0	9,0	11,5
500	2CuCl + KCl	0,0	0,2	0,3	0,6	0,8
660	$NiCl_2$ + KCl	3,5	7,0	11,0	15,0	19,5

これは一般に temp を上げると分極電圧の下ることと一致す。ヨウ化物においては同じ cation に対して anion の為にも変化する。

$D_K = 0{,}05$ A/cm²

$AgNO_3$ 1.5 mV

AgCl 4.5 mV

混合塩では単塩より分極が大。これは金属イオンの濃度が混合塩では小さいためである。

⊕ —— Stromausbeute bei der Elektrolyse geschmolzener Salze

Faraday 法則の ヨウ化物塩でも成立することは実験で証明されている。ソ ヨウ化物塩を電解すると陰極に析出した金属は一部分溶けてヨウ化物を作り陰極の周りのヨウ化物塩の dark color を呈するようになる。之を Metallnebel (Metallic fog) という。これはヨウ化物塩に溶けて colloid となっているものと考えられる。nebel の生成により cat eff の減少は温度の高い程著しい。一般に cat density を高くし、反応する時間を短くすれば cat eff は大となる。又 陰極の生成物量は Faraday law から計算された析出量から nebel により失われた量を引いたものになる。故に cat-eff を大きくする為には温度を下げ陰極の cat density を高くし、反応時間を速くした方がよい。又 Lorenz の研究では混合塩の方が単塩のそれより eff. 大いなることを認めた。従って純塩の電解より混合塩の電解のほうが eff の大となる。又 nebel は溶けた金属粒子として金属をヨウ化物と一緒にして二つの方法で金属粒子を生じることで金属含有のヨウ化物塩

50

より少いことがわかった。Lorenzの実験ではPbと$PbCl_2$の場合 Pbの含有量の多いもの程 逆にコロイドさせて [illegible] 全Pbのコロイドになっていない。$PbCl_2$のPbをコロイドさせる為には

$$Pb_n + PbCl_2 \rightleftarrows Pb_nPbCl_2$$

のnebelはPb_nPbCl_2の分子を [illegible] と考へた。それで高温になる程分子が大きくなる。例へばKClを加へると$PbCl_2$とつく塩をつくり、その結果Pb_nPbCl_2の形のものを除いて [illegible]。即ち$PbCl_2$のPartial valencyはKClを入れてKClと$PbCl_2$をつくって全て飽和する。そこでPbの分子状態とかで全然 [illegible] なくなる。[illegible] nebelの生成はKClを加へることにより防がれ、その結果cut offに当る。以上の理由から 実際のコロイド液の電導度は一定の温度で [illegible] を加へる。[illegible] コロイドの [illegible] nebelを [illegible]。

Ⓒ Anodeneffekt 陽極効果

ヨーエーエン [illegible] の現象として 電解に関係を [illegible]。電解を行ふとき ガスの発生とガスの [illegible] anodeがガスに [illegible]。ヨーエーエン上の接触を [illegible]。その為 [illegible] といって [illegible] arcが生じて 電圧の急に高まって 電流が下る。この現象をいふ。

これはcurrent densityの高いときに起る。その値に対しては [illegible] 以上のanode current densityに対してこの現象の起るといふlimitがある。このlimitのcurrent densityは [illegible] に関係する。又 [illegible] Acheson graphitを用ひたときは [illegible] 又 [illegible] pure [illegible] このlimitは [illegible]。[illegible] limitの [illegible] 塩化Caや弗化Caを加へることによって 3 A/cm²のlimitであったのが 13 A まで高まる。

この周囲に気体層が出来る為にこの層がA^{de}とヨーユーエンとのcontactを切るようになり
生ずる。このガス層はA^{de}からはなれるから大きい気泡の時は容易に出来、小さい
気泡の時は出来にくい。

2) Darstellung der Alkalimetalle

1808年 Davyは K or Na の水酸化物をヨーユー電解して初めて metal の K or Na をつくったが工業的には炭酸塩を原料としCで還元して作る方法が1890年迄行われていた。1890年になってCastnerの水酸化物のヨーユー電解による作り方がなされ工業的作り方の始めである。両者とも[illegible]は水を多少含んでいる。315°に於ける電圧のcurveを求めれば Abb 2 の I の如し。

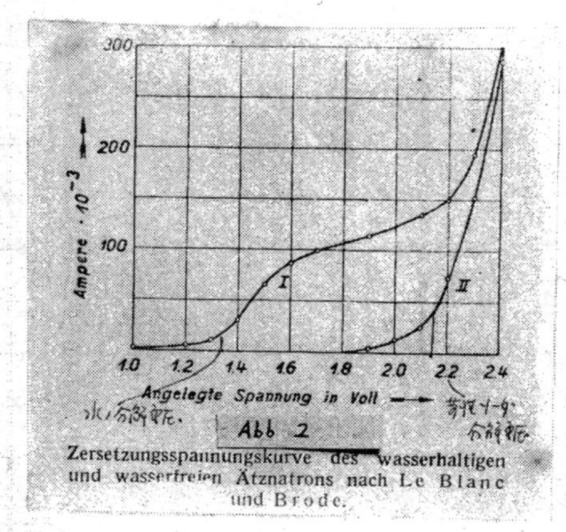

Zersetzungsspannungskurve des wasserhaltigen und wasserfreien Ätznatrons nach Le Blanc und Brode.

I は二つの弯曲点あり。
~~[illegible]~~ 脱水した溶融電解質
それから II の如くなる。
弯曲点は1つのみとなり
第一の弯曲点はなくなる。
分解電圧：335° で 2.2V

脱水したソーダを電解すれば C^{de} で Na のみ析出し A^{de} で O_2 と H_2O が出る。この水は cut off を悪くするもので ヨーユーエンに水がヨーかし Na と作用して水素を出す。これ等の変化は次式で示し得る。

$$2Na^{+} + 2OH' + 2\oplus + 2\ominus \longrightarrow 2Na + \frac{1}{2}O_2 + H_2O$$

$$Na + H_2O \rightarrow NaOH + \frac{1}{2}H_2$$

この式に附すれば

$$2Na^{\cdot} + 2OH' + 2\oplus + 2\ominus \rightarrow Na + NaOH + \frac{1}{2}O_2 + \frac{1}{2}H_2$$

従て NaOH の電解に於ては A^{de} に出来た水はこの水の全部 Na に作用すると max. の curr eff は 50% である。全部 Na はヨーユーエルに溶けて A^{de} の方へ向かえば出来た水と作用して H_2 を出し NaOH をつくる。又 A^{de} に O_2 が出来ると H_2 と交って Knallgas の出来る危険である。又これがヨーユーエルに溶解して C^{de} に至りこれについて H_2 を出す。或いは A^{de} に向かうとこれ Na は A^{de} に出来た O_2 と化合して

$$2Na + O_2 \rightarrow Na_2O_2 \quad (\text{超酸化ソーダ})$$

Na の melt pt. は 97.5° NaOH のは 318.4°。 実際 NaOH の電解は 320～330° である。 此の場合の curr eff. として何%か。 この温度での Na のヨーユーエルに対する solubility は確実でない。 しかし curr eff. は solubility のみならず Na のヨーユーエル中に於ける分散と速度の方が大きい影響を与えるといわれている。 その diff^n の方から考えると 340° 以上ではりも以上の損害は大きくなる。 それで工業的に実際は 340°以下で行っている。 高含水量の少い NaOH では出来た水分は早く蒸発させて防がれ一方生ずる Na は A^{de} の方へ向かわない様にすれば收率は yield の増大になる。

Abb 3 は加性ソーダ電解槽で

S：鉄製ヨーユウ槽。 D と C の内の小孔より

K：鉄の cathode

A：円筒状 Anode Ni 板製

C：円筒 Na を集める。

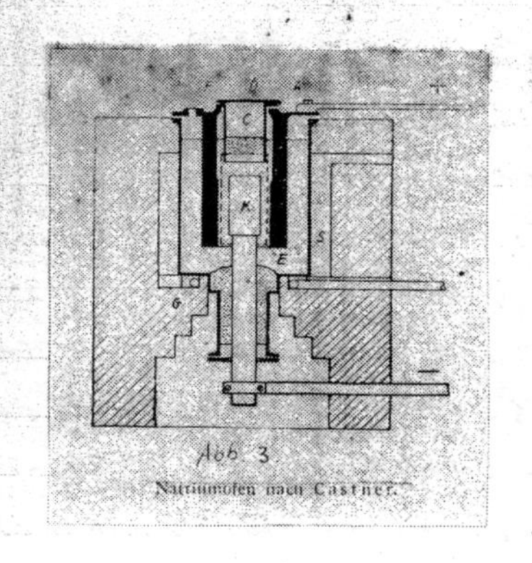

Abb. 3.
Natriumofen nach Castner.

E: 全8図. 粒状のNaを集めて A^{de}の方へ中から移行する.

F: Naをchargeしてヨーユーエンの level を一定に保つ。

Cにたまった Naは 分ゴ[?]で すくい上げて paraffin中でヨーユーして NaOHを除き、之を cast する。

このヨーユー槽は カセイソーダ 110 kg 入り、電解電圧 4.5〜5 V で 1250 A を通し、cut density は A^{de}で 1.5 A/cm² C^{de}で 2 A/cm² である。temp は NaOHの melt pt. 以上で 330° 以下である。cut eff は 40〜45%. cut eff 40%として 電圧 5 V として Na 1 kg に対しての所要電力 14.5 kWhr. である。

この方法を少し改良して Abb 4 & 4' は Aussig の工場で A^{de}の水分を除く装置である。

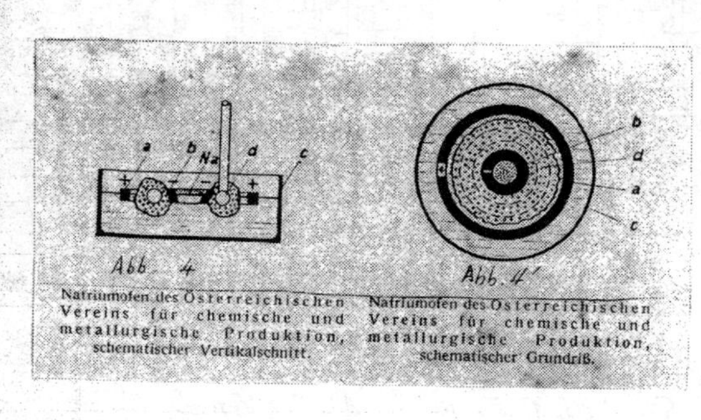

Abb. 4
Natriumofen des Österreichischen Vereins für chemische und metallurgische Produktion, schematischer Vertikalschnitt.

Abb. 4'
Natriumofen des Österreichischen Vereins für chemische und metallurgische Produktion, schematischer Grundriß.

a: A^{de} b: C^{de}.
a, b は共に ring form.
Cの容中の NaOHのヨーユーエンを流るから少し中の方へ入れてある。C^{de}とA^{de}の間に C^{de}に近く d なる cooling coil の ring があってこれに水や空気を通して流るる NaOHを固結する。その固った壁は C^{de}の外まで続いている。従って Na は C^{de}の内面にだけ析出してヨーユーエンの表面に集まる。

A^{de}側では NaOH のヨーユーし生ずる水の上に Na は浮ぶ。従って水は完全に蒸発して水のなくなった NaOH の下に沈む。 電圧 8^V Cut eff は 85%
Na 1 kg に対し 11 KWH しか要せず。

以上は NaOH → Na であるが其の他に NaCl をヨーユーして Na をつくることが考へられてきた。この方法で困難なのは NaCl の melt pt の高いことで、800°C である。一方金属 Na の boil pt は 882.9° であることから非常に近い。NaCl の電解といふ温度の固化することも防ぐ為に 850°—950° 位の温度で作業をせねばならぬ。又 Na の一部の蒸発して Cut eff. を悪くする。故に工業的にはもっと melt pt の低い複合塩を用いると行っている。複合塩の使用は考へられる。其の1例として Danneel の炉は Abb 5, 6 である。

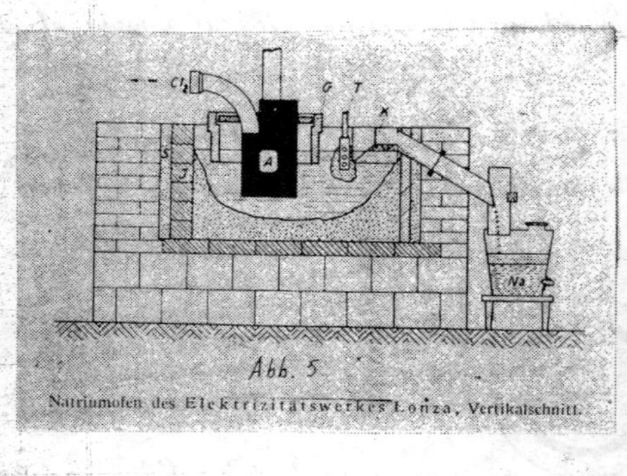

Abb. 5
Natriumofen des Elektrizitätswerkes Lonza, Vertikalschnitt.

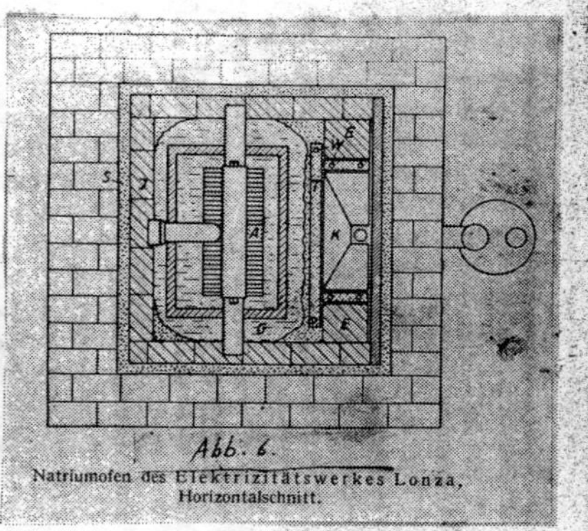

Abb. 6.
Natriumofen des Elektrizitätswerkes Lonza, Horizontalschnitt.

Fig.5、 J: ヨーユウさせる所。 S: NaCl 粉末をつめる。 A: C の Anode.
K: C^{de} 鉄製。 G: Glocke
Fig6. C^{de} 壁は耐火煉瓦製。 T: 隔壁 (セメント板)

電解質はKとNaの塩化物と弗化物より成る。その一例は

72% NaCl + 10% KF + 18% NaF.

or 62.5% NaCl + 25% NaF + 12.5% KCl

この mixture の melt. pt は低く 650～620° で電解出来る。普通の炉では 1200^{A}, $17～19^{V}$. A^{de} : 1 A/cm² C^{de} : 1.2～1.5 A/cm²

cur. eff は 80%， その後には 3500^{A} の炉で行はれる。

NaCl 分解電圧は 2.9^{V} A^{de} 過電圧 $2～5^{V}$ とすれば 炉にかかる全電圧の約 11^{V} は電解質 heating に使はれる。炉の構造では C^{de} とglocke の外に Na の析出しなければならない。さもなければ Na は空気で Na_2O となり このときに A^{de} の O_2 と会して CO の発生を促す。この CO は A^{de} の Cl_2 と反応して phosgen をつくる。この反応は Carbon 電極を傷める。

A^{de} の life は 1～3ヶ月 炉は 6～8ヶ月である。1 kg の Na に対し 28.3 kWH であり、NaCl の[illegible]要すれば 電解ソーダの start よりより 2倍前後の電力を必要とす。即ち NaCl の1 t 要するには電力の安い所に適す。

3) Darstellung des Magnesiums.

Mg は古くから塩化 Mg のヨーニーエンで分解されて作られた。塩化 Mg は[illegible]
[illegible] 主に脱水すれば MgOCl になる欠点あり。[illegible] Carallit
$KCl \cdot MgCl_2 \cdot 6H_2O$ のヨーニーエンを分解すればよいのである。この Carnallit の脱水
は容易で又 KCl のある為 $MgCl_2$ の[illegible] 水分解を防ぐ。
Carnallit を[illegible] 電解すれば Mg の小粒になって浮上る。それ ヨーニーエンの
[illegible] A^{de} の方へ行き Cl_2 と化合するのである。この[illegible]
は Mg の[illegible] O と Mg の[illegible] 層の出来るためと考へられる。O と[illegible]
[illegible] Carnallit の中に[illegible] Mg の[illegible]。

故に $MgSO_4$ を除く為に電解前に脱水室のものを加へて還元する必要がある。
又多量の酸化物膜を除く為には弗化 Ca を加へるとよい。Mg 製造には Carnallit
は $MgSO_4$ と Fe 化合物を出来るだけ含まぬものを使はねばならぬ。金属 Mg の
melt pt は 650° で $MgCl_2$ は 708°. Carnallit ~~496°~~ の melt pt. は

$KCl\ MgCl_2$	496°
$KCl\ MgCl_2$ + 6% KCl	493
〃 12 〃	484
〃 18 〃	470
〃 24 〃	462

故に電解して $MgCl_2$ 含有量の減ると melt pt は下る。実際は Mg の melt pt より上の附近で作業する。700°で電解する必要あり。固体 Mg の比重は常温で 1.74. 溶融 Mg と 溶融 Carnallit の比重は

650°	1.60	1.68
700°	1.54	1.66
750°	1.47	1.64

溶融 Mg は上の方へ浮び、揚しませる。

工業的方法は隔膜がないので外部から空気を閉ぢて電解し陰極を保ち Cde は鉄製の Fe の棒を用ひてある。電解槽の principle を図に示す。

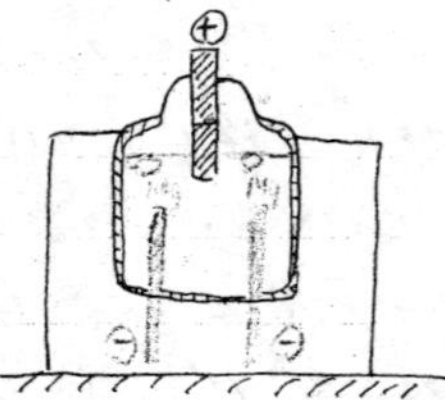

Ade より Cl は pump にて引出し炉内に Cl の一部の 1% 以下に保って Mg との反応を除く

Temp は 700～800° cur eff 70～75%
Cde: 1.5～2.0 A/cm² 電圧 7～8 V

6000Aの電槽で1kg Mgにつき20KWH. 電槽としては図の如くAdeとCdeと交互の位置においた型式のものもある。

かくてCarnallit電解をcont.に行うには$MgCl_2$をたえず補わねばならぬ。含水$MgCl_2$をつくるのに脱水は工業的に困難。無水コーユー$MgCl_2$をつくる為にI.G.の特許全体では電解からえるCl_2を用いることを考えた。この法はMgOの粉末をCOとCl_2と共にheatする。それはCokeをつめた塔上から$MgCl_2$をかつ脱水して出来るmolden $MgCl_2$にMgOをsuspendしたものを落し下からHCl↑又はphosgen ($COCl_2$) 又はCOとCl_2との混合を吹込み red heatにてMgOを$MgCl_2$にかえるのである。

$$MgO + CO + Cl_2 \rightarrow MgCl_2 + CO_2$$

で$MgCl_2$はpureなコーユーとして出てくる。この方法は天然のMagnesiteにも応用し得る。

Mgの製造にはCarnallitのみによらず他のelectrolyteもあり。すべてのMgOを直接溶かす様な物質が研究された。その例は

KF・LiF　MgO
KF・NaF　MgO
KF・NaF・BaF_2　MgO.

で、これらはmelt ptの低いもの。塩化物の場合に比べてMgよりNaやKの電解し易い。~~Al~~ フッ化物又はフッ化物上の電解においては金属の電解は次の順序で容易に行われる。

K − Na − Mg − Ba − Li − Ca.

弗化物塩ではK, NaはMgより容易に電解し、Ba Li CaはMgより電解しにくい。

Ruff & Bushの2人はMgF_2, LiF, CaF_2の三元系の共融混合物が665°でコーユーして多量MgOをコーかす為にこのsystemの電解を行って

750°で 90%の curr eff を得たという report がある。又 Neumann の云う如く電圧測定では molten 塩化物の中では Mg は最も noble で アルカリ金属より先に析出されなければならない。それ故 工業の実用になるには多少疑わしいのであるが此の点は次の如く考えられる。 $MgCl_2$ と NaF とは コンプレックス化して錯塩をつくり、例えば BaF_2, MgF_2, NaF の三者では NaF の全部錯塩として存在する時には Mg の方が析出し易い。併しもし過剰の NaF が存在すれば Na は Mg より析出し易いと推定される。しかしこの塩化物をつかう。コンプレックスの電解では Mg の コンプレックス中の溶解度が少くて 電圧は高く 又 curr eff の低い為に 経済的には行われなかった。一般に Carnallit を用いられている。

我国では Mg 塩原料として 苦汁と Magnesite が用いられる。Magnesite は MgO であり 之に適当な還元剤を加えれば $MgCl_2$ の脱水の必要も同時に解決の際 又 電解時の Cl の回収に役立つとも云う。

又 $MgCl_2 \cdot 6H_2O$ の脱水は NH_4Cl と共に加熱して脱水するが NH_4Cl の loss が大きいので脱水は高くつく。

4) Darstellung des Alminiums

Al の製造原料としては $AlCl_3$ を用いる方法もあるが之は Al の少ない国で、各国は電解法がコンプレックスである。Al の製法が始めて工業化されたのは 1854 年で当時のコンプレックスは $NaAlCl_4$ で之を Na で還元して得られた。$NaAlCl_4$ を金属 Na で還元して得られた。現在の Al の製法は 米国の Hall, 欧州では Héroult & Kiliani によって 1889 に始めて工業化されて Al の市場に多量あらわれた。其の製法は 電解質としては コンプレックス Kryolith Na_3AlF_6 氷晶石 に之の pure alumina とコンプレックスしたものを用いた。この時の Kryolith と

Alumina との系の平衡図は Abb 9 である。氷晶石の melt pt は 995° であるが Alumina を入れると急に下り、2つの comp^t は或る範囲内で混晶 [illegible] 固溶体をつくりながら Cryolite の 81.5% と Alumina 18.5% の所で 935° で共融点をもつ。共融点の温度は Alumina 12～22.5% の範囲に亘っている。[illegible] 950° とすると共融点より約15° 高い。

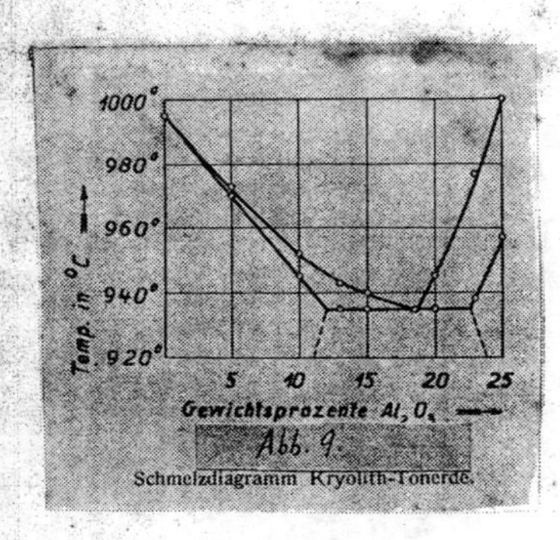

Abb. 9.
Schmelzdiagramm Kryolith-Tonerde.

この diagram で solid と liquidus curve と 950° 温度との交わる所は Alumina の 10.5%, 20.5% との組成をもつ所である。即ち Alumina の 20.5% 以上の組成及び 10.5% 以下の組成では 950° に於て [illegible] 既に solid を含んでいることになる。故に工業的には Alumina の含有量が 10～20% の [illegible] 15～20% の [illegible] Alumina を保たせしめることが必要である。この電解浴の melt pt. を [illegible] 950° との差が少い事は多くの人がこの混合物の melt pt. を下げることに努力して色々の patent を出した。この目的に弗化Ca、弗化Al、弗化Na を加えることが propose された。弗化Ca と Cryolite と Al の三元系の共融点は 868° で、その組成は

59.3%	Na_3AlF_6	868°C
23.0 "	CaF_2	
17.7 "	Al_2O_3	

この様に弗化Ca を加えることは Cryolite Alumina の melt pt を著しく下げる。一方で F Na と F化 Al の二者の pure な 100% の Cryolite は [illegible]

60

には1つの max を示しているのに Ta melt pt. は 弗化Na や 弗化Al を加えるとそれより下がる。即ち Cryolite と 弗化Na との混合物は Aluminium の多くとも15の弗化Al をかいつ(?) Alumina のコーカイ度がある。~~コーカイ度~~

工業的電解では電解液の比重は Kathode として働いている Al の比重よりも小さくなければならぬ。Al の多い電解液の底に溜ってしまい空気に触れることを避けねばならぬ。その為にヨーエー温の比重と熔融 Al の比重の大小が問題でヨーエー温の比重を熔融 Al の比重よりも小さくしなければならぬ。Table 4 と 5 に示す Edward & Moormann による 99.75% Al

Tabelle. 4.

Dichte des geschmolzenen Aluminiums.

Temperatur ° Cels.	Dichte P. u. G.	Dichte E. u. M.	Temperatur ° Cels.	Dichte P. u. G.	Dichte E. u. M.
658	2,46	2,382	868	2,39	2,325
682	2,45	2,376	925	2,37	2,309
740	2,43	2,369	1000	—	2,280
802	2,41	2,343	1100	—	2,262

Grabe, Elektrochemie. 23

P.u.G : Pascal & Jouniaux

E.u.M.

$$\rho_t = 2.382 - 0.000272(t - 658)$$

Cryolite と Alumina だけの混合物において1つの特徴のあるは 4°C における水の様に比重に max のないことである。

Table 5 は夫々の混合物の max の比重をもつときの混合比を示した。この値の上下ではヨーエー温の比重が小さくなる。

Tabelle. 5

Dichte von Kryolith-Tonerde-Fluorcalciumschmelzen.

Kryolith %	Tonerde %	Fluorcalcium %	Temperatur ° Cels.	Dichte
100	—	—	995	2,216
95	5	—	970	2,142
90	10	—	960	2,115
80	20	—	950	2,154
81,82	9,09	9,09	985	2,219
71,00	17,75	11,25	1010	2,228
67,50	7,50	25,00	985	2,275
64,30	11,90	25,70	1010	2,305
59,30	17,70	23,00	1000	2,330
57,20	14,30	28,50	1000	2,385

Cryolite に Alumina を加えると比重が下る。それと反対に Cryolite, Alumina, 弗化Ca の混合物に 弗化Ca を加えると比重が上る。弗化Ca 23% 以上のヨーエー温は 1000° では 純 Al の比重より大きくなる。

FとCaを電解時に加へる量は limit あり、それ以上では Al と合金をつくり析出するから yield, cut eff が悪くなる。
又融けた Al と Cryolite + Alumina の比重の差は 900~1000° の所で僅に 0.1 の開きがあるから Al をヨーユー塩の下の方に保有する。

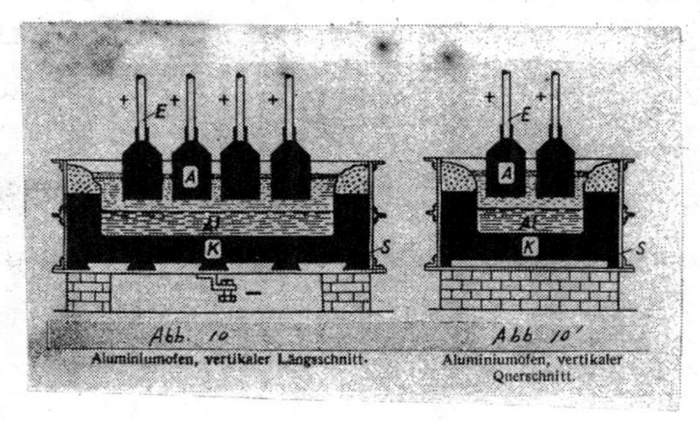

Abb. 10 Aluminiumofen, vertikaler Längsschnitt. Abb 10' Aluminiumofen, vertikaler Querschnitt.

Abb 10, 10' は Al 工業的電解槽の例.

S: 外箱で ⊖ に通じ、内壁に C をつきかためたるを中心として C^{de} とする。

A^{de} は: prismatic carbon block を2列に並べる。各々の高さは約 35 cm、断面積 600~800 cm². block は holder に吊されている。

作業を始める時は A^{de} を下げて carbon bed にのせ C の槽を予熱すると同時に混合塩を入れて電気 resist. heat により溶解し heat する。Al を溶解してヨーユーした salt の下方ヨーユーした所に電極を上の方にとりつけ電解を始める。

実験室での例:—

C^{de}: carbon crucible 之にヨーユー塩を入れる

A^{de}: 円筒形電極棒

電圧 7~10 V　cut eff. 40~70% (bei Al.)　不純物が多く heat loss 多い。

Alumina と Cryolite の電解には [illegible] Alumina の分解がなされ、一方 Al は C^{de} に析出し、A^{de} に放電した O は A^{de} の carbon を燃焼させて CO と CO_2 の混合 [illegible] を発生する。その際 F なども A^{de} gas 内に [illegible]。

実際工業炉では 8000〜16000^A で 6〜7^V。 cut density $D_A = 1\sim 2\ A/cm^2$ である。A^{de} の carbon の燃焼することと [illegible] の [illegible] をうける為に炉の上部は Alumina の層で cover する。このとき Alumina の [illegible] 状となって crust をつくる。電解中に Alumina が少くなると Voltage が高まる。この状態では Alumina の crust をやぶって新しく Alumina を powder で入れる。[illegible] Alumina が少くなると anode cut density が高くなりすぎる為に Anode effect が生じる。このときは Alumina を加えなければならない。又 Cathode では [illegible] 電解された Al と C とから Carbide をつくるので注意が必要。normal の操業温度は 950° である。

電炉の容量は 50000^A にも及ぶものがある。

Carbon bed の上に [illegible] Al は [illegible]。この [illegible] Al の中に [illegible] の [illegible]。Al を入れて [illegible] を引上げる。[illegible] C^{de} [illegible] Al の [illegible]。[illegible] Al は carbon C^{de} の [illegible] Al の [illegible] smooth な [illegible] Al の中に [illegible]。

1 kg の Al に対し 25 kWh。cut eff は 80 %。

[illegible] Alumina の [illegible] Cryolite を [illegible] F と Al の [illegible] F と Na は [illegible]。[illegible] Cryolite と F と Al [illegible]。

Carbon A^{de} は [illegible] この A^{de} は [illegible]

消費される。

$$Al_2O_3 + 3C \rightarrow 2Al + 3CO \quad (1)$$

$$2Al_2O_3 + 3C \rightarrow 4Al + 3CO_2 \quad (2)$$

Anode で放電した O_2 の(1)の如き反応すれば 1^{kg} の Al に対し 667 g の carbon を必要。(2) の如き反応するならば 1^{kg} の Al に対し 333.5 g の carbon を必要とす。実際は 1^{kg} に対し 500 g を消費す。即ち両反応が並行しておきるとみなされる。

又 Anode の ash は電解槽の中に入り、Al 電解を不純にする。故に Anode は出来るだけ pure な原料でつくらねばならぬ。原料には石油コークスやピッチコークスの如き灰分の少い炭素材料を用い、結合剤として pitch を[illegible]、[illegible]電極をつくり空気を cut off して焼成する。又 Söderberg は電極を予め焼成せず、電極が炉の高温度の部分に近づくにつれ炉熱により焼成せられる連続式電極の作り方を考案した。この電極は上下の開いた(金属板)円筒に電極材料をつめたものである。その下端は[illegible]一定に電気し、上方の金属部は[illegible] electrode の消耗につれて電極材料を supply して[illegible]連続的に焼成する方法である。Al の 1^{kg} に対し 500 g の carbon の要るが、実際には Anode の[illegible]なくなる電極[illegible]の消費は $2/3^{kg}$ ~ $3/4^{kg}$ 位増加する。この点からも Söderberg の electrode は有利。この電極が多く用いられている。電極として金属板には Al を用いる。Söderberg を用 ~~[illegible]~~ いれば電極工場の必要なし。しかしこの方法は炉の電圧が高くなり energy を多く要し、電力の cost により この電極の得失が定まる。

更にこの electrode は cap[illegible] enclose の炉[illegible]下部[illegible] heat loss を少くして節約する。

64.

Al. 工業の原料としては 先ず純粋な pure Cryolite と pure Al_2O_3 が必要。
Cryolite は Greenland に大量の bed がある。その中の不純物の主なものは
silica, 酸化鉄, 弗化鉄, 硫化鉛 などで 浮遊選鉱で精製する。
又 Cryolite は人工的にも作られる。 Alumina 原料は Bauxite であり
仏国南部の Les（レ） Beaux（ボー） に発見された。 大体の組成は

50 — 70 %	Al_2O_3
1 — 20	Fe_2O_3
2 — 25	SiO_2 ＋ TiO_2
10 — 30	H_2O

[Alumina 製法]

I.) a.) 湿式法.

Bayer 法といはれ、焼成した Bauxite を粉末にし 比重 1.45 の conc NaOH の中で digest する。 可溶性 アルミン酸ソーダ の生成。之に水を加えて薄める。之を冷却すると アルミン酸ソーダ は加水分解して $Al(OH)_3$ と NaOH となる。又 残りのアルミン酸ソーダ は CO_2 を吹き込んで分解させる。 $Al(OH)_3$ は焼いて 純 Alumina にかへる。 世界の 90 % 近くは Bayer 法による。 これは Alumina の純度高く、操作時間の短かいことで、又熱経済的 [illegible] 生産費が安いことが多い。 しかし silica の多いものは損失のため [illegible] Bauxite の silica の最大量は 4 %。

Al_2O_3 1 ton につき Bauxite 2 ~ 2.4 ton NaOH 75 ~ 90 kg. 石炭 1.5 ~ 2.0 t. 必要。

b) 乾式法.

乾燥した粉末の Bauxite に炭酸ソーダを加へて rotary Kiln の中で heat して焼成し、 Alumina の可溶性 アルミネート を造る。 [illegible]

SiO_2を可溶性とならしめ除去を要す。アルミネートは a)と合併して處理す。

yieldは a)より低く劣る。

c) Das elektrothermische Verfahren von Haglund.

Bauxit と S と FeS とを加へてヨーユーする。

既に工業的に行はれて居る。

我国の理研の鈴木式法もこれと類似す。

Al_2O_3の多い粘土とCと一緒にヨーユーしてFerrosiliconにする。

Al_2O_3はヨーユー礬土滓として分離す。これにCl_2↑を通して残つたFerrosiliconを塩化物として蒸発させる。のこりのヨーユー礬土の中に含Alのありしを

塩化Alとして蒸発す。信州の礬土頁岩を原料として行ふ。

d) Das Verfahren von Serpek.

BauxitとCと空気 N_2 or generator gasの存在で廻轉爐の中で

高温にheatす。

$$Al_2O_3 + 3C + N_2 \rightarrow 2AlN + 3CO$$

AlNをBayer法と全く同じ方法にてNaOHを加へ加熱してNH_3↑を

発生してAluminate aq.を生ずる。

$$AlN + 3NaOH \rightarrow NH_3\uparrow + Al(ONa)_3$$

この方法は1つの行程で空中窒素からNH_3を生じ一方Bauxitからpure

aluminaを生ずるが、AlNの製造に高温の必要で之に耐える炉の生産難。

II) 粘土を700~800°に焼きH_2SO_4を加へて礬土を抽出する方法の研究されてゐる。

これは原料を要するのでAluminaの製造高価になる。粘土中のAluminaは

39%程あり。Bauxitの半分位である。

III). 朝鮮産明礬石を原料として用いられることを研究された。

浅田谷口法においては明礬石をH_2SO_4で分解して$(Al)_2(SO_4)_3$とselicaをfilterする。圧力をかけてO_2と硫安のaqと硫酸Alになる。硫酸Alを焼いてそれが溶出。filterして$Al(OH)_3$のを焼いてAlmeniaになる。
田中法としては明礬石を焼いてNH_4OHaqで処理して硫酸アンモニアと硫酸と分離せられるAlmeniaにおいて、selicaと分けるのである。
AlminaをfiltしてのSi, Feの多っているのでBayer法で処理する。
住友法としては酸とアルカリを併用す。

[Alminium 精製法]

米国で粗製Alを電気分解精製する方法は図のようにし。

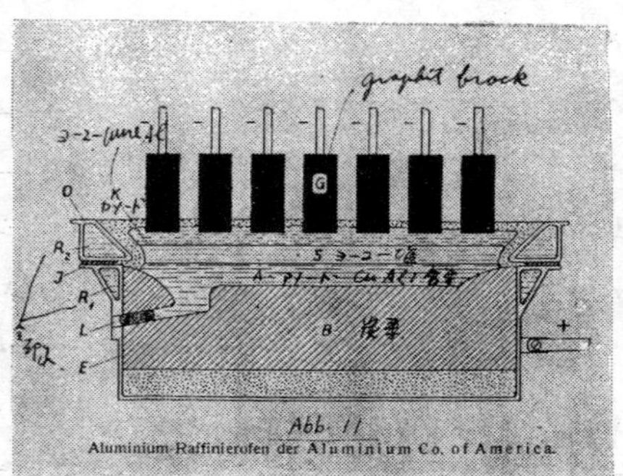

Abb. 11
Aluminium-Raffinierofen der Aluminium Co. of America.

6V 20,000A.
98~99%のAlから
minで99.8%のAlへ
精製される。

界面に接近して1枚づつ電極を入れると その2つの電極に電位差が現はれ、dilute
の中にある電極の方が + pole になる。この pot の起るのは HCl ion の濃度差に
従って液の dilute の方へ拡散が起り、その拡散は HCl aq では H ion
Cl ion の2つに分る。そして H ion と Cl ion とは各速さ異って拡散する。
然も H ion は Cl ion より早く動く。界面附近では H ion は Cl より多く通り
界面の dilute の側には H が多くなり、濃い方には Cl ion が多く存する。
その結果 dilute の方が pos.、conc の方が neg. になる。そこで metal
electrode を aq の中へ入れたならば得られる電気的2重層の結果、又静
電的引力の作用にて遅れた H ion の早過ぎるのをとめんとする。結局
二種の ion の全く等しい速さに界面を通ることになる。この場合は上下の溶液
の全く混合しなければ起らない。界面を通った charge と電極に外の circuit
に等しく濃度差のある限り curr が流れる。かくの如き濃淡電池の起電
力は電解質 ion の移動する量に依る。よって cation と anion
より早く 1F が界面を通るとすれば curr の大部分は cation で下から上へ
運ばれ小部分は anion が界面を上から下に運ばれることになる。
この関係は輸率によって anion の輸率を n とすれば cation の
それは $(1-n)$ となる。依て界面を 1F の charge が通るとすれば n gram-ion
の Cl が上から下へ、$(1-n)$ gram-ion の H が下から上へ移動する。cation
conc から dil へ移動するとする。この H ion の高い濃度 Os. pres（浸透圧）p_1
の低い Os. pres（浸透圧）p_2 に下げる max の仕事は その小なる
この物質は気体として等温可逆的に圧 p_1 から p_2 に膨脹した時
の仕事に等しい。この仕事は $(1-n)$ g ion の H の

$$A=(1-n)RT\ln\frac{p_1}{p_2}\quad\text{---- (1)}$$

で表はされ

50

故に $A = n \cdot R \cdot T \ln \frac{p_1}{p_2}$ ---------------------- (2)

(1),(2)の仕事の差が1Fの電気量を運んだ時に得られる電気的仕事に equivalent 故に界面の double layer における電位差をEとすれば

$$EF = (1-n)RT\ln\frac{p_1}{p_2} - nRT\ln\frac{p_1}{p_2}$$

$$= (1-2n)RT\ln\frac{p_1}{p_2}$$ ---------------------- (3)

とおく。 $\frac{l_K}{l_A} = \frac{1-n}{n}$ であるから $\frac{l_A}{l_K+l_A} = n$

$$\therefore \boxed{E = \frac{l_K - l_A}{l_K + l_A} \cdot \frac{R \cdot T}{F} \ln\frac{c_1}{c_2}}$$ ---------------------- (4)

p_1, p_2 のかわりにそれぞれの濃度 c_1, c_2 を入れる。

常温では

$$E = \frac{l_K - l_A}{l_K + l_A} \times 0.058 \log\frac{c_1}{c_2}$$

となる。

n規定の HCl / 0.001 n HCl の emf を計算すれば

$$EMF = \frac{315 - 65.4}{315 + 65.4} \times 0.058 \times 3 = 0.114^{V}$$

この電池に於ては $l_K > l_A$ なる時 pos. pole は dil. sol. の方になる。また $l_K < l_A$ ならば pos. pole は conc. sol. の方になる。そして $l_K = l_A$ ならば界面に電位差は生じない。そして同種の ion に濃度の差のある場合は上式に表はされる様に[illegible]。[illegible] ion の[illegible]電解質。 or 全部も[illegible] ion と[illegible]複雑になる。しかし[illegible]電池は ion 濃度の[illegible]議論を[illegible]

単極電位の測定の際には常に接する電池の起電力を測定する。液絡電池の emf の測定困難である。この影響をなくす為には両方の電解液を直接接せずに其の間に $l_K = l_A$ なるような電解質の conc の濃液を入れる。即ち飽和の KCl aq とか硝酸の NH_4NO_3 aq を用いる。

g) Die Konzentrations Ketten (濃淡電池)

Nernst の式： $\varepsilon = -\frac{RT}{nF} \ln \frac{P}{p}$

一つの metallic electrode の volt は電離溶圧 P と electrode に接する metal の ion の浸透圧 p の二つによって決まる。その volt は P と p との一方が変ると ~~変る~~ 変化する。又今一種類の metal をその金属 ion を含む濃さの違う液につけると各電極は異る volt を示す。

$$\varepsilon_1 = -\frac{RT}{nF} \ln \frac{P}{p_1}$$

$$\varepsilon_2 = -\frac{RT}{nF} \ln \frac{P}{p_2}$$

p_1 濃い液の浸透圧

p_2 淡 〃 〃

この二つの electrode を組合せて電池を作ると濃淡電池が出来る。その emf は液絡電池の emf を無視すると

$$emf = \varepsilon_1 - \varepsilon_2 = -\frac{RT}{nF} \ln \frac{P}{p_1} + \frac{RT}{nF} \ln \frac{P}{p_2} = \frac{RT}{nF} \ln \frac{p_1}{p_2}$$

浸透圧は ion の濃さに比例するから

$$\boxed{emf = \frac{RT}{nF} \ln \frac{c_1}{c_2}} \quad \cdots\cdots\cdots\cdots (1)$$

1価の金属を用いて常温のときは

$$emf = 0.058 \log \frac{c_1}{c_2} \quad \cdots\cdots\cdots\cdots (2)$$

この電池の ⊕ は濃い液の pole になる

上の式は実験的に確められてある。この式を用いて emf と ion 濃度の C_1 の分って居るときに C_2 を計算し得る。この方法で又溶解度の小さい金属塩の水中の溶解度を測り得る。

(h) Galvanische Elemente, in denen die elektromotische wirksamen sttofe mit metalle sind
（活動的）

まづ第一に metal とその ion の単極電位について ~~述べる~~

一般の化学反応での単極電位即ち非金属の起電力をみるための standard の水素電極の起電力は元素の水素が ion 状に変化する

$$H_2 \rightleftarrows 2H^{\bullet} + 2\ominus$$

Zn は $$Zn \rightleftarrows Zn^{\cdot\cdot} + 2\ominus$$

Zn による起電力と全く同様だが又相当的にちがふ所は金属の Zn は $Zn^{\cdot\cdot}$ を溶かし得る液につけると直ちに pot^l を生ずる。然るに H_2 の方は gas 状の H_2 をある一定の metal の中に溶かさねばならぬ。この金属によれば H_2 が ion を作る。そして metalic electrode で H_2 は分子としてではなく一原子の H として解けてる。即ち

$$H_2 \rightleftarrows 2H \rightleftarrows 2H^{\cdot} + 2\ominus$$

H_2 と全く同様 O_2 又は Halogen の電極を作り得る。それぞれの ion を作り得る液の中に白金混合の ele^{de} を入れて之に O_2 又は Halogen gas を通すと

$$O_2 + 4\ominus \rightleftarrows 2O''$$

$$2O'' + 2H_2O \rightleftarrows 4OH'$$

H_2 の ele^{de} と全く同様液の水素 ion の影響を受ける。

Cl_2 el^{de} については $$Cl_2 + 2\ominus \rightleftarrows 2Cl'$$

金属とH_2とに於ては電極で其の溶液の中へcationを送り出すがO_2とHalogenではanionを送り出す。

従来の電池ではionを送り出すかionを分子として析出し得る反応であった。其のionはanion, cationの何れでもよい。其のcationの出来る反応は純化学的には Ox反応で cationの析出する反応は還元反応である。又Cl_2のelectrodeでCl'の出来る反応は1つの還元反応であるから chargeの変化を伴ふ Ox反応の1つとionのchargeの変化を起す1つの還元反応を組合せて電池を作り得る。

一般的の結論としては ion chargeの変化を伴ふ Ox反応還元反応を組合すと電池を作り得る.

Daniel電池 $-Zn / ZnSO_4 / CuSO_4 / Cu^+$

Zn : 溶解電極 となり ⊖

Cu : 析出 〃 〃 ⊕

これを発生する反応は

$$Zn + CuSO_4 \rightarrow ZnSO_4 + Cu$$

又ZnとCl2を組合せて電池を作ると

$$-Zn / ZnCl_2 / HOCl, Cl_2 / Pt^+$$

両極での反応は

$$Zn \rightleftarrows Zn'' + 2⊖$$

$$Cl_2 \rightleftarrows 2Cl' + 2⊕$$

$$Zn + Cl_2 \rightleftarrows Zn'' + 2Cl' + 2⊕ + 2⊖$$

この反応はZn, Cl2の2つのelectrodeは夫々溶解電極となり夫れのionを溶液中へ送り出す。

以上の起電反応は元素がionになったりionが元素になって起る反応であったが、ionのchargeの数を変へる酸化還元の反応も起電反応といい得る。例へば第一鉄塩の酸化、第二鉄塩の還元。

$$Fe^{\cdot\cdot} \rightleftarrows Fe^{\cdot\cdot\cdot} + \ominus$$

$$Fe(CN)_6'''' \rightleftarrows Fe(CN)_6''' + \ominus$$

純化学反応で第一鉄塩の酸化は酸性溶液で$KMnO_4$で起り易い。

$$2KMnO_4 + 10FeSO_4 + 8H_2SO_4 \rightarrow K_2SO_4 + 2MnSO_4 + 5Fe_2(SO_4)_3 + 8H_2O$$

or $MnO_4' + 5Fe^{\cdot\cdot} + 8H^{\cdot} \rightarrow Mn^{\cdot\cdot} + 5Fe^{\cdot\cdot\cdot} + 4H_2O$

$$MnO_4' + 8H^{\cdot} + 5\ominus \rightarrow Mn^{\cdot\cdot} + 4H_2O.$$

電池でこの反応を起電反応として用ふるには酸化される物質$FeSO_4$と酸化剤$KMnO_4$を別々に入れる。電気的につなぐ。その様式は

酸化還元電池

$$Pt \left| \begin{matrix} KMnO_4 \\ \text{in } H_2SO_4 \end{matrix} \right| \begin{matrix} FeSO_4 \\ \text{in } H_2SO_4 \end{matrix} \left| Pt. \right.$$

かゝる酸化、還元の反応により働く電池を一般に**酸化還元電池**と云ふ。

これらの電池で電流の生ずるときは⊕のpoleではmanganiteがmanganous sulphateに、⊖のpoleにFerrous, Ferric Sulphateに変る。$KMnO_4$の中にある⊕の7価のMnは5つのele''をとって⊕の2価のMnを含むManganous sulphateに還元されて、一方又2価のFeはel''をはなして3価のFeに酸化する。それでかゝる電池でもそのemf及単極電位はDaniel電池の如くに計算し得る

次に電池での起電反応を一般的にかくと

$$m_1A + m_2B + \cdots\cdots \rightleftarrows p_1D + p_2E + \cdots\cdots \qquad (1)$$

この式の$A, B, \cdots$は電流をとるとき使用される物質で

$D, E, \cdots$はそのときに生ずる物質

$m_1, m_2, \cdots, p_1, p_2 \cdots$は反応に与る物質の分子数又は原子数.

Daniel 電池の Zn の el^{de} での反応は

此式は　$Zn \rightleftarrows Zn'' + 2\ominus$

H_2 電極では　$H_2 \rightleftarrows 2H' + 2\ominus$

$2Cl' \rightleftarrows Cl_2 + 2\ominus$

又 $Fe'' \rightarrow Fe'''$ に変る電極では　$Fe'' \rightleftarrows Fe''' + \ominus$

$KMnO_4$ の電極では　$Mn + 4H_2O \rightleftarrows MnO_4' + 8H + 5\ominus$

かく一般式は左側では常に低い酸化度にあり、それが el'' を出し高い酸化度になり得ることが分る。故に metalic el^{de} の E 即ち Nernst の式から反応による物質の濃度により影響される様に、之に反し電極反応その pot は ... を生ずるときに変化する物質の濃度により変ることがわかる。

故に Pt-el^{de} が Fe'', Fe''' の ion で囲まれているときはその pot は常温では

$$E = {}_0E_h + \frac{0.058}{n} \log \frac{C_{Fe'''}}{C_{Fe''}}$$

このとき $n=1$ なれば

$$E = {}_0E_h + 0.058 \log \frac{C_{Fe'''}}{C_{Fe''}} \quad \text{------------ (2)}$$

故に先の一般式の如き反応が電極で起っているときはその常温での pot は

$$E = {}_0E_h + \frac{0.058}{n} \log \frac{C_D^{p_1} C_E^{p_2} \cdots\cdots \text{— 高き酸化度の}}{C_A^{m_1} C_B^{m_2} \cdots\cdots \text{— 低き酸化度}} \quad \text{------ (3)}$$

${}_0E_h$ はその normal pot で 之は起電反応に与る物質の濃度が 1 gr ion/l で Pt の示す volt.

されば常に分子に高い酸化度のものが来、分母に低い酸化度のものがくるから、

H_2 電極では　$\varepsilon = {}_0\varepsilon_a + \frac{0.058}{2} \log \frac{C_{H^\cdot}^2}{C_{H_2}}$ ---------- (4)

Cl_2 電極では　$\varepsilon = {}_0\varepsilon_a + \frac{0.058}{2} \log \frac{C_{Cl_2}}{C_{Cl'}^2}$ ---------- (5)

Mn 電極では　$\varepsilon = {}_0\varepsilon_a + \frac{0.058}{5} \log \frac{C_{MnO_4'} C_{H^\cdot}^8}{C_{Mn^{\cdot\cdot}} C_{H_2O}^4}$ ------ (6)

H_2O の濃度は稀薄溶液では余り変らないから

$$\varepsilon = {}_0\varepsilon_a + \frac{0.058}{5} \log \frac{C_{MnO_4'} C_{H^\cdot}^8}{C_{Mn^{\cdot\cdot}}} \quad \text{---- (7)}$$

H_2 電極の pot は(4)の式から判るように溶液中の $H^\cdot$ 濃度と他の電極の周りの H_2 分子の濃度とで決る。この水素分子の濃度は $H_2 \rightleftarrows 2H^\cdot$ の式に従い、電極での水素分子の濃度に従って電極では水の電解溶圧で決る。故に pot は溶液中の水素 ion の濃度が大なる程正の方に向い、分子水素の濃度即ち電解液の上にかける H_2 の圧を大にすると負の方に向かう。Cl_2 電極の pot は他の Halogen と全く同様

$$\varepsilon = {}_0\varepsilon_a + \frac{0.058}{2} \log \frac{C_{Cl_2}}{C_{Cl'}^2}$$

H_2 の場合の反対である。

即ち分子 Cl_2 の濃度が増すと Pt 電極の電位は正に向い、

　　Cl ion　〃 〃　　〃　　負に向う。

かくして metallic el^{de} 並びに gas el^{de} により**濃淡電池**を生ずる。例えば 2つの H_2 電極を H^+ ion の濃度の違う溶液中に入れ電池を作ることは H_2 ion の濃度を知るに用いる。

以上は Nernst：　$\varepsilon = -\frac{RT}{nF} \ln \frac{P}{p}$

で p を変えて濃淡電池を考えたが、P の方を変えても金属の濃淡電池を作り得る。之は gas el^{de} で容易に実現する。

H_2 電極の pot は

$$\varepsilon = {}_0\varepsilon_h + \frac{0.058}{2}\log\frac{C_{H^\cdot}^2}{C_{H_2}}$$

この式で C_{H_2} 即ち電極をとりまく分子水素の濃度即ち電極中の分子水素の濃度によりその電解溶圧は異る。又電解質の上に加はる H_2-gas の圧力 p に異る。。 H_2 ion について全く濃度の溶液中に2つの H_2 electrode 即ちその一方は p_1 の pressure の下に H_2 を通じたもの、他の一方は p_2 の圧力の下に H_2 を通じた電極でこの2つを組みつけると

$$\frac{p_1}{p_2} = \frac{C_1 H_2}{C_2 H_2}$$

C_{1H_2} C_{2H_2} は夫々電極の周りにとける H_2 の濃度。
この電極を組合した濃淡電池は原理に

$$emf = \frac{0.058}{2}\log\frac{C_1H_2}{C_2H_2} = 0.029\log\frac{p_1}{p_2}$$

もし2つの H_2 electrode で H_2 の press. を 10:1 のものにしたときはこの電池の emf は 0.029 volt となる。このとき ⊕ pole は低い圧で H_2 を通じた電極。
metal electrode でこの種の濃淡電池を作るには純金属でなく合金の如き、この水銀の中に金属をとかしたものを電極につかふ。この電極は水銀中にとかした金属の濃度に比例した電解溶圧を示す。かかる amalgam の電極に2つ組合せその金属塩に浸しつけると電池を生ず。その emf は次の如くになる。

58

i) Einführung der Jonenaktivität in die Nernstsche Formel (公式)

(適用) 従来 Nernstの式でel^{de}のpotを表すのにionの濃度として古い解離説を用いて例へば2つのionからなる電解質では氷点降下、電導度の測定から定めた解離度を総濃度にかけてion濃度としていた。即ち

C：総濃度　　α：解離度

ion濃度 $c = \alpha C$ ---------------- (1)

又一方強電解質の完全解離の考へから出発すると1つの金属塩の溶液では金属ionの濃度はその塩の総濃度に等しい。金属のpotに関する Nernstの式は

$$\varepsilon = -\frac{RT}{nF} \ln \frac{P}{p} \quad \text{------------ (2)}$$

で

金属ionの浸透圧 p を含むが之は金属ionの濃度 c に比例するから結局 H_2 el^{de}のpotに関して表すと

$$\varepsilon_a = {}_0\varepsilon_a + \frac{RT}{nF} \ln c \quad \text{------------ (3)}$$

濃淡電池のemf

$$= \frac{RT}{nF} \ln \frac{c_1}{c_2} \quad \text{------------ (4)}$$

c_1, c_2は解離度から出したion濃度.

ここで新しい理論の考へをとるとionはionと働きあつているのでfree energyの全部を作用するのではない。実際はion同士働き合っているので起電力として其のfree energyの一部しか働かない。それ故ionのaktive masse即ちAktivität（活量）は総濃度の一部にしか当らない。従ってNernstの式には解離度から出したion濃度を入れるよりもionのAktivitätを入れる方がよいということがされてある。

すると

$$\boxed{\varepsilon_a = {}_0\varepsilon_a + \frac{RT}{nF} \ln a} \quad \text{------------ (5)}$$

又　$emf = \frac{RT}{nF} \ln \frac{a_1}{a_2}$ ―――――――――――――――― (6)

故に normal pot ${}_0E_h$ とは最早定の定義の如く metal の elektrode が その金属 ion 濃度 1 なる溶液に対する pot であると云ふのではなく、其の aktivität a 1 の時の pot になる。又全化学反応は

$$m_1 A + m_2 B + \cdots \rightleftarrows p_1 D + p_2 E + \cdots$$

に於て　A, B, … は系統物質

　　　　D, E, … 　生成物

　　　　$m_1, m_2, \cdots p_1, p_2 \cdots$ はそれらの mole 数を

表はすとすると 電池起電力を示す式には aktivität を入れ

$$E = {}_0E_h + \frac{RT}{nF} \ln \frac{a_D^{p_1}\, a_E^{p_2} \cdots}{a_A^{m_1}\, a_B^{m_2} \cdots} \quad \text{――――――― (7)}$$

ion の aktivität と濃度 C の関係は aktivität-Koeff. を fa とすると　$a = f_a C$

然し Nernst の式を応用して金属の pot を求めれば液中の金属の活量係数を知る必要がある。之の実験測定法は多いが結果は或る電解質の fa は其の浸透係数 f_0 の知れてゐるときのみ計算し得る

Bjerrum は熱力学的に次の関係を出した。

$$f_0 + c\frac{df_0}{dc} = 1 + c\frac{d \ln f_a}{dc} \quad \text{――――――――― (9)}$$

この式は塩をとかした時の水の氷点降下点の測定に用ひられた。其の結果は　$f_0 = 1 - K\sqrt[3]{C}$ ―――――――――― (10)

もし KClを用いたとき　$K=0.145$ として この f_0の値を (9)に入れると

$$\log f_a = -0.253 \sqrt[3]{C} \qquad (11)$$

この式で得る KCl に対する活量係数の計算値と実験的に得た浸透圧係数・活量係数を比べると

C mol in Liter	f_0	f_λ	f_a
0.001	0.985	0.979	0.943
0.01	0.969	0.941	0.882
0.1	0.932	0.861	0.762
1.0	0.854	0.735	0.558

この表から見ると 大いに稀釈すれば f_0の値は f_λ f_a と共に1に近づく。又濃きconc.になれば f_aは f_0, f_λ よりも早く減少する。このことは氷点降下、電導度測定 で 決めた α より ion 濃度を決定して之を Nernst の式に入れることの誤りであることを示す。

其の他の 1-1 価の塩についても この KCl の場合と似た様な値を得る。

平均の値として
$$\log f_a = -0.3 \sqrt[3]{C}$$

を得る。

以上の如く ion 間に働く力がある為に ion の活量係数で示される濃度の一部のものが実際に作用する。故に溶液に於ては或る salt の活量係数は他の電解質を加へることにより その値を変化する。前述の如く多くの難溶性の塩は全く ion を含んだものを加へると、溶解度が高くなる事実がある。之は古い解離説では説明出来ない。之を新しい理論を用いて示すと電化能

の溶解積の式として

$$C_{Ag^{\cdot}} \cdot C_{Cl'} = L_{AgCl} \quad \cdots\cdots (12)$$

これを用いる代りに活量を用ふ

$$a_{Ag^{\cdot}} \cdot a_{Cl'} = L_{AgCl} \quad \cdots\cdots (13)$$

又活量は完全かいりをした時の ion 濃度に活量係数をかけたものなる故

$$f_a C_{Ag^{\cdot}} \cdot f_a C_{Cl'} = L_{AgCl} \quad \cdots\cdots (14)$$

今塩化銀の純水に対する溶解積を求める。

(14)に於ては L_{AgCl} を決定するのである。

次に $AgNO_3$ or $AgCl$ と共通 ion を含まぬ他の中性塩溶液の中での溶解積を測定する。それに (14) 式に於けることを全く行いあらはすと

$$f_a' C_{Ag^{\cdot}}' \cdot f_a' C_{Cl'}' = L_{AgCl} \quad \cdots\cdots (15)$$

従って又

$$f_a C_{Ag^{\cdot}} \cdot f_a C_{Cl'} = f_a' C_{Ag^{\cdot}}' \cdot f_a' C_{Cl'}' \quad \cdots\cdots (16)$$

或いは

$$\frac{f_a^2}{f_a'^2} = \frac{C_{Ag^{\cdot}}' \, C_{Cl'}'}{C_{Ag^{\cdot}} \cdot C_{Cl'}} \quad \cdots\cdots (17)$$

今完全かいりをせるものと考へれば 2 元塩に於て ion 濃度の積は mol/liter に表はした溶解度の 2 乗に等しい。今 C 及 C' を溶解度とすると

$$\frac{f_a^2}{f_a'^2} = \frac{C'^2}{C^2} \quad \cdots\cdots (18)$$

or

$$\boxed{\frac{f_a}{f_a'} = \frac{C'}{C}} \quad \cdots\cdots (19)$$

where C : 水に於ける溶解度

C' : 他の salt の入っている溶液に於ける溶解度

いいかえると f_a と溶解度は逆比例する

水に$AgCl$を飽和させた溶液に$AgNO_3$を加へると、平衡に対し二つの影響を及ぼす。

（nitrate）

① 銀ion濃度の変化とNO_3' ionが新しく溶液に入ってくる

② ion濃度の多くなると活量係数は変る。活量係数の減少は濃度の増加と共に著しくion間の引力の作用をうけてくるから1価のionのみを考へるとしても存在するあらゆるionの総濃度従てnitrateのionも大きい影響を与へる。所が之等の変化あっても恒温ならば L_{AgCl} は const であるから常に(16)は成り立つ。故に$AgNO_3$を加へて塩化銀の溶解度が大きくなるか小さくなるかは(16)よりみて$AgNO_3$を加へて後の$C'_{Ag}\cdot C'_{Cl}$の値が$C_{Ag}\cdot C_{Cl}$の値より大きくなるか小さくなるかといふことによる。もし大きくなるなら溶解度大きくなる。小さくなれば溶解度減ず。所が之にfaの変化が起るから此の影響によって二つの結果がでてくる。faが1ならば前通りに大きければ溶解度大きくなる。

今水中にAgCl飽和した液中にAgClと共通ionをもたぬ他の塩を加へると此ion濃度のますために活量係数は漸次減ずる。従て$C'_{Ag}\cdot C'_{Cl}$の値は大きくなる。即ち他の電解質を加へると溶解度の大にならねばならぬことになる。所が分析で沈殿の洗滌に当り溶解度を小にする為にH_2SO_4 aqで洗ふ様に用ひてゐる。之に反しAgCl沈殿をKCl aqで洗へば損失がない。このことは難溶性物体を溶解したものは dilute sol. であって、之では $fa=1$ or $f\fallingdotseq 1$ である。之にsaltを加へても fa が1より変化せぬ場合である。故に

$$\frac{fa}{fa'}=\frac{c'}{c}=1$$

である場合である。

故に又　　$C_{Ag^{\cdot}} C_{Cl'} = k$ (const)

である。依って今此の一般式の示す如く溶液に KCl を加へると Cl' 濃度は大きくなり Ag' ion 濃度は小となるから AgCl 溶解度は下る。

難溶性塩の溶解度測定は活量係数の実験的測定に利用される。

純水に対し塩の溶解度非常に小なるときは (19) に於て fa=1 とおける。従って C 及び C' は実験で求め得るから fa' は計算し得る。かくして活量係数を ion 濃度の函数として求め得。

又活量係数は起電力測定からも求め得る。AgCl の溶解度に対しての (14) に於て、各 ion の活量係数は等しい値をもつものとして計算してきた。即ち今までの定めたのは活量係数の平均値なり。しかし起電力からは各 ion の活量係数が求められる。

$$Pt / H_2, \underset{C_1}{HCl} / \underset{C_2}{HCl}, H_2 / Pt$$

$C_1 > C_2$ なる 2つの HClaq に 2つの水素電極をつけた濃淡電池での起電力は

$$emf = 0.058 \log \frac{a_{1H}}{a_{2H}} = 0.058 \log \frac{fa \cdot C_{1H}}{fa' \cdot C_{2H}}$$

茲に fa, fa' は夫々 C_1 及 C_2 の HClaq 中の H ion の活量係数。

両方の水素電極に加わった水素ガスを同じ圧力にしておいて emf は電極に接する溶液中の H ion の活量に決定するから、この両方の溶液に於ての H ion の活量係数の比を知る。もし一方の溶液の H ion の活量係数が known の時は他の溶液の活量係数が計算出来る。

これ迄述べた濃淡電池は種々の濃度の溶液の界面で接触電位差が生ずるから之を除かないと正確に H ion の fa は求められない。その為一般に

64

による連結させて次の様にする

$$Hg / HgCl \cdot \underset{C_1}{HCl} \cdot H_2 / Pt / H_2 \cdot \underset{C_2}{HCl} \cdot HgCl / Hg$$

これは二重電池で、次の2つの電池を反対向きに連結した

$$Hg / HgCl, \underset{C_1}{HCl}\ H_2 / Pt \qquad (I)$$

$$Hg / HgCl, \underset{C_2}{HCl}\ H_2 / Pt \qquad (II)$$

この(I),(II)のemfをそれぞれ E_1, E_2 とする。各電池の反応は

$$\tfrac{1}{2} H_{2\,gas} + HgCl_{fest} = Hg + H^{+}(C_1) + Cl^{-}(C_1) \quad ; E_1$$

$$\tfrac{1}{2} H_{2\,gas} + HgCl_{fest} = Hg + H^{+}(C_2) + Cl^{-}(C_2) \quad ; E_2$$

$$-$$

$$Hg + H^{+}(C_2) + Cl^{-}(C_2) = Hg + H^{+}(C_1) + Cl^{-}(C_1) \quad ; E_1 - E_2$$

この2つの電池を連結した電池の全化学反応は、1 molのHClが濃度 C_2 から C_1 の溶液へ運ばれることになる。それ故この二重電池のemfを E で表はせば

$$E = E_1 - E_2$$

nEF の積はこの反応で得られる max. work A に等しい。
（E: pot'l, F: Faraday 電気量）

この場合 $n=1$ であるから $\quad A = EF$

一方 $$A = RT \ln \frac{a_{H^{+}(C_2)}\, a_{Cl^{-}(C_2)}}{a_{H^{+}(C_1)}\, a_{Cl^{-}(C_1)}}$$

ここで H-ion と Cl-ion の ion 活量は互に相等しいと仮定すると

$$EF = A = RT \ln \frac{a^2_{c_2}}{a^2_{c_1}}$$

$$\therefore E = 2\frac{RT}{F} \ln \frac{f_2 c_2}{f_1 c_1}$$

$$E = 0.1183 \log \frac{f_2 c_2}{f_1 c_1} \quad (\text{at } 25^\circ\text{C})$$

この式で示されるようにこの方法では電池の2つの両溶液の活量係数の比を求めうる。従って一方の fa が known ならば他の f を計算し得る。又 alkali aq で ($NaOH$ aq) の濃度と活量係数との関係は alkali amalgam による2重電池で求められる。

$$Pt / H_2\ \underset{c_2}{NaOH}\ /\ Na_x Hg\ /\ \underset{c_1}{NaOH}\ H_2 / Pt$$

このような emf の測定から計算した HCl NaOH KOH の活量係数は Tabelle 23 に示す

Tabelle 23.
Aktivitätskoeffizienten von Salzsäure, Natronlauge und Kalilauge bei 25°.

n-HCl	f_a	n-NaOH	f_a	n-KOH	f_a
0,001	0,984	0,0202	0,880	0,03	0,857
0,01	0,924	0,0526	0,822	0,05	0,822
0,1	0,814	0,1047	0,768	0,10	0,789
0,3	0,766	0,1081	0,773	0,30	0,746
0,5	0,762	0,1934	0,748	1,0	0,760
0,75	0,788	0,3975	0,714	3,0	1,062
1,0	0,823	0,867	0,678	—	—
3,0	1,35	1,020	0,680	—	—
6,0	3,40	1,317	0,709	—	—
9,0	8,32	2,024	0,743	—	—
10,0	10,65	3,1	0,836	—	—
16,0	43,2			—	—

この表から見て dilute sol. の方から始め濃度のますと共にかえって活量の減少を示す。ある min. を通過した後に再び濃度と共に増加する。かかる活量係数 fa の変化は従来の解離度の変化とは全く異なる。

特に濃度の高くなると HCl においては fa が1より大になることもある。この時は完全解離したと見做した ion 濃度の数倍の活量に達する

溶量すれば水素電極のconst の溶液に入れたときは全てionとなり中性塩
をかける。濃度をますときは相当のpot.の 金属電極で全ion濃度
はconstとして、中性塩を加へたときのpot.をみれば f_a の変化を
全く変化せず。即ち中性塩を加へた溶液より卑の位になりその
min を通ると noble な位に変る。又酸により急速に進行する
ばかりか濃いと水素ionの触媒作用を移せしめ、この場合にも
全相な濃度の影響がみられる。即ちこの場合にも酸の濃度の高い
時には電導性が酸の濃度より早く増加して早くなるとし又酸の
濃度は小さいとして中性 salt 溶液を加へると急速な性質に
水素電極のpot.を全く変化せず。こんな現象を中性塩の作用
Neutral salz wirkung といふ。
溶液の濃度の変化の為にあらわれ ion の活量係数に影響を与
へることに帰してある。ion の活量係数が濃度により著しく変化の
内の原因の著しかる事実である。今日 ion の水和作用を主因
とするものといける。例へば H ion は

$$(H\ nH_2O)^{\cdot} \rightleftarrows H^{\cdot} + nH_2O$$

の如く水和ionと無水ionとの balance す。濃度を大にすれば
中性塩を加へると右に傾く。電気的に作用するのは無水水素ionのみ
なる故、一定濃度の酸溶液に中性塩を加へると加へるにより
H ion の活量の大きくなる。今まで説明の如く液の濃度を f_a と解する
も甚しくちがってくる。この事は dilute sol. にて多価塩に於て
著しく液の濃度に表はれる。
Tabelle 24 にその実例を
示す。

Tabelle 24.
Vergleich von f_a und $\frac{\lambda_v}{\lambda_\infty}$ für verschiedene Salze in 0,01 molarer Lösung bei 18°.

	KCl	NaCl	KNO_3	K_2SO_4	$BaCl_2$	$CdSO_4$	$CuSO_4$	$La(NO_3)_3$
f_a	0,922	0,922	0,916	0,087	0,716	0,404	0,404	0,571
$\frac{\lambda_v}{\lambda_\infty}$	0,941	0,936	0,935	0,832	0,850	0,55	0,55	0,75

電池 emf は Nernst の式を用いなければ ion 濃度より ion 活量を用いる方が正しいが ion 活量は未だ精密に測定されず 又両者も多く ion 濃度で与えられてある。Tabelle 25 に電位序列が示さる。

Tabelle 25.
Die elektrochemische Spannungsreihe.

Potentialbestimmender Vorgang	Normalpotential ε_h in Volt: nach Drucker bezogen auf Ionenkonzentration 1 und Zimmertemperatur	Normalpotential ε_h in Volt: nach Lewis und Randall bezogen auf Ionenaktivität 1 und 25°
a) Kationenbildung		
$Li \rightleftarrows Li^{\cdot}$	−3,02	−2,9578
$K \rightleftarrows K^{\cdot}$	−2,92	−2,9224
$Na \rightleftarrows Na^{\cdot}$	−2,71	−2,7125
$Mg \rightleftarrows Mg^{\cdot\cdot}$	−1,87*)	—
$Mn \rightleftarrows Mn^{\cdot\cdot}$	−1,1	—
$Zn \rightleftarrows Zn^{\cdot\cdot}$	−0,76	−0,7581
$Cr \rightleftarrows Cr^{\cdot\cdot}$	−0,50*)	—
$Fe \rightleftarrows Fe^{\cdot\cdot}$	−0,44	−0,441
$Cd \rightleftarrows Cd^{\cdot\cdot}$	−0,40	−0,3979
$Tl \rightleftarrows Tl^{\cdot}$	−0,33	−0,3363
$Co \rightleftarrows Co^{\cdot\cdot}$	−0,255	—
$Ni \rightleftarrows Ni^{\cdot\cdot}$	−0,250	—
$Sn \rightleftarrows Sn^{\cdot\cdot}$	−0,14	−0,136
$Pb \rightleftarrows Pb^{\cdot\cdot}$	−0,130	−0,122
$H_2 \rightleftarrows 2H^{\cdot}$	±0,000	±0,000
$Sb \rightleftarrows Sb^{\cdot\cdot\cdot}$	+0,2	—
$Bi \rightleftarrows Bi^{\cdot\cdot\cdot}$	+0,226*)	—
$As \rightleftarrows As^{\cdot\cdot\cdot}$	+0,3	—
$Cu \rightleftarrows Cu^{\cdot\cdot}$	+0,345	+0,3448
$Ag \rightleftarrows Ag^{\cdot}$	+0,808	+0,7995
$2Hg \rightleftarrows Hg_2^{\cdot\cdot}$	+0,86	+0,7986
$Au \rightleftarrows Au^{\cdot\cdot\cdot}$	+1,38	—
$Au \rightleftarrows Au^{\cdot}$	+1,5	—
b) Anionenentladung		
$4OH' \rightleftarrows O_2 + 2H_2O$	+0,41	+0,3976
$2J' \rightleftarrows J_2$ fest	+0,58	+0,5357
$2Br' \rightleftarrows Br_2$ gelöst	+1,087	+1,0659
$2Cl' \rightleftarrows Cl_2$ gasförmig	+1,36	+1,3594
c) Ionenumladung		
$Cr^{\cdot\cdot} \rightleftarrows Cr^{\cdot\cdot\cdot}$	−0,41	—
$Cu^{\cdot} \rightleftarrows Cu^{\cdot\cdot}$	+0,167	—
$Sn^{\cdot\cdot} \rightleftarrows Sn^{\cdot\cdot\cdot\cdot}$	+0,2	—
$FeCy_6'''' \rightleftarrows FeCy_6'''$	+0,44	—
$Fe^{\cdot\cdot} \rightleftarrows Fe^{\cdot\cdot\cdot}$	+0,75	—
$Tl^{\cdot} \rightleftarrows Tl^{\cdot\cdot\cdot}$	+1,21*)	—
$Ce^{\cdot\cdot\cdot} \rightleftarrows Ce^{\cdot\cdot\cdot\cdot}$	+1,79	—
d) Sonstige Oxydationen.		
$H_2 + 2OH' \rightleftarrows 2H_2O$	−0,82	—
$2H_2O \rightleftarrows O_2 + 4H^{\cdot}$	+1,23	—
$Mn^{\cdot\cdot} + 2H_2O \rightleftarrows MnO_2 + 4H^{\cdot}$	+1,35	—
$Pb^{\cdot\cdot} + 2H_2O \rightleftarrows PbO_2 + 4H^{\cdot}$	+1,44	—
$Cl' + 3H_2O \rightleftarrows ClO_3' + 6H^{\cdot}$	+1,44	—
$Mn^{\cdot\cdot} + 4H_2O \rightleftarrows MnO_4' + 8H^{\cdot}$	+1,52	—
$MnO_2 + 2H_2O \rightleftarrows MnO_4' + 4H^{\cdot}$	+1,63	—
$O_2 + H_2O \rightleftarrows O_3 + 2H^{\cdot}$	+1,9	—

表は ion 濃度1 又は ion 活量1 なる時の つまり
a) metal は H の電極をとる
(b) Cl 電極の如き
c), d) は両方を与える元の nol pot に
例えば上の方は最も neg のもの 一番下の方が pos の noble ones

金属の電位序列は base metal が溶解して貴金属の溶液から析出されるものである。○非金属の電位序列からも同じことがいえる。

$$^{+}Pt/Cl_2, KCl / KBr, Br_2/Pt^{-}$$

この電池に於て

$$Cl_2 + 2Br' \rightarrow 2Cl' + Br_2$$

の反応が起る。この場合 Cl 電極が + pole。

云い換えると Bromide aq に Cl gas を通すと Br が出る。cation をとるときには より neg の金属が より pos の金属をその溶液から析出させる。この non-metal の anion の立場とすれば 電位序列は下の より pos の

68

ion上のより neg の電荷を溶液から析出させる。OC 已知の電位の差別では OC 剤の OC 力の差別によってゐる。

j) Die electrometrische Massanalyse.

難溶性 salt の溶解度と水の ion 積との定量的決定に濃淡電池の emf 測定が役立つ。後に此の種の測定が応用された。殊に溶液の水素 ion 濃度の測定に於て用ひられた。　或一定の水素濃度が 1 ℓ の中に 1 g ion の H ion を含む時は常温に於て neutral solution より H ion 濃度大なり 10^7 倍大である。又 1^n の alkali 性溶液より 10^{14} 倍大である。此様の H ion 濃度では

$$[H^\cdot] = 10^{-7} n.$$

とすれば不便なれば Soerensen の Wasserstoffexponenten 水素指数 P_H の値を用ひた。或1つの sol. の PH とは其の sol. の H ion 濃度の neg. logarithm を表はす。水の ion 積を

$$[H^\cdot] \times [OH'] = 1 \times 10^{-14}$$

とすれば 25°C に於て $[H^\cdot]$ の 1^n の sol.^{n} の PH は 0 である。中性溶液の PH の値は 7 で $[OH']$ ion の 1^n の sol^n の PH は 14 である。故に PH の値が 7 より大であると alkali 性に 7 より小なれば酸性である。7 なれば中性なり。H ion の測定をすれば測定溶液に水素電極をつける。此の水素電極を一方において標準電極に組合せて電池をつくる。

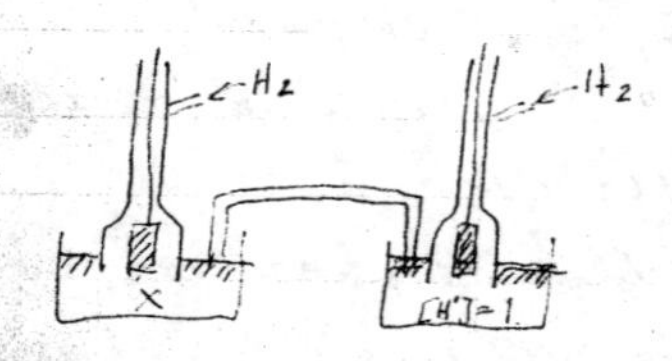

この電池の emf を測定するとき両種溶液の contact に於ける difusion pot^l を無視した電位に於ける濃淡電池の emf は

$$EMK = 0.058 \log \frac{C_1}{C_2} \quad \text{bei } 18°C$$

pot は得られる H ion 濃度の log に比例して変化する。 従って H ion の減少と共に pot は neg となる。 H ion の log. pt. となって中和点に於いて pot が急激に変化する。 醋酸の如き弱酸の時は II の如く変化する。 CH_3COOH の中和して出来た中性塩は強く加水分解するから弱い CH_3COOH の方向に押げられて中和後に於いて I と全く結果になる。 III は弱塩基の NH_4OH を HCl で滴定したもので其の時の pot は右から左へ変化する。 中和点の様には I と全く反対をする。 この様に所謂 pH の電位滴定は指示薬をつかふとき困難を伴ふときに好都合。 中性として甘汞電極がつかはれる。 電位滴定は沈殿反応に利用することも出来る。

$Ag \,/\, 0.1^N\ AgNO_3 \,/\, 0.1^N\ AgNO_3 \,/\, Ag$

この起電力は 0。 一方の液に KCl aq を加へて行くと AgCl の沈澱 (deposit) されまではこの emf は上って end pt に急激に変化する。 この pt をすぎると再び弱くなる。 この法を用いて Ag Br I などの電位滴定が出来る。 又沈殿分析に於て指示薬をつかへない時に電位滴定を用いて end pt をはっきりさせる。 又次の様にも使へる。

$Ag \,/\, AgNO_3 \,/\, AgCl \,/\, Ag$

I　　　II.

I の aq に食塩水を加へて滴定すれば其の end pt に於て $AgNO_3$ の全部 AgCl になった時に emf = 0 となる故、 mV-meter を用いて電池の terminal voltage を測って其の min. になった所を end pt. と定める。 其の他 起電力の pot を測定して容量分析を電位曲線によって求め得る。

Glass 膜と水溶液との界面に pot があらはれて この pot が 溶液の H ion 濃度の fn なることが Haber & Klemensiewicz によって研究された。 この glass 電極は次の様につくられる。

72

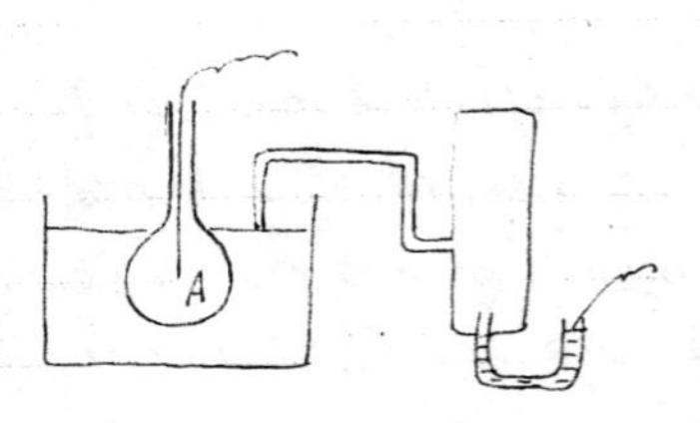

Aの glass 電極は軟質ガラスで … にあって 主く溶液のみ C〜D の中へ入れる。溶中の H ion 濃度の変化にて pot' を変ずる。

この装置を用いて水素電極や Chinhydron 電極と測定出来ない時の PH を測定する。

MacInnes & Doles の電極

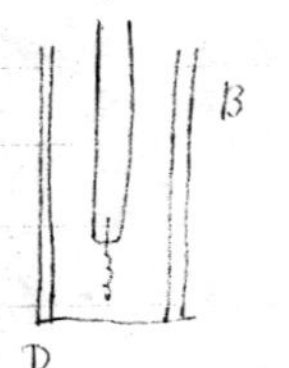

D の部分 2〜3 cc のガラス球のものとし 0.1 N の HCl aq を入れて 電極は Ag 又は AgCl を用いる。

72%	SiO_2	
6 〃	CaO	の組成の glass … electrode
22 〃	Na_2O	

この電極は抵抗 $10^{M\Omega}$ もあるので Val voltmeter などを用いなければ pot は測定出来ぬ。計器は次のもの

先づ既知の PH 溶液とこの硝子電極を用いて PH の pot の関係図をつくる。

2. Die Technische angewandten Galvanischen Elemente 応用

a) Primär elemente 一次電池

主要なる一次電池は

- o Daniell Element $Cu / CuSO_4 / ZnSO_4 / Zn$
- \- Grove 〃 $Pt / HNO_3 / H_2SO_4 / Zn$
- o Bunsen 〃 $C / HNO_3 / H_2SO_4 / Zn$
- \- Leclanché 〃 $MnO_2 \cdot C / NH_4Cl / Zn$
- Bleidioxyd 〃 $PbO_2 / H_2SO_4 / Zn$

Lalande element　　$CuO \cdot Cu / NaOH / Zn$

○ Chromsäure 〃　　$C / H_2Cr_2O_7 / Zn$

Fery 〃　　C Luft $/ NH_4Cl / Zn$

実用としては emf の大なることと Cap. の大なること必要。而して V_t が E に比較して余り低くならぬことも而して強い電流を流し得ること。1つの電池の V_t(K場) と E との間には次の関係あり。内部抵抗を W_i, 外部の W_a なる抵抗を入れて i なる電流を流すと

$$i = \frac{EMK}{W_i + W_a} = \frac{K}{W_a}$$

~~$\therefore K = EMK - iW_i$~~

$$\therefore K = EMK \frac{W_a}{W_a + W_i}$$

この式から見れば W_i が大なる程 EMK と K との差が大きくなる。故に工業用電池としてはなるべく W_i の小なるものが必要なるも EMK と K との差を大にするものは W_i のみでなく一般に Polarisation と名づける現象が EMK と W_i との差に影響を与へる。例へば1つの電池の K は電流を長く流すと急に下る。故に電池をつかふ時によりて Polar.の大小により直流用と断続用の2種の電池に分け得る。Poralization による[illegible] Daniell 電池では電流の流れる時は

$$Zn + CuSO_4 \rightarrow Cu + ZnSO_4$$

の反応により neg の Zn 極では Zn が ion になって溶け、pos の Cu 極では Cu ion が沈積する。故に electrode 近くの $ZnSO_4$ は濃くなり $CuSO_4$ は dil. になる。Nernst の式により Zn の pot は一層 pos に Cu の pot は一層 neg になる。この現象を分極となづける。

EMKは2種の単極電位の差であるから curt を流すと単極(K)には減じてくる。以上の如き分極作用は其の原因が電極附近に起る濃度の変化によって起るので濃度分極作用 Kozentrations polarisation という。其のほかの種の pol^n は中間に種々の化合物を生ずる為に起る時がある。此の Daniell 電池は定電圧のものである。Daniell 電池は強い curt を流しても変化が早く起る。一般には早く行はれるもののみならず Foerster の研究によると Fe Ni Co は ions になって電析するときに速さに制限がある。故に Daniell 電池の Zn の代りに之等の1つを使用すると少しの curt を流しても起電力が減少し K の下部の作用に大きな差を生じ強い分極作用が起る。この Pol^n の原因は Chemical reaction velocity に制限があるためであるから之を化学分極作用 Chemische Polarisation といふ。故に速さに制限ある変化を伴ふ電池は電池としては不適当である。

電池の EMK は大なる事を要するから、なるべく高い neg pot をもつ金属と pos. pot をもつ金属を組合せねばならぬ。普通には Zn が使用される。Daniel 電池の Zn 板と Cu 板を組合すれば約 1.1^V を与へる。この EMK を高くする為に $CuSO_4$ aq を conc にし $ZnSO_4$ aq を dil にする。或いは $ZnSO_4$ aq の代りに dil H_2SO_4 か $MgSO_4$ aq を用ふ。dil H_2SO_4 を溶液とするには Zn を Amalgamation としておくと Zn の H_2 を発生しながら早くとけることを防ぎ得。Daniel 電池は素焼の Cell を隔膜として用ひてその中に $CuSO_4$ aq を入れ、この Tonzell を $ZnSO_4$ aq の中につける。この隔膜を用いねば両液が分離しない。又は内部抵抗を大きくし電池を使はぬときに二種の電解液が difuse して完全に分離しない。其の為に Zn 板の上に Cu がつく。依って Meidinger は Daniell 電池の比重の差を利用して隔膜をつかはぬ構造を考へた。又今日使はれる電池の電極はZnをneg極とし pos極としては種々の酸化剤と炭素極を組合せる。今 $-Zn$ / dil H_2SO_4 / C^+ を用いると Znは neg となってZnを溶して C極には H_2 を出す。

$$Zn + H_2SO_4 \rightarrow ZnSO_4 + H_2$$

H_2はC極を包んで分子となって出てくる。此のH_2の発生には一定のenergie必要。即ち一定電圧必要。この抵抗の為に大なる分極が起る。これをさける為にC極を酸化剤で包んで生ずる H を水に変えて分極を防ぐ。この酸化剤を減極剤又は復極剤 Depolrisator という。一般に電極に起る電化学変化を接続的に早くして pol^{n}を起させない物体を Depolariser と名づける。

Tabelle 27.
Potentiale von Oxydationsmitteln gegenüber einer unangreifbaren Elektrode.

Oxydationsmittel		in Volt
CuO in n-NaOH		+0,1
Ni_2O_3 in 2,8 n-KOH		+0,48
HNO_3, 6 %ig		+0,92
HNO_3, 35 %ig		+1,09
HNO_3, 66 %ig		+1,12
n-CrO_3 in H_2SO_4		+1,20
HNO_3-95 %ig		+1,22
n-$HClO_3$		1,38
MnO_2 in 0,5 n-H_2SO_4	0,05 n-$MnSO_4$	1,46
PbO_2 in n-H_2SO_4		1,59

Grove は HNO_3 を強い depolariser として用いて次の電池をつくった。

Amalg Zn / 10% H_2SO_4 / konz HNO_3 / Pt

H_2SO_4とHNO_3は素焼の隔膜で分離し、この電池から電流の生ずる時、白金面で放電した水素はHNO_3で酸化され

$$H_2 + 2HNO_3 \longrightarrow 2NO_3 + 2H_2O$$

この場合における酸化は必ずしもこの式のみで行われるのでなく電池の働いてくるとアムモニアまで還元される。

又 Bunsen は Grove 電池の Pt の代りに Carbon を用いた。Bunsen-Grove 電池の EMK は HNO_3 の濃度に関係する。発煙硝酸ならば 1.96^Vで、45~65%ならば 1.8~1.9^Vである。隔膜を用いた19節抵抗は0.1~0.2^{Ω}位で電圧は余り下らずに相当強い電流を出せる。一方 HNO_3 の depolarisation は非常に強い。この電池の欠点は depolarisation の結果 NO_2↑を出すことである。

重クロム酸電池は liquid depolarizor としてクロム酸の溶液又 electrolyte としては10%の重クロム酸ソーダと10%のH_2SO_4を用いる。Anode は Zn、Cathode には carbon を用いる。隔膜は用いない。Zn 板は Carbon 板の間に挟まれてあるが重クロム酸の中に Zn を浸すから使用せぬ時は引上げておく。酸化剤としての作用は

$$Cr_2O_7'' + 14H^{\cdot} + 6\ominus \longrightarrow 2Cr''' + 7H_2O$$

Cromic salt を生ずるため溶液はクロム明礬となる。EMK は2^V位。

以上の液体の復極剤を用いる電池は polarization が少い為に強電流を長く流し得る。固体の depolarizor をもつ電池では depolarisation の速度が小さい為に polarization が強い。この例はルクランシェ電池である。

固体の depolarizor の中に最もよいものの一例として Lalande の作った Alkali aq の中に酸化銅 CuO を用いるものである。

Cu / CuO·NaOH / Zn

之は Kupron Elemente, Wedekind Elemente などとも云ふ。その起電反応は

$$Zn \rightarrow Zn^{\cdot\cdot} + 2\ominus$$

$$2H^{\cdot} + 2\ominus \rightarrow H_2$$

Cathode に於ける H_2 は CuO で酸化され

$$H_2 + CuO \rightarrow Cu + H_2O.$$

即ち depolarisor の CuO は電流の流れて金属の Cu に変る。

Anode では Zn ion が出て NaOH の OH ion と作用して次の balance がある

$$Zn^{\cdot\cdot} + 3OH' \rightleftarrows ZnO_2H' + H_2O$$

Saures Na-Zinkat $NaHZnO_2$

Elektrolyse中の $Zn^{\cdot\cdot}$ は上式の如く錯塩として非常に小となるので Zn の pot'l は alkali性 elektrolyte では非常に neg. となる。例へば

$$Zn \,/\, 0.0/\, n\text{-}Zinkatlösung\ in\ n\text{-}NaOH$$

の Zn の pot'l は bei 18°C $\varepsilon_a = -1.19^V$

Tabelle 270 に

$$CuO \,/\, n\text{-}NaOH \qquad \varepsilon_a = -0.1[illegible]^V$$

故に Lalande cell の EMK は $1.0 \sim 1.1^V$ である。

工業用電池として合格である。

端電圧は新しい時には $1.0 \sim 1.1^V$ なれど使ふ時には $0.85 \rightarrow 0.8 \rightarrow 0.7^V$ 位まで下る。この電池は強い電流を流し得。Wedekind cell では 50個の電池で 10^A の放電率で $1000^{アンペアHr}$ の容量のものがある。この電池の長所は depolarisor の CuO の大部分が還元されるの故[illegible]空気中の O_2 で CuO になる。~~[illegible]~~

次に同様の depolarisor で形電池として広く用いられるのは Leclanché

Element である。

Amalg Zn / 10–20% NH_4Cl / MnO_2-Kohle (carbon)

MnO_2 が depolarisor である。化学変化は

$$Zn \rightarrow Zn^{\cdot\cdot} + 2\ominus$$

$$2OH' + 2H^{\cdot} + 2\ominus \rightarrow H_2 + 2OH'$$

$$2MnO_2 + H_2 \rightarrow Mn_2O_3 + H_2O.$$

電気の発生するとき MnO_2 極に OH' が増加する。このことは2つの作用がある。MnO_2 の酸化還元電位は electrolyte の $H^{\cdot}$ 濃度に関係し $H^{\cdot}$ の増加すれば一層 pos. となる。今の場合は OH' の増すから neg. の方へ進む。又 alkality の増加すると

$$NH_4Cl \rightleftarrows NH_4^{\cdot} + Cl'$$

$$NH_4^{\cdot} + OH' \rightleftarrows NH_4OH \rightleftarrows NH_3 + H_2O$$

ammonia が生ずる。Cl' は $Zn^{\cdot\cdot}$ と共に $ZnCl_2$ をつくる。発生した amonia の一部は空気中に逃げる。大部分は

$$ZnCl_2 + 2NH_3 \rightarrow Zn(NH_3)_2Cl_2$$

なる錯塩となり、電池を長くつかう中に結晶となる。電池から電流を取り出すときの total reaction は次の如し。

$$Zn + 2NH_4Cl + 2MnO_2 \rightarrow Mn_2O_3 + Zn(NH_3)_2Cl_2 + H_2O$$

この電池は固体の depolarisor をもつ乾燥電池の典型で長く使うと甚しい polarisation が起る。この原因は MnO_2 が cathode にあるのであるこの極は弱酸中性液中にあるが alkali を生ずると pol^n が変化する。即ち cut を休むと OH' が出来るが之は電極から defuse するので次第に pol^n を下げる。之を放置すると OH' の拡散により再び回復する。従て長い時間をおいて断続的に使へば起電力は殆ど const である。

従て Bell の方面には多く使はれる。実用の型は硝子槽の中に側壁に沿うて Zn-plate の円筒を neg 極として入れ、其中に C 棒の周囲を graphite と MnO_2 の混合物を以て固めたる陽極とおく。depolariser の落ちるのを防ぐ為に多孔質の隔膜(ズック)に包む。Graphite を入れるは MnO_2 の電導度をよくする為で depolariser としての意味はない。内部抵抗は 0.05〜0.1Ω、EMK = 1.5V。

Leclanche 電池の一種類としてのものに Trockenelemente(乾電池)があってこれは NH_4Cl aq に吸湿性物質を加へて之を多孔質又は半粘性物質に浸して密閉したもので恰も電解質のない様にみえる。之を乾電池と云ふ。

Arndt の研究によると乾電池を用いて放電すれば懐中電灯の如きものは 125 g の電池に対して 3 W·Hr. 即ち 1 kg に対して 24 W·Hr/kg の容量になる。

以上の電池では cathode に発生する H_2 を除く為に用いる depolariser は液又は固体であった。Lalande の電池では CuO を depolariser として用いるが、その放電すれば Cu に還元するが、之を大気中で酸化性炎に加熱すると空気中の O_2 に因って CuO を再生する。即ち空気中の O_2 の間接の酸化剤になる。最近は cathode に酸化剤を用いずに多孔性の Carbon 板に於て空気中の O_2 を直接 depolariser として用いる考案がされた。其の一例は Fery 電池である。Leclanche 電池に於て air 中の O_2 を depolar として用いる様に考案されたもので容器の底に水平に Zn 板を入れ、その上に Ebonite の絶縁板を介して円筒状の多孔質の C 板を立てれば、その cell の動作の半分を占める。そして O_2 の通り易い様に液面から 8cm 位出て居る。Elektrolyten は 12% の NH_4Cl を用いて EMK はほぼ 1.2V。放電は 50 mA 以下の弱電流で V は 1V 以下

80

capacity は 2^{kg} に対し $90^{A \cdot Hr}$ である

米 Nyberg は alkali 性電解質で空気の depolariser として用いる電池を作った。amalg Zn を anode とし cathode は 20–40% の C を以て空気と兼用にする。elektrolyte は 10% NaOH aq である。EMK = 1.2V。

6) Akkumlatoren oder Sekundär Elemente <u>二次電池</u>

之は化学電池の一種で放電後に外から crt を通じもとの状態にもどって再び crt をとり得るものをいふ。完全に可逆的でなければならぬ。Daniel cell もこの種類へ入れてよいもので他の多くの化学電池もこの類へ入れるべきであるが実用上蓄電池といはれるものは可逆的なものだけでは不十分で次の条件を充さなければならぬ

1° 真に可逆的であって充電に必要な電圧が discharge の電圧より余り高くないこと。即ち neg 及 pos 極で polarisation の起らない。又混合合極の起りうるを避ける為に charge discharge に際して電解液に濃度差の起らぬことの必要。

2° 自己放電をしないこと。絶縁の不完全とは別に電極物質と電解質との化学作用或は局部的作用の為めに、或は陽極で2種の電解質を分けたものでは多く起る。電解液の対流を完全に防ぐことは難しい。この点から実用としてはなるべく一種の電解質を使へばよい。一種の電解質でも全く局部作用を除くことは不可能。

3° <u>蓄電 Kapazität の大なること</u>。単位重量又は単位容積に対して出来るだけ多くの電気をもつ方がよい。それには電気化学当量の小さい原子価の大きいものがよい。変化の活動部分の大きい方がよい。

4° <u>起電力の出来るだけ大なることと内部抵抗の小さいこと</u>。電解質として良導性の salt 或は 酸の aq をつかふ。その外 実用として

軽く、取扱い易い、costの安いことなどである。

分類してみると

- 鉛蓄電池
  - Planté式
    - Tudor型
    - Chloride型 (Manchester型) （据置用）
  - Faure式 (Pasted type)
    - Exide型
    - Self-grid型
    - Box型
    - Iron clad型 （移動用）
- アルカリ蓄電池
  - Edison電池
  - Nife電池

Bleisammler (Lead accumulator)

鉛，マンガンの過酸化物の如き金属なるがelectro negの性質をもっている。1854年にSinstedenが2枚のPb plateの両極としてH_2SO_4を電解した所が＋極となったPbはPbO_2におおわれ，−極となったPbは海綿状のPbになった。第一次のcellを切った後に於て，このcellの方向と逆の合極電流の流れることを認めた。1859年にG. Plantéが之について系統的に研究して2枚のPb板の間に布の隔膜を入れて之をラセン状に巻いて10% H_2SO_4中に電池をつくった。かくの如くBatteryに於て電気を流しPbO_2を＋極に，Pbを−極に作らせるProcessを化成 Formierung Formationと名づける。Plantéは極面積を大くする為に化成電流の方向を一定時間づつ交互に反対に送って両極にPbO_2，Pb等を交代につくらせてPbO_2とPbのacktive massの層を深くするように考案した。この方法は化成を経てから一定方向の充電電流で完成する。その後之は改良されたが化成に時間を要すことと多量のcellを要すこと，重量の割にCapacityが小さいことが欠点である。

82

Pb 電池の反応をまとめると

$$\ominus\ \boxed{Pb} \qquad \oplus\ \boxed{PbO_2} + 2H_2O \rightleftarrows Pb(SO_4)_2 + 2H_2O$$

$$\boxed{Pb} \uparrow\downarrow\ \rightleftarrows 2\ominus + Pb^{\cdot\cdot} + \longrightarrow SO_4'' + SO_4'' + Pb^{\cdot\cdot\cdot\cdot}$$

$$Pb^{\cdot\cdot} \uparrow\downarrow PbSO_4 \qquad\qquad Pb^{\cdot\cdot\cdot\cdot} \uparrow\downarrow + Pb^{\cdot\cdot} + 2\oplus \rightleftarrows \quad \uparrow\downarrow PbSO_4$$

⟶ 放電
⟵ 充電.

陰極にPb 02" ion として融けて neg charge を極に与へる。而して $PbSO_4$は僅少の解離しか出来ない故 Pb''とSO_4''が結合して電極の上に$PbSO_4$として沈澱する。

＋極には $Pb^{\cdot\cdot\cdot\cdot}$ を作り、之を pos charge を極に与へて $Pb^{\cdot\cdot}$ に変り、之が$PbSO_4$となる。

放電した Battery は両極とも $PbSO_4$ になる。之に充電すれば反対の方向に変化する。一般反応式としては

$$PbO_2 + Pb + 2H_2SO_4 \rightleftarrows 2PbSO_4 + 2H_2O$$

この説明は Gladstone & Tribe の Doppelsulphate Theorie (1882) と名付けられる。

この外に Fery は

$$Pb_2O_5 + 2Pb + H_2SO_4 \rightleftarrows Pb_2SO_4 + 2PbO_2 + H_2O + 2\oplus + 2\ominus$$

なる説を出した。

その後の研究により Fery の説は否定され Gladstone の説が用ひられる様になった。Battery と両者併せると Gladstone の反応の外に別の反応が起こる。

○ 電圧と酸の濃度との関係。

Cathode の potel は

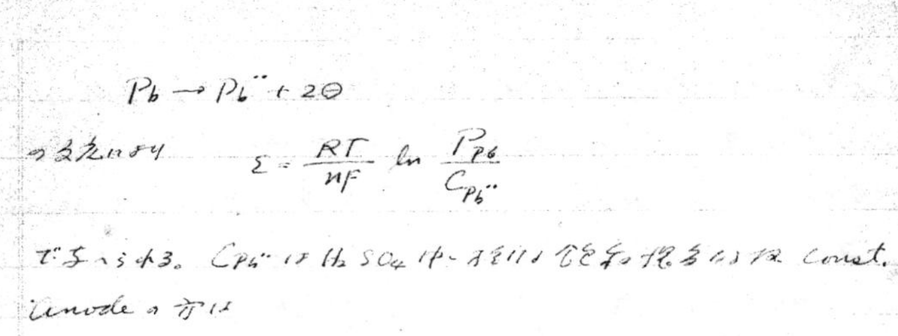

$$Pb \rightarrow Pb^{''} + 2\ominus$$

の変化により
$$\Sigma = \frac{RT}{nF} \ln \frac{P_{Pb}}{C_{Pb^{''}}}$$

で与へられる。$C_{Pb''}$ は H_2SO_4 中に於ける飽和の濃度なる故 const.

anode の方は

$$PbO_2 + 2H_2O \rightleftarrows Pb(OH)_4 \quad \cdots\cdots\cdots\cdots (1)$$

$$Pb(OH)_4 + 2H_2SO_4 \rightleftarrows Pb(SO_4)_2 + 4H_2O \quad \cdots\cdots (2)$$

の変化によって　$Pb^{''''} \rightleftarrows Pb^{''} + 2\oplus$　となって電離する。

$$\Sigma = \frac{RT}{nF} \ln \frac{C_{Pb^{''''}}}{C_{Pb^{''}}}$$

で与へられる。

此に於て $Pb(OH)_4$ の濃度は PbO_2 が固体として存在するときは const である。

従て(2)の式に於ては

$$\frac{C^2_{H_2SO_4}}{C_{Pb(SO_4)_2}} = \text{const.}$$

$$\frac{C^4_{H^{\cdot}}}{C_{Pb^{''''}}} = \text{const.}$$

$$\therefore \quad \Sigma = \frac{RT}{nF} \ln \frac{k C^4_{H^{\cdot}}}{C_{Pb^{''}}}$$

即ち鉛蓄電池の起電力は主として陽極の pot^l で定まる。

而も上の式から $Pb^{''''}$ 濃度は電解液の酸濃度が大なる程増加する。

又 H_2SO_4 中の $Pb^{''}$ 濃度は

$$C_{Pb^{''}} \times C_{SO_4^{''}} = \text{const}$$

なる溶解度積から $C_{SO_4''}$ の大となる程 $C_{Pb''}$ は小となり 従て H_2SO_4 の濃く

なると $\frac{C_{Pb^{''''}}}{C_{Pb^{''}}}$ は大となる。又 $\frac{k C^4_{H^{\cdot}}}{C_{Pb^{''}}}$ も大きくなる。即ち電解液の

両極濃度の大なると PbO_2 の pot'l は pos. の方に進む。実際 Battery を充電するとEMKは急に上昇して、放電の初めを除いて電圧の降下するのはこの理由による。charge の時は H_2SO_4 の遊離されるにより、又 discharge の時は H_2SO_4 の $PbSO_4$ を作る層に使用されるし、又 H_2O の出来る為に dil にされるので H^+ 濃度の減って電圧の降下を来す。而して陰極の方は H^+ 濃度に全く無関係に鉛電池の起電力は陽極の H^+ ion 濃度による pot'l の変化の影響を受ける。従って discharge の時、酸の濃度の const に両極の aktive mass の消耗が起こる迄 cut を除いては電圧は一定なるも aktive mass の消耗が一定の所に来ると急に pot'l の降下をきたす。実際には 比重 1.15—1.2 ~~1.2—1.25~~ の H_2SO_4 を用いる。濃度は 2.4—3.3 mol/L. で常温での EMK = 2ᵛ. temp. coeff は 10°C の上昇につき約 0.003ᵛ 増加す。

Tabelle 28.
Abhängigkeit der EMK des Bleiakkumulators von der Konzentration der Schwefelsäure.

Mol H_2SO_4 p. L.	EMK bei 20° in Volt	EMK bei 30° in Volt	$\frac{dEMK}{dT}$ Volt/Grad
0,20	1,8215	1,8204	— 0,00011
1,00	1,8970	1,8994	+ 0,00014
1,55	1,9325	1,9349	+ 0,00024
2,13	1,9722	1,9751	+ 0,00029
2,54	1,9818	1,9844	+ 0,00026
3,29	2,0360	2,0385	+ 0,00025
4,02	2,0764	2,0790	+ 0,00026
5,03	2,1337	2,1358	+ 0,00021

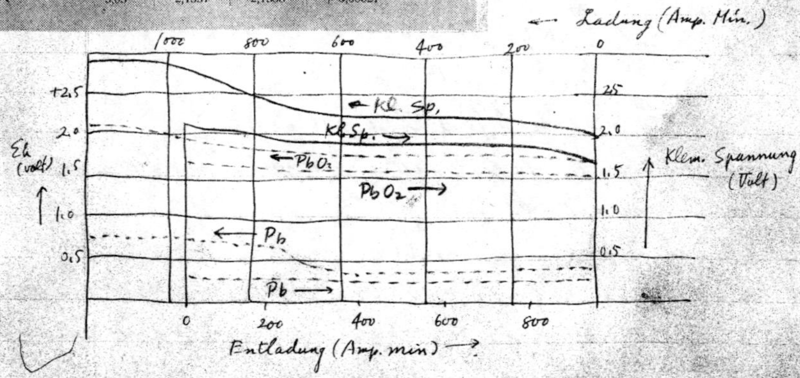

図は鉛蓄電池の充放電の時の電圧変化を測定したものである。Hg_2SO_4 の標準電極に対し PbO_2 と Pb の single pot^l の変化を別々に測定した結果である。実際の充放電に於ける端電圧と対応の関係、実線は PbO_2 及び Pb 極の電圧対する曲線である。この場合充放電は一定電流で行ったものである。横軸は電気量をあらはすとみられる。Pb 極に於ては殆ど可逆的に進行する PbO_2 極では約 0.3^V の差がある。これ電極に於ての濃度分極作用による不可逆的な為に基くもので energy の loss になる。又端電圧は放電の時充電の時より $0.2 \sim 0.3^V$ 低い。濃度分極の原因は次の如し。電極は多孔性構造をもつから電流の発生するのはその active mass の表面のみでなく、気孔の内部に於ても発生する。充電の時には気孔の内部でも H_2SO_4 が生ずるが、その拡散速度は生成速度よりも小さいので、その結果気孔内の active mass は他の部分の electrolyte より高い部分の H_2SO_4 と接することになり従て端電圧が高くなる。放電の時には硫酸を消費して水を生ずるから active mass の内部の酸が薄くなり従て端電圧が低くなる。かくの如く elektrolyte の濃度の差の為に分極を起すのである。又放電の終りと充電の始めに於て端電圧の大きい差のあるのは濃度の変化による不可逆反応であるが、又一方電極表面に不良導体なる硫酸鉛の為に内部抵抗が大になることも原因になる。高いの不可逆反応の原因は電池で gas の生ずるまで充電することの原因である。これ充電に於ける極板の鉛及 PbO_2 を完全再生さす為に合い位の cut を通すのであるが充電の終りに近づくと $PbSO_4$ の量少くなり、cut を運ぶに十分でなくなり、酸を分解して gas となす。この為に蓄電池に於て放電の時出す cut より多くの cut を充電せねばならぬ。尚又 Pb 面に於ける H_2 の過電圧が大である為に放電の時より高い電圧を必要とす。O_2 の過電圧は小さい。　かくして Pb 蓄電池では充電の終りには約 $2.5 \sim 2.7^V$ に達し

86

両極から gas を発生す。

Die Kapazität　容量

Pb 蓄電池の容量は十分に充電した後放電をはじめ蓄電池の life に悪い effect を及ぼさない程度に十分放電した時得られる電気量をいう。Battery の cap. という。限度は電圧の最初の 10% まで下った所を用いる。Battery の cap. は放電をさせるときの cur の強さに関係し cur の小なる程 cap は増加す。Battery の放電率又は充電率なるものは或 cur の強さで完放電するとき その全容量を 10 hr. かかるとすれば その cur を十時間充電率（放電率）の cur と名付ける。

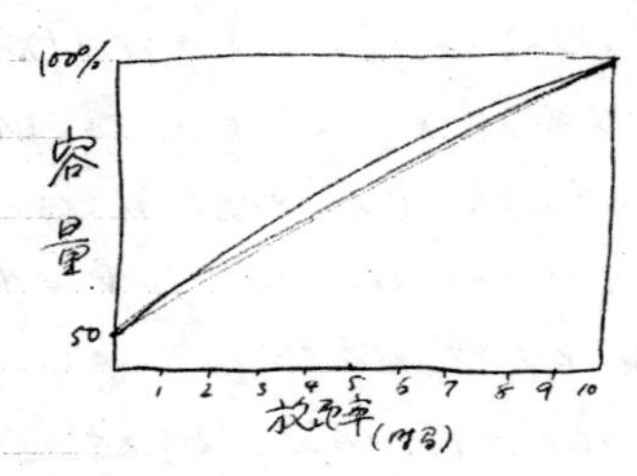

10時間放電の全容量を 100% として放電率と容量との関係を示したものである。

又 cur と cap. との関係を示す実験式の例をあげてみるならば

Schröder :—

$$K = \frac{m}{I^{1.5}}$$

K : capacity
m : const.

Peukert :—

$$K = \frac{m}{I^{\beta}}$$

今 T を放電の継続の時間を表わすとせば

$$I^{\beta+1} \cdot T = m.$$

即ち $I \cdot T = K$ の関係を用いる。$\beta + 1 = n$ とせば

$$I^n T = m$$

この式は cut の小なる時には K が →∞ になって弱電流で放電する時は正しくないが、大体の値を出す時は一般につかはれる。β の意味は I と K との関係で β の小さい時には I は活性の容量の影響の少いことを示す。電解液の拡散のよいことを示す。

Liebenow:—

$$K = \frac{m}{I + \frac{\alpha}{T^n}}$$

α, m, n: const. $n \fallingdotseq 0.5$

$$\therefore K = \frac{m}{I + \frac{\alpha}{\sqrt{T}}}$$

放電電流で cap. の変るのは acktive mass の利用率の大小による。之は Elektrolyte の拡散の良否が原因である。

Nutzeffekt (Efficiency)

電量効率 (A.Hr.) と Energy 効率 (W.Hr.) とあり。之を決定するには起電力の範囲を定めてその範囲で測定して比較せねばならぬ。充電の時は gas 発生が盛になって EMK の急に上昇と下する所で充電する。放電は EMK が 10% 下るまでとして之を capacity の範囲とする。電量効率はこの範囲で充電の時と放電の時と Battery を通じた電気量の比で表はされる。充電又は放電の時の各 inst. の cut を夫々 I_L, I_E とし其の時の電位を夫々 Σ_L, Σ_E で表はすと電量効率は $= \frac{\int_0^T I_E\,dt}{\int_0^T I_L\,dt}$ となり const cut で充放電するならば電量効率は

$$\rightarrow \frac{I_E t_E}{I_L t_L}$$

88

実際は充電の時の copper coulometer の Cu の量と放電の時の Cu の量の比で表はされる

$$電量効率 = \frac{E_{Cu\text{-}gewicht}}{L_{Cu\text{-}gewicht}} \times 100$$

この値は大略 95% 位である。

~~Energy efficiency は放充電の Wh比である。~~

$$エネルギー効率 = \frac{\int_0^T \varepsilon_E I_E dt}{\int_0^T \varepsilon_L I_L dt}$$

この値は普通 85% 以下である。

かくの如く Eff は 100% に達しないのは電量の減ずる主要因は充電の時に起る gas 発生の loss と電池内部の自己放電である。電圧の loss は極板の作用により Energy eff. に影響す。内部抵抗による損失は僅少である。又効率は放充電速度に影響し、低速度を急に放電すれば減ずる。自己放電は active mass を害するものである。その原因は neg. 板では細粉状の Pb が H_2SO_4 を受けて徐々に溶けて $PbSO_4$ となる。又 PbO_2 は極板の Pb と互に反応して徐々に $PbSO_4$ となる。液中の Pb^{++++} が極から一極に拡散して中和して還元される。自己放電を除くには極材料の純粋のものを選ばねばならぬ。殊に Pb より noble な metal のある時は Pb を溶解させるから注意を要する。又 H_2SO_4 の中に HCl や HNO_3 のある時は極の腐蝕を早める。Fe, Mn の如き不純物の多く含まれる時は Eff. を害す。

Sulfatierung

放電の時生ずる $PbSO_4$ は板の見るはもちろん電池の内部にも害に放電を繰返すれば細粉状の結晶となり active mass を害する。放電後長く放置すると $PbSO_4$ の小孔の周囲に大きい結晶より極板を包囲されて充電しても通ることのない状態となる。かくして active mass を失う為に極板の life を短からしむる。この現象を Sulfatierung といい、これをさけるには電池をつねに満充電しておくことであり、電池を2週間に一回充電する。

Die Herstellung der Platten und der Aufbau der Bleisammler

昔は Pb 板を2枚とし H_2SO_4 中に電解してその方向を交互にかえて両板の Pb を海綿状 Pb と PbO_2 に変化させて cap. を大きくする Planté 法について述べた。この方法については何分も時間と費用の要る欠点あるので、それから Faure, Volckman によって Gepastete Masse Platte 式 (pasted type 之塗式) に改良された。

その作り方は PbO、又は四三酸化 Pb_3O_4、or Pb 粉と 1.1～1.2 H_2SO_4 と paste にしてこれを格子状 Pb の極板に塗布する。この Paste は H_2SO_4 と結合して $PbSO_4$ の生成、結晶的に固まる。Glycerin の如きを加えると一層固化する。この極板を乾燥して Planté 式の如く formation を行うと、塗布された PbO は海綿状 Pb と PbO_2 に全部変化される。この Formation は甚だ容易である。この方法の欠点は Paste の volume 変化により active mass を少なくして塗られているのが落ちる事で、脱落が多い。而して +板は甚だしい為、+板のみは Planté 式のものを多く用いられた。この後 4%～10% のアンチモンを加えた Pb の合金で格子に鋳った極板が用いられ、その格子の形によって、又その枠や Paste の落ちる欠点が少くなった。その後 Kasten Platten (box type) の出来たことは丈夫な格子状枠の中に aktive mass を入れて、両側から fine な網の如き薄板で Pb を包んだもので多く neg. plate に用いられる。

一般に軽い物を得るためには Paste が適し、重い物は固定用 Battery に

高さを改良して Exide-Iron clad 型の蓄電池がある。この式の Anode は Pb の細い棒を軸にして之を Ebonite の細い pipe 内に入れ、その間に pipe と棒との間に active mass を充填してある。この Ebonite の pipe には細い切目があって elektrolyte の通り易くなっている。Ebonite の棒が多数上に並べられてその中心にある Pb 軸の上下を水平の hard lead の棒に附けて一種の十極板をつくる。これは軽くて堅牢なので自動車用に使われる。

一般に Planté 式十極は Pasted type より丈夫である。Tudor は十極板の表面積を大くする目的で Abb 23 のような断面をもつ Plate をつくった。凹みに Paste をぬり、硬化して後に formation をやった。その後 Abb. 24 のような Plate を用い、之に Paste を充めず、この会社では rapid formation を行う。之は formation を早くする為め 加える H_2SO_4 中に Pb の soluble salt をつくる HCl, HNO_3 などの alkali salt を加えて化成を行ない その結果 Pasted type に属する PbO の表面

Abb. 23. Großoberflächenplatte der Gebr. Tudor im Schnitt.

Abb. 24. Großoberflächenplatte der Akkumulatoren-fabrik-Aktiengesellschaft.

Planté に比較して劣っている 5〜6回で止まない。formation をした後は formation に用いた salt をよく洗い一様にして乾かし、又 PbO_2 に

又 Chloride では Manchester 型という十極板がある。之は hard lead でつくられた穴のあいた板の穴の内部に pure lead の ribbon を渦巻にまいて水圧ではめ込んだものである。ribbon は左右の如き形であるから

~~~~~ 從って電解液の自由にその中を通り得る。又 加熱すると ribbon 表面に PbO_2 が出来る。

これも相当丈夫である。当 Paste は 一種の完全は 極 Pb の 酸化
~~~~~

すればよいことである。又は小さいPb陽極の大きい陰極にするのと同じ事である。容量が
へってくる。その為neg極は＋極より大きいcap.のものを作って用いる。
又陰極の場合に塊になるので之を防ぐ為に電解液に少しの$BaSO_4$を加へ
て之を防ぐ。陽極の場合は更に active mass の膨脹を生じて
極より剥げる。box typeではこれを防ぐことが出来る。neg極に
はbox typeのものは使わない。又膨脹により2枚のplateがshortを生ずる
のを防ぐ為に木の隔離板を用いる。木のseparator（separator）は [illegible]
松か檜を苛性alkali溶液をとて（樹）腐敗（organic acid）をとっておく。Separator
はガラス棒、ガラスセンイ、Ebonite板も使はれる。木質のseparateはstarch
やcolloid物質があって極より剥離Pbを吸着させて陰極の場合を防ぐ

蓄電池を組立てれば一極を＋極より一枚多くして両端を一極に
この相互間にseparateを入れる。又器槽の底は
とれたaktive massと極が shortしない程に
少しはなしておく。原料のPbはpureでなければ
ならない。電解液に使用する水は [illegible] Cu Fe
Ag, Zn は極く微量でもいけない。又As, Cl,
NO_3のradical は [illegible] を含んではならない。H_2SO_4はpure
で比重1.15〜1.2のものを用いる。自動車用Batteryは容量を
[illegible] 比重を1.26位のものを使うが [illegible]
Batteryのlifeは短くなる。自己放電を少くする為Paste式の
もの [illegible] とPbO_2の間に自己放電が大きくなるから [illegible]
[illegible]。H_2SO_4はpureでない [illegible] 金属の存在は [illegible]
とするから避けねばならぬ。又Feの含まれていると Fe''→Fe''' となって
capa. の lossがあるから Feは 0.008% 以下でなければならぬ。

NH_4OHは少量はよいがCl、N_2はよくない。 市品のH_2SO_4にはAsがあるから蓄電池硫酸の方がよい。 Batteryの充電の時水の分解が起ると酸が蒸発して極の液が減少する。 従って時々蒸溜水を加え極板はいつも全部酸につかつてゐねばならぬ。 充電はそのBatteryに規定されたmax currentで充電すべきで5〜10時間充電率で行ふ。 完全に充電するには既に充電の済つたから少量のcurrentで再充電す。 急速するとPbO_2が不均一となり極板がBucklingを起す。 ~~充電すると~~

放電は電池の充電すきや否やは後の問題ではない。しては十分にはかって。又長らく放置して使はない電池、又は放電したまま放置した電池は$PbSO_4$でつまつてゐるから、之は充放電をくりかへして回復させる。

Batteryは取扱さへ十分すれば8〜10年のlifeあり。 鉛蓄電池の出力と重量の関係は

据置用	10—15	W.St/Kg
移動用	20—25	〃

Edison akkumulator.

此の様に充電した後に使用し得るBatteryを二次の蓄電池といふ。 この種は色々考案されたが実用の電池としてはEdison蓄電池とNifeの電池のみでEdison蓄電池は充電された時のactive massは一極では水酸化第二Niで一極はFeのpowderからなる。 電解液としては(Edison) KOHの20% aqを用ふ。 放電電流は一極に於てFeが$Fe^{''}$として液の中へ入り(OH)' ionとフェラスhydroxideとなって電極につく。 → 一階に

$$Fe \rightleftarrows Fe^{''} + 2\ominus \quad (1)$$

$$Fe^{''} + 2OH' \rightleftarrows Fe(OH)_2 \quad (2)$$

$$Fe + 2OH' \rightleftarrows Fe(OH)_2 + 2\ominus \quad \text{I}$$

⊕極では $2Ni(OH)_3 \rightleftarrows 2Ni^{\cdots} + 6H'$ (3)

$Ni^{\cdots} \rightleftarrows 2Ni^{\cdot\cdot} + 2⊕$ (4)

$2Ni^{\cdot\cdot} + 4OH' \rightleftarrows 2Ni(OH)_2$ (5)

$2Ni(OH)_3 \rightleftarrows 2Ni(OH)_2 + 2OH' + 2⊕$ II.

IとIIの両式をあはせると起電反応の式がわかる.

$Fe + 2Ni(OH)_3 \rightleftarrows Fe(OH)_2 + 2Ni(OH)_2 + 2⊕ + 2⊖$ III

→が放電, ←が充電を示す.

この電池を工業的に作る時には次の点に注意を要す。即ちactive massの変化してできた$Fe(OH)_2$と$Ni(OH)_2$はconductorでないから電導度をよくする為、⊖極ではFe粉末と共に酸化水銀を加へる。酸化水銀は化成を行ふときにHgになる。⊖極のactive massはFe板につくった多孔質の短冊形の円筒に入れてこの円筒にはNi鍍金がされ、之を扁平な形に圧縮する。かくの如き円筒を多数につくり、更に一枚のNiメッキをしたFe板の枠にはめこむ。Abb 26が上述の⊖極である。⊕極は緑色の水酸化第二Niと金属Niのpowderを加へて多孔のsteel plateの円筒に入れ、之はNiメッキされてゐて外から輪をはめて固めてある。この円筒をsteel plateの枠に沢山はめる。之がAbb 27である。

古い形の⊕極は⊖極と全じであったから⊕極と⊖極を全じcap.にする為には⊖極の2倍もの⊕極を用ひねばならなかったが今の如き⊕極を用ひると⊕極＝⊖極でよい。

Abb. 26.
Negative Elektrode des Edison-Akkumulators.

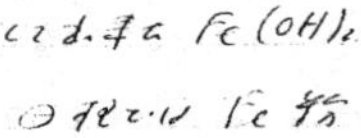

Abb. 27.
Positive Elektrode des Edison-Akkumulators.

極板は別に ‖ 'el につないで、互に 数mm 離して固定する。それをNiメッキした steel plate の箱の中に収める。電解質の量は少い。電槽のフタを熔接してフタには極の terminal の外、gas の逃口と補充の水を入れる口がついてある。

Edison蓄電池は鉛蓄電池に比してEffが悪い。電圧特性は下の図の如くである。

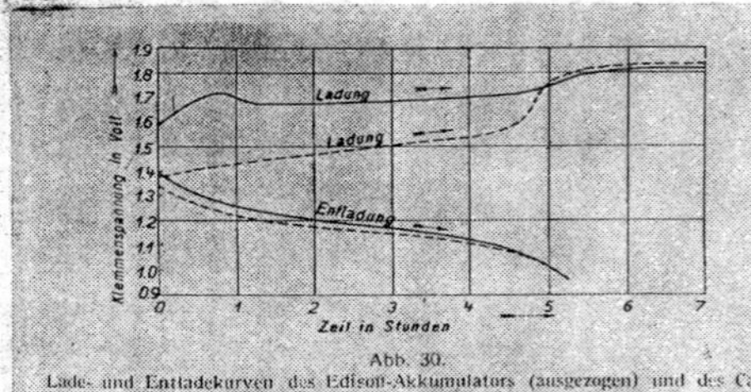

Abb. 30.
Lade- und Entladekurven des Edison-Akkumulators (ausgezogen) und des Cadmium-Akkumulators (gestrichelt).

放電の時1.4Vの V_t から始り放電電圧の平均値は約1.2～1.3V。V_t が1Vになった時に放電を止め、1V以下ではその放電curveは[illegible]のは active mass の [illegible] 分解する。之に反し充電電圧は1.6V～1.8Vにわたる。1.6V→1.7Vになり、次に下って充電中は約1.7Vの附近を保ち充電の終りには約1.8Vに上る。充放電両程の電圧の差は鉄電極の方に原因があるのであって、充電の時に放電の時より高電圧を要するのは $Fe(OH)_2$ の電解還元が困難だから。即ちFe電極では charge の始めから H_2↑の発生して電気の loss を生じる。Ni電極では充電の時に高い電圧を要し之は[illegible]作用により第一に生成される oxide は NiO_2 であってそれが次第に O_2↑を出して Ni_2O_3 になる。充電に際し gas を発生して電池の loss が生じる。

Edison蓄電池では電量効率は約70%、Energy効率は約50%で鉛蓄電池より劣る。しかし、この長所としては動揺に対して丈夫。放電の時に強電流を出してもこわれない。又放電のまゝ長く放置しても害はない。尚自己放電については充電の直後において還元されたFeの H_2↑と[illegible]して溶解するだけで一旦[illegible]比較的[illegible]自己放電は起らぬ。上の動揺に

而かしこれも強電流を出すために運搬用 power source として用いられる.

この出し得る最大の power は 30 Wh/kg である.

Nife zelle. (Jungner Zelle)

Principle は Edison 蓄電池と全く同じ Edison 蓄電池に於ては Fe 極の極は充電の時に陰極のため H_2 を出して E.M.F. を下げる この欠点は Fe の中に Cd 金属を入れる. Cd に対する H_2 の過電圧が大なる為に H_2 の発生を制限され Cd の力を用いて Edison 電池の Fe 極の代りに Fe と Cd の混合物からなる電極を用いてある. (+)極の方は前と全く同じで $Ni(OH)_3$ で電解液としては KOH 21% aq である.

$$2Ni(OH)_3 + Cd \rightleftarrows 2Ni(OH)_2 + Cd(OH)_2$$

$$2Ni(OH)_3 + Fe \rightleftarrows 2Ni(OH)_2 + Fe(OH)_2$$

上の方程式が主で, 下は副の方程式である.

Edison 電池の Fe 極は charge の間に比較的容易に自己放電をするが Cd を用いた Nife 電池は自己放電を少くできる. 3ヶ月ぐらいで 15% の容量の減少にてそれ以後は減少しない. この電池の特徴は Edison 電池と全く同様に強電流で充電出来, 長く充電しても強電流で short させても何ら害を与えない. また Nife 電池の容量は放電電流に関係せず. Edison 電池と同様に(+)極板の方が一枚多い. gas を出さないから鉱山の方でつかはれる.

Kaptel III. Die Elektrolytischen Prozesse.

電池のもつ起電力と丁度等しいEMFを電池の外から加へた時は、それが安定な電池であればこの電池は可逆的に作用す。即ち外から加へる電圧をわづか下げると電池内で反応を起す。外から加へる電圧を少し高めると完全に可逆的にもとにかへる。かくの如き状態で電池が働かされるとき、この電池のEMFは最も一定に保たれ、この状態においては電池反応の自由energyの減少に相当す。即ち電池の最大仕事である。この様な変化をするのは実際的の変化ではない。即ち電池をshortさせて電池内の化学反応を自発に起すか、或いは外から高い電圧を加へて充電するとき、又電解反応を行ふとき、この電池には不可逆的反応が起って、電池を放電する場合であると、そのEMFは可逆なときに比し下り、充電又は電解の時には外から加へる電圧を高くせねばならぬ。電解反応を行ふ時に起る反応について説明する。

1. 電解、分極、過電圧 (Allgemeine)

$$Pt \mid H_2(1\,atm) \mid HCl\ (m) \mid Cl_2(1\,atm) \mid Pt$$

なる電池のEMFをEとす。この電池の反応は

$$\frac{1}{2}H_2 + \frac{1}{2}Cl_2 = HCl\ (m)$$

である。EMFは起電力測定にて述べた如く外から電圧を加へてbalanceさせてEを求め得る。この時外から加へる電圧を少し高くすると、丁度逆反応が起り

$$HCl \longrightarrow \frac{1}{2}Cl_2 + \frac{1}{2}H_2$$

電解が行はれる。これ故に2枚のPt板を用いて電解を行ふにはEなる電圧より少し大きいEなる電圧を必要とす。かくの如く電解の側からみるときはEは逆起電力(Counter EMF, Elektromotorische Gegenkraft)であって、即ちElektrolyteの分解電圧に等しい。この逆起電力は電解

行ふ事なく常に生ずるもので又電解を行ふに必要な最小の電圧である。
今強さcなる current に電解を行ふとせば

$$c - E = cR. \quad (R：電解槽の抵抗)$$

cがEより少しだけ大であるとせば current density の小さい時にはEは殆ど電池の可逆的起電力に等しい。所がcがEよりかなり大であるとせば其の結果 current density の大きくなって盛に電解が起るから電池に物理的化学的変化を起させEの値を電池の可逆的起電力の値より大きくする。かくの如き状態になったとき電池又は電池の電極は分極されたといふ。一般に分極といふのは電解又は他の手段により電極が其の可逆的の値即ち平衡電圧の値から偏よった時のことをいふ。かくの如く分極された電極の pot^l と其の可逆的電圧との差を其の電極の過電圧といふ。この過電圧は全く隣合の Elektrolyte の中に置いた両極に分けて考へる。さきの Cl_2, H_2 の電池に於て H 極の過電圧は次の電池の過電圧に等しい。

$$Pt \mid H_2\,(\text{depositing}) \mid HCl\,(m) \mid H_2\,(\text{reversible}) \mid Pt.$$

又例へば 1^n の $CuSO_4$ aq の中に Pt を cathode として Cu を電析する時を考へるとこの時に必要な電圧は Cu の電極を全く溶液につけた時の電位差 $\varepsilon_{Cu} = 0.307^V$ に等しい。それ故 1^n の $CuSO_4$ aq の中に電極を入れ Cu の電析を行ふには外から neg. charge を送りその電極に与へてその電圧を 0.307^V にせねばならぬ。即ち Cu 極がもつ可逆電圧を与へねばならぬ。從て Nernst のいふ Elektrode pot^l を電解の場合にも理論上必要とする。次に□極についても全く同様のことが云ひ得る。即ち前の HCl aq の例にとる如く容器に Pt 極を入れて電解をする時には Pt 極に於て Cl_2↑を発生させるにはこの極に + charge を与へて少くとも Cl_2 電極の其の HCl aq に於てもつ可逆 pot^l を加へねば

18

ならぬか 実際には夫以上の pot' が必要である。即ちこの場合には両方の極の夫々分極せられる為各々の極に過電圧のあって電解を行ふ為には平衡電圧より余計の電圧を必要とする。従って両極にかける電圧は分解電圧より大なる電圧が必要である。以上の如く電解を生ずるには色々の現象が伴ふから Cathode Anode の各反応を分けて考へると

Cathode の反応。

2. Die Stromdichte potential Kurven Kathodischen Vorgänge

a) Der Potentialverlauf der Elektrolytischer Metallabscheidung

2本の Pb 板を電極として $PbNO_3$ の酸性液を電解すると ⊕極で Pb が溶解して ⊖極に Pb が析出する。従って Pb'' 濃度は ⊕極附近に増加して

$$Pb \rightarrow Pb'' + 2\ominus$$

Cathode 附近には減少する。従って Nernst の式から考へると電解の結果溶液中の Pb'' ion の濃度が変化しないものの場合に比し Anode pot' は一層 pos. となり Cathode pot' は一層 neg. となる。この溶液中の Pb ion の濃度に相当する平衡電圧と cell を通じた為に電極に起った電圧との diff^ce は濃度分極であってその大さは電極の周囲の液とその他の溶液の部分との濃度差の大なる程大きくなる。しかし濃度の diff は[illegible]拡散と ion の電解移動とにより等しくならんとするが夫でも電極の周囲とその他の液の部分との差は電流密度の大くなるにつれて大きくなる。

$$Pb + 2\ominus \rightleftharpoons Pb''$$

$$Pb(NO_3)_2 \rightleftharpoons Pb'' + 2NO_3'$$

は共に非常に早い速度で進み之によって溶液中で change の移動がかくして起って電解平衡で、出来ると仮定する。

以上の如くして生ずる分極は濃度差によって定まるので Nernst 式より計算

すると２価のPb ionの場合に於て右の濃度変化をしても pot'の方では 0.029^V の変化があるだけである。従って第一濃度分極は低いので cat density の大になっても電極の電位は左程変化はない。今之を縦軸に cat density、横軸に pot' をとって curve を画くと I のやうになる。Iaは⊕極に於ける溶解、Ibは⊖極電析の場合である。

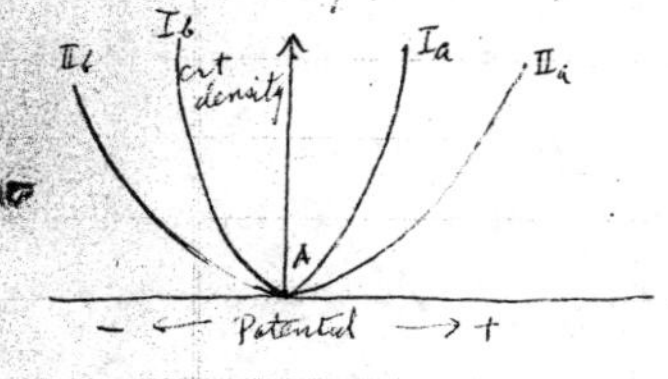

A点はPbをその溶液につけた時に生ずる平衡電位を示す。この curve の形は図以下電解液の濃度・温度・攪拌速度で変る。濃度、温度、高い位と攪拌の多ければ勾配は大きい。又 dil sol. の電解で cat density を高く上げていくと或 density 以上では溶液から補給される速度以上の ion を取って電着すると cathode 附近の metal ion は減少していく。つまり charge を放さない metal ion がないので cathode は大きい neg pot' を示しても cat の流れは変らぬ。即ち pot' の変化は一定の cat の流れを生ずる。しかもその大きさは拡散移動より供給される metal ion の量による。之は Grenz strom 限界電流と名づける。

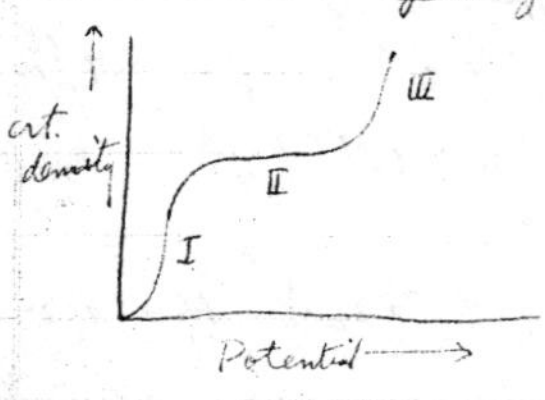

図のやうな形となり、Iの部分は metal を電析する時の関係を示し、之の一定の cat density に達すれば水平方向にとって II の部分になる。之は Grenzstrom に相当するので density は pot' の増加に拘らず一定。更に pot' を増せば Cathode で H_2 の発生を伴ひ電流密度が増す。之の III の部分である。metal ion を数種含む一つの電解液でその ion の合金を作ることでは低い電位差のものより前に noble metal が電析し

c.d. density の同じにおける Grenzstrom と pot^l とは. 各々の metal の

様々に異なる. 色々な current c.d. density に関する Grenzstrom

は水素発生と析出の段階に分かれ, [illegible] Ni Co などの鉄族

の強酸性溶液を電解して Fe Ni Cu を電析すれば その c.d. density

と pot^l の関係は IIa, IIb の如き curve になる. このときの curve の差は

[illegible]合金 [illegible] 金属では [illegible]

大[illegible] [illegible] 金属の [illegible] 電解 [illegible]

[illegible]合金化作用 [illegible] 化学的合金化作用と区別し. [illegible] metal は化学

合金を作りにくい [illegible] metal を cathode に電析すれば その平衡

電位以上の電圧を必要とする. 化学合金は Cu Ni Ag Pt を cathode に

電析 [illegible] [illegible] [illegible]

Pb. Hg は [illegible] HNO_3 aq. に単に [illegible] 合金のみを示す. [illegible] Cu の

化学合金化は [illegible] Fe Ni と単に [illegible] Pb との [illegible]

かくの如き化学合金化は [illegible] 除き得. 又一般的に [illegible]

[illegible] 合金化作用が大きくなる.

b) Die Überspannung des Wasserstoffes

H 極を [illegible] no c.d. の [illegible] pot^l は

$$\varepsilon = \varepsilon_0 + \frac{0.0577}{2} \log \frac{C_{H^+}^2}{C_{H_2}} \qquad \text{bei } 18^\circ C$$

ε_0 は水素の normal pot^l であって 電解液が 2 規定の H_2SO_4 で電極に

1 気圧の水素を通じた時に示す pot^l で, その時 $\varepsilon_a = 0.000^V$ になる. [illegible]

2n の H_2SO_4 aq. に Pt 鍍金した Pt 極を入れて その極の pot^l を水素の n. pot^l

に等しくすると その極に水素発生が起ることがわかる. [illegible] 他の metal 極

をつけた時は同じ 2n の H_2SO_4 に於ても n. pot^l より [illegible] の電圧を

加へねばならぬ。一般に Pt 鍍金した Pt 板に於ける H の平衡電圧と他の cathode material の上に H を発生するに必要な電圧との差を水素過電圧と名づける。この水素過電圧は電極材料の種類によりちがい

metall	glatt	schwamung
Platin	0.08	0.000
Palladium	—	0.000
Gold	0.50	0.017
Silber	0.495	0.097
Kupfer	0.415	0.135
Nickel	0.290	0.138
Eisen	—	0.087
Retortenkohle	—	0.133
Graphit	—	0.335
Cadmium	0.48	—
Zink	0.70	—
Blei	0.78	—
Indium	—	0.533
Quicksilber	0.80	—

同じ metal にて海綿状の粗なものは滑なるものよりも過電圧が低い。上の表は[illegible]の値を[illegible]したもの min. の値を示した。即ち実験的に水素発生が起るだけの pot [illegible] 実際の電解にはもっと高い電位を要することにて一層大なる過電圧が必要である。かくの如くして起ってくる問題については色々の説明あり。Nernst は [illegible] H ion が [illegible] 溶解して[illegible]

H分子となって出てくる。Hの溶解の時一定のenergyを必要とするといはれてゐる。Hの溶解の時或る場合には一定の水素化物の生ずる場合である。不安定な水素化物を作るもの程過電圧の大きい。Tafelの説明によれば金属が $2H \rightarrow H_2$ の反応に於て触媒作用する力の差によって過電圧が変わるところ。即ち水素の触媒となりうるものは過電圧が小さいといふことになって、種々の組合せの過電圧が小で触媒作用が大となることとの一致してくる。要するに過電圧は一種の分極作用であって

$$2H^{\cdot} \rightarrow 2H + 2\oplus \quad と \quad 2H \rightarrow H_2 \quad との$$

反応との遅れに基づく分極作用なりといひ得。

以上説明した H_2 の過電圧は水溶液分解の時に大きい役をなし、水素の放電を少くするには陰極電流を大とするとか卑金属を電解析出させるには H_2 過電圧の大きい金属を極として用いねばならぬ。それには Hg Pb Cd. Zn の如きを用いるか、コロイド物質を加へる。又逆に過電圧を少くせんとする時には水の電解の如きときは所要energyを少くさせる為にcathodeにFe, Ni, Pt の如きを用いねばならぬ。

c) Die gleichzeitige Kathodische Abocheidung von Metall und Wasserstoffe.

以上説明したことをまとめると Kathodeにmetallを電着させること及び水素を電解発生させることは可逆的反応でなく実際的に放電させる為には夫々の平衡電圧より大なる電圧を加へねばならぬ。一般に水溶液には金属ionと共にH ion及びOH ionが存在するから、金属と水素との同時に放電する時には過電圧が大きな働きをして重要な役目になる。もし金属と水素の平衡電圧の差比なりとせば金属水素は同時に放電し、金属が水素より pos. であるならば先づ金属だけを放電して、又金属が水素より neg. なれば先づ

水素だけを放電す。今 1 n の金属 ion を含む中性液があるとせば水素は中性液に於て $\varepsilon_h = -0.415^v$ であるから、この pot'l よりも pos. な pot'l をもつものは すべて水素を発生せずに放電する。之より neg. pot'l をもつ金属は先づ水素だけを発生す。電位序列の表からみるとこの限界は Cd と Fe との間にある。この表によってみると、Fe でも Zn も放電し得ないことになる。所が Zn 及び Fe が中性或いは酸性液から電析するのみならず、中性液に於ては水素電位よりも 0.59^v neg. である Mn であっても水溶液から電析させ得る。この現象の原因は金属の析出及水素の発生の時に起る分極作用による。この場合を更に説明する。

図は金属と水素とから(?)の金属より成る極面で放電する時の各種の場合の金属及び水素の電流密度と電位との関係の curve を示したものである。

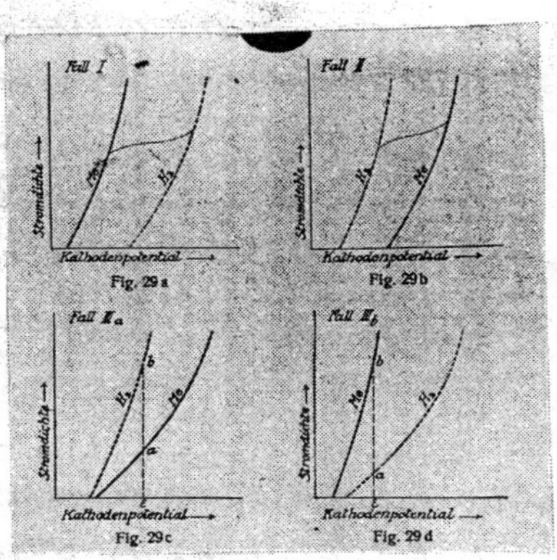

Fall I Fall II

Stromdichte → Kathodenpotential →

Fig. 29 a Fig. 29 b

Fall III_a Fall III_b

Fig. 29 c Fig. 29 d

Fall I :—

金属が水素より pos pot'l で電析する際 curve は互いに離れてある。Hg. Ag. Cu, アンチモン, Bi, Pb, K. より(?)のかゝる塩類から電析する場合この例である。この中始めの5つは此の pot series からみても当然であるも、Pb 及び K はこれらに対する水素過電圧も高い為[illegible]之等の金属は酸性液に於ても H の発生を伴わずに電析し得。この場合金属は cut density の一定の値を越さぬときは 100% の電流効率をもって電析するが、電流密度が高くなると金属 ion のみを放電することが出来なくなり cathode pot'l は限界電流密度これで水素発生電圧に近くなり高電圧とすれば水素発生電圧に達して Cathode に H と metal の同時に発生する。

Fall II :—

水素発生が金属電析より容易な場合である。金属電析の分解電圧電圧曲線は水素のそれより neg. の位置にあり最初には cathode に H のみを発生し電圧の高くなった時のみ電圧の限界分解電圧の範囲をこえて金属電析に必要な値になる。かゝる水素発生と同時に金属の析出。卑金属たる Mn → アルカリ金属に至る金属であり、しかし cathode に金属のりの形で析出するかは其の金属の化学性質により定まり。この場合に属する金属はすべて自由に水を分解するものであって Mn Mg, Al に至っては常温でも水の分解が徐々に進み其の表面が水酸化物に cover されなくなって始めて水の分解をする。アルカリ金属では水の分解が甚しく生じ水酸化物の水溶性なる故水の分解は高つゞく。其の中 metal の電析なる速度、析出金属により水の分解速度より大なる時に始めて見える程の金属の析出を起す。卑なる Mn Mg Al などであっても電流密度の小なる時は水素のみを発生するので高い電流密度によって金属の電析が伴ふことが説明し得る。即ち合作作用による。

Fall III :—

溶液中に於ける metal の平衡電圧が其の metal に対する水素の電析電圧と近い場合に、Cd, Zn, Fe であって序列の中に卑と貴の中間にある金属の之に属す。Cathode の電荷せんとする金属其のそれより成る場合、又陰極に水素の分解電圧電圧曲線が殆ど同じ所から出発したものとすると電解の進行は水素発生の分解電圧電圧曲線と金属電析の場合の其の曲線との横軸に対する傾斜の如何と合作作用の如何

とに関係するもので Fall III の a, b は共に低い電流密度では金属と水素の
合同に a の方は過電圧の電流密度でみれば主として水素が発生して
b の方は金属が主として析出する。今一定の cathode pot^l の下で電流
のどの割合で金属を析出するかをみれば ε なる cathode pot^l の下に
電流値をとく curve をつくると図するに εa εb で全電流の中で各々
金属及び水素の放電に用いた電気量の割合を知り得。Zn, Cd を
酸性液から析出するのは b の場合に属す。この場合水素過電圧が
大なれば低い酸性液から高い電流効率で析出し得る。

3. Die Stromdichte potential kurven Anodischer Vorgänge

a) Die Entladung des Sauerstoffes und der Halogene.

陰極反応の時のごとく、実際に用いる cat density では多くの場合可逆反応
でなく電解をつづける為には pot を余分に高くせねばならぬ。この pot^l の高さは
各場合について実験せねばならぬ。最も似た現象が Anode 反応の
場合にも表れる

先ず Anode で O_2 発生を考えると、この場合 O_2 は可逆的に作用せぬ為にその関係は
複雑なり。Pt メッキした Pt 板を 2^n の H_2SO_4 aq の中に入れて O_2 gas を通じると
H 極の如く一定の pot^l を示すはずなるに この場合は不安定で一定の pot^l を示
さない。即ちその pot^l は O_2 を通すと高くなり

$$\varepsilon_h = +1.08^{V.}$$

の値になり更に徐々に上って

$$\varepsilon_h = +1.15^{V.}$$

になり、次いでまた下ってくる。

この pot の不安定は O_2 が可逆的に作用せぬということの外に Pt の Pt メッキ面に
ある Pt 粉末と酸化反応を起す為である。故に O_2 極の示す pot^l の

10.6

益の値は理論的計算からは 2n の H_2SO_4 に於て $\varepsilon_h = +1.237^{V.}$ の値を示すべきである。然るに O_2↑ は Pt×つけした極に於て之を可逆的に作用させ得ず 位の potential を与えて一方の極で 2n の H_2SO_4 の中で電解的に O_2 を発生させれば計算値の ε_h より高い電圧を用いねばならぬ。即ち O_2 の発生にはその値（電圧）より高い電圧を要する。この場合はその極からする O_2 の過電圧である。

n-KOH 18°C

Methode Zersetzung spannung

Coehn & Osaka

Au	0.52	Pb	0.30
blankes Pt	0.44	Cu	0.25
Pd	0.42	Fe	0.23
Cd	0.42	platiniertes Pt	0.23
Ag	0.40	Co	0.13
		blankes Ni	0.12
		Swamunges Ni	0.05

この表の値は Platiniertes Pt / H_2 / n-KOH / Sauerstoff entwickelende Elektrode なる電池の起電力を測定値から O_2 の可逆的生成に要する電圧から $+1.237^{V}$ を減じたものである。

この表を用いて或る極の n-KOH の中に於ける ε_h の値を出すには n-KOH の中に於ける可逆的水素電極の電圧 $0.41^{V.}$ を之の値に追加すればよい。

次の図は種々電極について高い電圧を作れば過電圧を示した。左は 0.1^{n} の H_2SO_4 中での ——→ 各極から O_2 を発生する時の曲線

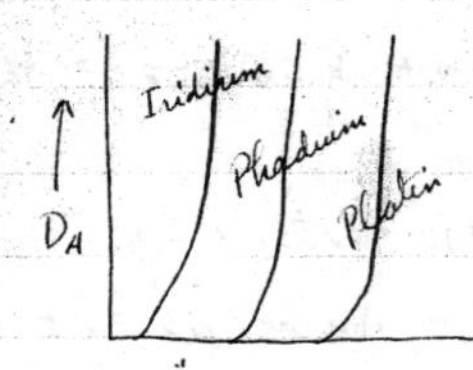

Cu
Ni
Graphite
Ag
glattes Pt
D_A
Überspannung →

右はn-KOHの中に電解した場合Pt其の他の電極の分極の曲線である。
このO_2の過電圧は種々の多くなると下る。然し水素の過電圧ほど著しくない。又電極材料、電流密度にても影響され、時間に依り一定陽極電流密度で電解すれば過電圧は上る。次にHalogenについて過電圧を比べると
Ptメッキの Pt では見られない glatte Pt に於て見られる。

図の点線はn-HCl aqに於けるClの平衡電圧である。

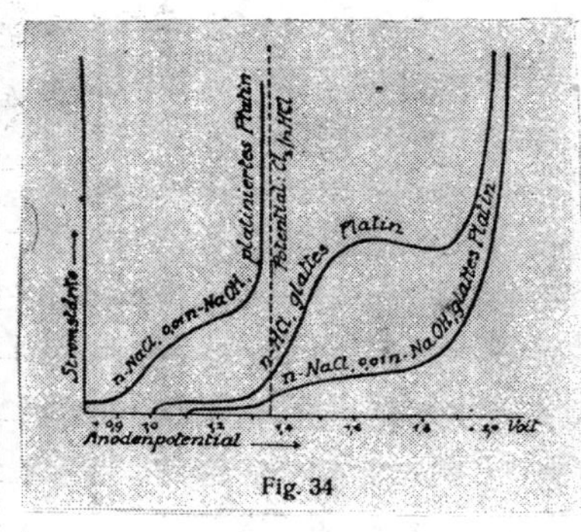

Fig. 34

又ClもO₂と同様に過電圧の減少を来すと云われる。電極の前処理によっても変る。予め陽極としてO_2を発生させたものはしないものより高い過電圧を示す。

6). Die Anodische Auflösung der Metalle

1つの金属の陽極溶解は陰極電析と全く逆に似ている。之を次の4つについて考える。

i) 金属が陽極で分解を起した後それから液の中へとけ出ると共にこの時の電流は溶解に使はれる

ii) 金属は陽極で溶解しないで又大なる抵抗をもつ為に通したcurtの一部に溶解に使はれ、残りのcurtはAnionを放電させ、O_2又はHalogenを発生する場合である。

iii) 金属が陽極で溶解せず全curtがanion放電に使はれる。

iv) 陽極として用ひる金属が数種の原子価をとり、例へば $Sn^{....}$ $Sn^{..}$ 或いは $Cu^{..}$ $Cu^{.}$ の如きである。陽極で溶解する時一つの一種又は他の一種として溶解し、或いは両種のionとして溶解する。

i) ：—

金属の一種の原子価ionをつくり而もanodeへ通じた全電流が金属ionを作る為に使はれる。之は陽極電位の変化は陰極に於ける金属の析出場合と全く同様である。即ち小さい分極作用で陰極へ析出されるものは小さい分極作用で陽極へも現はれる。又逆の場合も全く同様である。

iv) ：—

陽極でcurtがすべて金属ionを作るに用ひられる第二の場合である。二個の原子価のちがったionを陽極金属がつくる。今一つの金属が‥と…のionをつくるとすれば‥に対する n^l pot^l を ε_1、…に対するそれを ε_2 として‥の…に対する n^l pot^l を ε_3 とする。Meを金属とすれば

$$Me + 2\oplus \longrightarrow Me^{..} \quad ⓐ$$

の為に 1 g atom 金属を‥ionに移す為に $2\varepsilon_1 F$ だけの電気energyを要す。又

$$Me + 3\oplus \longrightarrow Me^{...} \quad ⓑ$$

では $3\varepsilon_2 F$.

$$Me^{\cdot\cdot} + \oplus \rightarrow Me^{\cdot\cdot\cdot} \quad ⓒ$$

又は $\varepsilon_3 F$

Ion 1g atom 金属を $\cdot\cdot\cdot$ion にかへるに要する仕事は metal を先づ $\cdot\cdot$ にして然る後 $\cdot\cdot\cdot$ にするのと全じである。即ち、

$$3\varepsilon_2 F = 2\varepsilon_1 F + \varepsilon_3 F$$

$$\varepsilon_2 = \frac{2\varepsilon_1 + \varepsilon_3}{3} \qquad \therefore\ \varepsilon_1 \gtrless \varepsilon_2 \gtrless \varepsilon_3 \quad \cdots\cdots (1)$$

此の関係の成立しことを R. Luther の法則と名づける。

ⓑの反応のO化電位 ε_2 は常に ⓐの反応と ⓒの反応の ε_1 及び ε_3 の間にある。ε_1 と ε_3 の何れが neg. の値をとるかは金属の化学性質と溶液と ion 濃度による。今茲の ion 濃度は 1ℓ中に総べて 1g ion とする。

Fe の関する3つの反応について

$$\varepsilon_1\ (Fe \rightarrow Fe^{\cdot\cdot}) = -0.43^{V}$$

$$\varepsilon_2\ (Fe \rightarrow Fe^{\cdot\cdot\cdot}) = -0.04^{V}$$

$$\varepsilon_3\ (Fe^{\cdot\cdot} \rightarrow Fe^{\cdot\cdot\cdot}) = +0.75^{V}$$

となる。即ち Fe ion を含まぬ液に Fe を入れると [illegible]の原子価の $Fe^{\cdot\cdot}$ が液中にとけ出る。この場合を (Fall 4A) とす。

Cu の時は

$$\varepsilon_1\ Cu^{\cdot} \rightarrow Cu^{\cdot\cdot} = +0.17^{V}$$

$$\varepsilon_2\ Cu \rightarrow Cu^{\cdot\cdot} = +0.34$$

$$\varepsilon_3\ Cu \rightarrow Cu^{\cdot} = +0.52$$

となり Cu ion のない溶液に入れると $Cu^{\cdot\cdot}$ が液中にとけ出すことになる

この場合を (Fall 4B)

又 pot. の大きい液が $Fe^{\cdot\cdot\cdot}$ を含んでいれば Fe は $Fe^{\cdot\cdot\cdot}$ と[illegible]に

存在しえず　$2Fe''' + Fe \rightleftarrows 3Fe''$　となる。そして平衡を保つまで反応は右に進む。速い平衡が達すれば Fe は Fe'', Fe''' と共に存在する。この平衡状態に於ける電位は　$\varepsilon_1 = \varepsilon_2$　となって Luther の法則から

$$\varepsilon_2 = \frac{2\varepsilon_1 + \varepsilon_3}{3} \qquad \underline{\varepsilon_1 = \varepsilon_2 = \varepsilon_3}$$

が成立つ。

之と反対に Cu の時は pot'l の関係から Cu' を含む溶液では

$$2Cu' \rightleftarrows Cu'' + Cu$$

により Cu と Cu'' とが平衡を保って居て　$\varepsilon_1 = \varepsilon_2 = \varepsilon_3$ となる。

更らに色々の ion 価の ion をつくる金属極の性質をみると Fall 4A の時は金属極はその金属 ion を含まぬ溶液中で先ず低位の ion 価の ion を出して溶液中にこの ion 濃度がますと Nernst の式に従って電極の電位は pos. に高まり段々高い原子価の ion になるまで金属の pot に近づき、遂に高い原子価の ion を出す様になる。

Fall 4B の時は金属 ion を含まぬ溶液中で高い ion 価の ions 高位の pot により作られ、電極の陽極的分極は先ず高い ion 価の ion を作り、ion 濃度がましてくると pot'l は pos. になってきて低い ion 価の ion の作られる pot'l に達する。そしてそれは陽極的分極によって主として高い ion 価として溶解し、その少量の低い ion 価の ion を交えてくる。

ii), iii) :—

金属電極の陽極的関係はそれに対して工業的に考えて興味ある問題として、その場合 anode は分極しないことが望ましいのは全くといってよい。それは anion の放電が主となる。anion の放電は金属 ion をつくる為に強く分極してその結果

anode part が anion の役目を含めて伴ふ様な位に達する。金属の酸素を含む塩類を電解して陽極から金属 ion がとけて出るときに多少とも O_2 の発生を伴ふ場合がある。かくの如き関係を示す電極を不働態と名づける。又は陽極的分極により容易に溶け難い電極の金属 ion を作るような電極を不働態と名づける。電極の passive の性質は1つの金属につき必ずしも不変の性質ではないのであって1つの金属でも passive にも active にもなり得る。Fe とか Pt, Cr, Cu, Au, などは二つの性質あり。この中 Pt は完全に passive で、その理由から電解の際不溶性電極として使い得る。工業上では或目的に於いてあるときには陽極の金属が完全溶解することを望み、或る場合には不溶性なることを必要とするから不働態の理論は重要である。又一般に金属が予期に反して反応を起さない場合に、その金属は不働態になったという。Fe 属の metal は適当な条件を与えると或る範囲内で active 又は passive の性質に移し得。その代表的なものは Cu と Fe であり、之等のものは conc HNO_3 につけると反応は全く起らず不働態になる。外見上からは passive になった metal は active になった metal と変らない。Fe は強く化学的に強酸化性の HNO_3 により passive に不働態になるし、又は一般に酸素酸の如き物質又は陽極的分極を与えれば passive になる。要するに Fe, Cu は HNO_3 や塩素酸の如き酸化剤を用いて化学的処理によるか電気化学的に陽極的分極をして passive にし得る。この様な passive になった metal で Cathode として水素を発生させると再び active になし得る。

112

Kaptil IV. Elektrometallurgische Prozesse

1. Elektroraffination der Metalle (Electric refining of metals)

a) Die Elektrolytische Kupferraffination

Cuの電解精製に於ては98〜99%の粗銅をanodeとし酸性硫酸銅溶液を電解してcathodeの上に純なpureなCuを電析させるのが目的である。

metalic Cuは硫酸第二銅液と接触するときは硫酸第一銅ionを生成す。一方第一銅塩はmetalic Cuと第二銅とに分解する。

$$Cu^{\cdot\cdot} + Cu \rightleftarrows 2Cu^{\cdot} \quad \text{-------------} \quad (1)$$

この平衡は常温では左に向って進む。高温にすると右に向って進む。

Lutherは1Nの硫酸酸性の2N硫酸銅溶液に金属銅をつけておくと 34×10^{-4} gramatom Cu in Liter を硫酸第一銅として得た。之は質量作用法則により $\frac{(C_{Cu^{\cdot}})^2}{C_{Cu^{\cdot\cdot}}} = K$ の関係があるから常温に於て cubric sulphate の ion の [illegible] cuprous sulphate の ion をもつ cuprous sulphate の溶液を [illegible] 加熱すれば何程か此の平衡の [illegible] cuprous ion の増加し、冷却すると metalic Cu が結晶する。

(1)の平衡状態はCu極を用いて$CuSO_4$を電解するとき意味がある。之の関係に於ける電気の [illegible] pot は

$$\varepsilon_1 \; Cu^{\cdot} \rightarrow Cu^{\cdot\cdot} = +0.17^{V}$$

$$\varepsilon_2 \; Cu \rightarrow Cu^{\cdot} = +0.34$$

$$\varepsilon_3 \; Cu \rightarrow Cu^{\cdot\cdot} = +0.52$$

cuprous ionを含まぬ硫酸第二銅液からはCu''の生成電気の差も起り易い。Cu''の生成より [illegible] 化学分極が起って電解中の [illegible] 電位は容易にε_3に近づく。[illegible] Cu' が生ずる。Cu'は [illegible] Cu''の [illegible]。anodeの近くでは

常に cupric sulphate の増る。第一溶液中と平衡なる Cu' の増るも多く
なる。従て全体の結構と平衡を保つ為には一部の Cu' は Cu'' と Cu
とに分解されて即ちある condition では Cu極の近くで Cu metal の析出
する。之は粉末になって沈澱するのであって Cu の電解精製に於て
Anoden schlamm (anode slime) 陽極泥を作る。かくの如く
anode で精製した Cu' は Cu に変るか、又一方空気中の O_2 により Cu'' に
変る。 $Cu_2SO_4 + O + H_2SO_4 \rightarrow 2CuSO_4 + H_2O$ ....(2)
又 H_2SO_4 なく中性液では次の加水分解が起る

$$Cu_2SO_4 + H_2O \rightarrow Cu_2O + H_2SO_4 \quad \text{......(3)}$$

$CuSO_4$ aq の電解に於ての Cu 陰極の反応は (1) の式によって Cu'' Cu'
及 Cu との三つの平衡が決定されてゐるので電位の $\varepsilon_1, \varepsilon_2, \varepsilon_3$ は従て等しい。
従って之の溶液に於ては 3つの反応について起り得。実際に於ては
(1) の平衡は (2) の反応により、又は (3) によって決定される。故に cathode
では Cu' 濃度は平衡によって示されるより小さい。そこでこんな場合があると、
平衡状態に達するならば Cu'' → Cu' なる反応が著しく容易に起る。即ちある条件
では $CuSO_4$ の電解に於て cathode に Cu 析出起らず Cu' の生成のみ
とすることがある。稀液のもとに中性液を冷て高い温度で小さい
電流密度で電解すると (3) の反応によって白金陰極で Cu_2O の結晶の
電析するのも認める。

以上のことは Cu の Coulometer をつかふ時にて不安に、anode で生ずる
Cu' が air により酸化されて Cu'' に変り、一方 cathode で還元されて Cu' になると
電極に於ては Faraday's law により

Cu ⇄ Cu''

で與へる析出量に至らず大きい誤差を起る。

この際は温度高く Cu'' 濃度大に電流密度小なることが望ましい。理論的には 3^{AH} に対して 3.558^{g} の Cu が Anode から溶解して Cathode に析出するが温度を上げると Anode の重量減少はこれより多くなる。又 Cathode での増加は之より少くなる。工業的の電解精錬では Cu'' の[illegible]は[illegible]を妨げる傾向に除かねばならぬ。此の為に次の條件がある

i) 電流密度の余り小でないこと

ii) 高温にならぬこと

iii) $CuSO_4$ の濃度の高くないこと

iv) 電解液を酸性にすること

工業的に行ふ時には　12-16%　$CuSO_4\ 5H_2O$.

5-10 〃　H_2SO_4

Temp = 40～50° C

cut density = 300 A/m²

電解液を酸性にすることは Anode に生ずる Cu' を OC する為に(2)によって H_2SO_4 を生ずることと Anode に於ける Cu を空気中 O_2 と共に酸化 $CuSO_4$ にかへる作用を防ぐものである。電流密度は温度を高くすれば上げられるが温度を上げると別の欠陥を生ずるから余り上げられぬ。

精製の粗銅成分としては銅鉱の種類や粗銅をつくる方法によって異なる。converter を用いて吹いてつくる時には air 中の O_2 で As, Sb, Bi などは OC されてその含有は少くなるが、反射炉をつかって作るときは前の方法より含有が多くなる。又米国の粗銅は銀、金、白金などを含む。米国で converter をつかってつくった分析結果

Cu	99.25 %	Ag	0.34	Au	0.001	Pb	0.01
Bi	0.002	As	0.03	Sb	0.05	Fe	spurew
Ni	0.002	Se + Te	0.01	O	0.30		

その他Zn. Co. 少量のPtを含むが之等は電位序列により反応する。又Oや
Sを含むものは一部分Cu_2OやCu_2Sとしてつく。これら不純物の中Cuと共に液
に入るものはCuより卑の金属でその主なものは Ni, Fe, Co, Zn, Sb, As, Bi
である。之に反し陽極に不溶性になるのは貴金属で Au, Ag, Pt, Cu_2S, Se, Te
などである。又Cu_2Oの一部は同様となり、一部はCu ionを作る。之等の
不溶性の残滓及び電解出来ないCu粉末は槽に落ちて泥をつくる。
Anodeから出たNi Fe Co Zn はCuよりneg.なる故cathodeに電析
せずに液に溜る。之に反し工業的電解に於ては Sb. As Bi はCuと
一緒にcathodeに電析される危険がある。この As Sb Bi は3価ionとして
2nのH_2SO_4 aqの中 飽和された時の平衡電位をCuの平衡電位と
比較するとAsはCuと近い。Bi, SbとCuの少い液からは一緒に電析される
故にCuの精製では之等の不純物の余り多くはない又Cu ionの完全なる
補給に注意せねばならぬ。[illegible] As. Sb Biの電解に於て一部は塩と
なりAnoden Schlammとなって残る。Cuの電解精製の生成物としては
一方に電解銅, anode slime, 不純物を含んだ電解液である。
この中電解銅は99.9%以上のCuを含み 特に電導度の高い為電気工業に
用いるに適す。この電導度はAs Sbの影響が大きい。之等の不純物が
どんな範囲でcathodeのCuの中に入ってくるかは一方に於ては電解液の成分
電流密度によって定まり、他方少量ながらanode slimeの浮遊物が影響
して液の動揺の[電解液]流動により cathodeに入ってくる。故に電解銅を純粋
につくる為には過多のanode slimeを[除き]去り電解液を新しくかえねばならぬ。

工業的電解実際に用いる電解槽はPbをはった木槽又はconcrete槽
をつかう。かくの如き電解槽は1日1日 g/cm^2 の volt. に応じて 回路[illegible]
Seに[illegible]をつないで。そして各槽内に於ては anode cathode を交互

116

11個につなぐ。すなわちこの式の組合せは併直組合式 Multiple system となづける。例へば1ヶの電槽に20枚づつの Anode と Cathode が対立しておるものとして片面の surf. area が 0.5—0.7 m^2 とする Cathode crt density を

$D_K = 300\ A/m^2$ の場合、1ヶの電槽は 6000〜8000 A の crt を流すこととなり source を 100V とすると 電解電圧 0.2—0.3V なれば約300ヶの電槽を Series に結ぶ事を得。この併直組合式にするも contact pt. が1ヶの場合と両側の2ヶ所の場合とがある

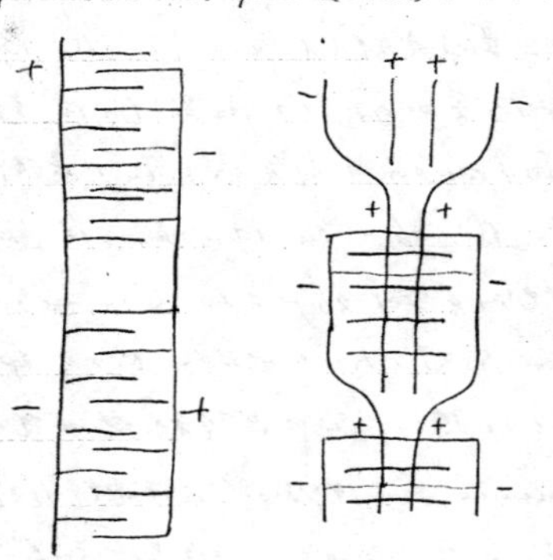

接触抵抗の量からは右の方が1/2になり 材料からは何れにしても同じである。

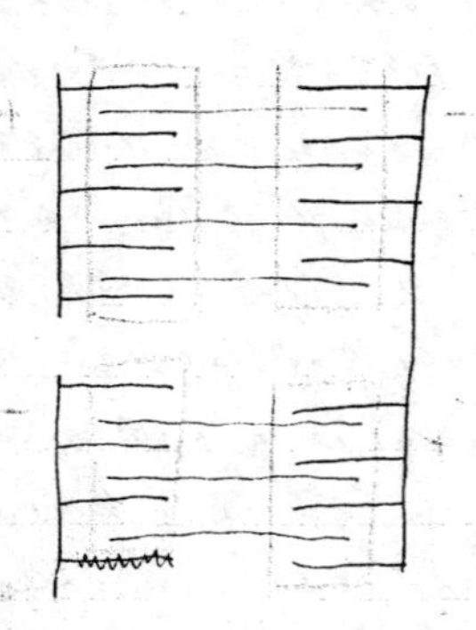

双槽式 Zwilling bäder

この式のは Walker 式ともいはれる。之は電槽の3つ目を4つに仕切ってある。電解の進行するにつれ電解液中の[illegible]。

之は Cu の anode として其の cathode に製作せし物を anode として[illegible]の[illegible]とする[illegible]なり。

この$CuSO_4$の溶液から銅を取るには電極の一対にPbのanode、Cuのcathodeを入れて用いればよい。するとanodeに於てはO_2を発生しつつ遊離のH_2SO_4を生じcathodeへCuを析出す。この各電極の電線は直に並列になっているから、この方法で再びH_2SO_4の増多と云ふ訳。

又電極の形式として特にBipolarのelectrode＝重電極を用いるSeries systemも列式がつかはれる。この方では前記の電極の両端にあるEndanode及びEndcathodeの間へ約1cmの間隔でbipolar electrodeを100〜150枚入れてある。この方ではCuの比抵抗の少いところを選んでbipolar electrodeを直列にする為に欠点がある。この欠点の為両極の両側に溝のある枠を入れて之に1枚づつはめる。

+ −

又bipolarにたるanodeは他のanodeよりも平均して溶解せねばならぬ。それには鋳物のCu板では不良で圧延Cu板で厚さ5〜8mmのものを用いる。それで価値の高い金属をつかふ。

Endanodeの為はH_2SO_4を通さす為にPbでcoverする。両極電圧はmultiple sys.では0.2〜0.3Vなるとseriesでは0.13Vである。所要energyはこれ位の方が少いがanodeをつくる為に材料費用を要す。電流効率としてはmultipleは96%、seriesでは90%。又之に於ての電解液は結局に$CuSO_4$を除くか（回収するか）Pb anodeを用いてCuの電析をする。Anode slimeは濾過してCuの細い粒を分け水洗してdryの後次の精錬を行ふ。それには40% H_2SO_4へHNO_3を加へて煮沸すればCuの大部とAg Fe Sb, Bi, Asの一部は溶解する。溶解したAgは[illegible]にて沈澱さす。不溶分にはCuを少量と$PbSO_4$, Bi, Sbの塩基性硫酸塩

118

Ag Au Se Te 及び S を含む。之は水洗乾燥後ソーダ熔融をする。この時 air 又は硝石を加へて base metal 及び Se, Te を Oxとして除いた metal は 1000 分中 985 part の Ag + Au、その外に 5 part の Cu を含む。之は anode の形に鋳造して Ag の電解精錬の原料とする。

Faraday によると 1kg の Cu の析出に 840 A.H. を要する。Multiple sys で電槽電圧 0.25V、電流効率 95% として 1kg の Cu を析出するに要する energy は 0.22 kWH。Series sys. では 0.16~0.21 kWH であるが之は不純な anode、Ag の多い anode には適せぬ。又労力も余計にかかる。

b.) Die Elektrolytische Silberraffination

原料は Cu の電解精製から得た陽極泥渣。之の通常 95% の Ag と約 3% の Au を含む。残りの 2% は Cu, Bi, Te, 及び白金族の metal である。その外の原料としては Pb, Bi の精錬の時に得る陽極泥渣で之は 94~98% Ag、0.5% Au、その他に Cu Bi などが 1.5% 含まれる。その他の原料として銀金を Pb と溶融して得た粗銀を原料として使う。之は普通 Ag を 90% 以上含むものを用いた方が便である。Au の電解精製は Au との分離が容易でなく[illegible]。Au の 40% 以上を含めば陽極の溶解が困難になるから適当に配合して含金量を下げる必要がある。この Au Ag の場合のみならず卑金属と貴金属との合金を陽極にして溶解する場合は base metal が先に溶解する。電解分離が完全に行はれない。noble の metal の或程度以上含まれる合金では全部 noble の metal ばかりになる anode のみ残留する。従って電解液の純度の化学薬品によって base の metal を溶解分離することが困難になる。

Moebius の方法によると electrolyte として 1% の HNO_3 で酸性にした $AgNO_3$ の 1~2% の溶液を用いる。anode の中に含まれる pot. [illegible] Ag より neg な金属は

溶液の中にとけ込む。即ち Cu Pb. Bi の溶解すること Bi, Pb の中で PbO_2 や $Bi(OH)_2$ は少量づつ anode に残る。Au, Te. Pt, Pd の metal などは Anode slime の中に残る。cathode に於ては Cu と Ag とがその析出 pot'l に於て 0.46V の差しかない為に共に析出するおそれがあるが 経験上 溶液中に於て Cu の 5%以上の濃度にならねば Cathode に Ag のみを析出し Cu は析出せぬ。又 Anode で Cu の 1 g-atom だけの電気量で Ag を 1 g-atom する時は $\frac{107.38}{63.75} \times 2 = 3.4$ の当量をもった Ag が 1 g-atom するから Anode で Cu を多く含むことは 1 液中の Ag の量に変化をおこし、又 Ag を電極の中に長くおくことになり よくない。又 Anode に於ては Ag Cu の外に base metal が溶解す。Elektrolyte の中には [illegible] Ag の全量 [illegible] 液の [illegible] Cu 含有量 5% 以下にすべく Ag が 0.5% になるまで電解をつづけることが出来る。この Mebius 式の電槽は木製でタールを塗るか陶器でつくり Anode は厚さ 0.5cm ～ 1cm の平板形にする。この時溶液の酸は脱酸剤として Al を加へる。之を加へないと 酸性銀の冷却する時に溶解して O_2 の気泡を生じて出、銀板に孔の多く出来て 電解すると陽極の破片が多く生じて不利である。この陽極は電槽の中に canvas の袋に入れてある。この目的は Anode slime とおちて Cathode の Ag を汚濁させぬ為である。Cathode の方は薄い Ag 板をつかい 析出した Ag は 結晶性の粗い針状結晶としてついてくるから之をかき落す為に 陰極面を木の棒で静かに かきおとす様に工夫されてある。かくておとした Ag は底の布の上に溜める。各電槽の電圧としては 1V であって Cathode の電流密度は 250 A/m² である。液の含銅量の多くなると之を除く。Cu の少いと之を多くし増る。電流効率は 96～97% で loss となる分は

$Cu'' \rightarrow Cu$ 又は HNO_3 の陰極還元 につかはれる。

最新式ではこの方法を改良して液を循環させ その結果電解液は

Ag 3%, HNO_3 1.5%, Cu 1.0% Pb 1%

又は不純物になっても 99.95% 以上のAgが得られた。そして陰極に電析するAgを落すのにCathodeに機械的衝撃を与へて落す方法を考へた。

又この他にBalbach-Thum式があって、これは電極が水平式で浅い陶器製電解槽にAcheson graphitを以ってCathodeを底におく。その上に木枠に布をはったAnode boxを置いてその中にAnodeを入れる。

Anodeを薄くとかし得てAnodeを残す部分が少くなる。

更にこの他にCleaves式の方法である。輪状の溝から成る電解槽に二つ外周にAnode，内周にCathodeをおいてCathodeを回転する様にし、Agの結晶を一定箇所でかき落す様な仕組になっている。以上の様な方法で電析されたAgは 999～996/1000 の純度をもつ。この時に生ずるAnode slimeはAgの他にAu、Pt・Pd、少量のCu, Fe, PbO_2。これは HNO_3 で処理してAgをとかし、残りは水洗し乾してからソーダをかけてとかしAnodeに鋳込んで金の電解精製に用ふ。

C) Die Elektrolytische Goldraffination

電解液は塩化金の塩酸溶液を用ふ。この中で金は $HAuCl_4$ の形で存在す。Anodeの金が陽極的にとけると、

$$3Au^{\cdot} \rightleftarrows 2Au + Au^{\cdot\cdot\cdot} \quad \cdots\cdots\cdots\cdots\cdots\cdots \quad d)$$

で決定されているのでCuと全く異なる形である。塩化金の一部はAuと二塩化金になる。

Anodeで Auが溶出する時にPolarizationを生じpot.が高くなって $Au^{\cdot\cdot\cdot}$ と共に $Au^{\cdot}$ を生成する様になる。しかし此れより $Au^{\cdot}$ は金と $Au^{\cdot\cdot\cdot}$ に分れるから電解液の中でAuの微粒子が沈澱する。電解に於てはCathodeに電析するAu以外

anodeにつーかする。Auの陽極は一ついてはanodeのpassiveになる欠点があるからこれを防ぐ為に遊離HClを加えるかA.C.を併用する。粗金のanodeは94%のAuと5%のAg、1%の他のmetalを含むものを用いると都合がよい。電解中陽極から base metal と共にPt, は電解液中に溶け、Pbの一部を溶解する。その他の貴metalとAg及び一部のPbがanode Slimeになる。溶けたPbは時々H_2SO_4を加えて$PbSO_4$としてチンデンする。Elektrolyte 1l中にAuが30~40g 遊離HClが2~3% (25g) 含んでいる時にPtは1l中50~60g になるまでcathodeに電析せず。Agはanodeに塩化銀となり、之がanodeをcoverするからanodeの不動態passiveになるのを促進する。この時にA.C.を併用すると塩化銀を陽極残渣にうつし得。A.C.を加えると又Auをつくることが少くなって、従って電解液中のAuのチンデンも少くなる。D.C.ばかりなればAgは5%が最大量とされている。anodeに含まれるAgの量により陽極の電流密度はかわらねばならぬがAgの10%の時には7.5 A/dm²が限度であって時々塩化銀をかきおとす要あり。cathodeの電流密度も陽極の場合と変化するが大体10~15 A/dm²である。電解液の温度は60~70°に温め、電圧約1V。主として金は純度998~1000/1000の廃液はSO_2又は硫酸第一鉄でAuを回収させてPtは$(NH_4)_2PtCl_6$の結晶として沈殿させその済液を蒸発乾涸してアンモニアを抽出。之にHClを加えてPdを$Pd(NH_3)_2Cl_2$の形で沈殿させる。残った液にFeを入れてCuを析出させる。陽極残渣はAu, 塩化銀, 硫酸鉛, 白金族のmetalを含む。炭酸ソーダの液と硫酸鉛を$PbCO_3$のチンデンに変へ、HNO_3で之をとかして除き、残渣を更に塩化銀をとかして銀をとり、残りはanodeに再生する。塩化銀は回収してAgの精製にまわしてゆく。

d) Die Elektrolytische Bleiraffination

工業用Pbの Bi を今までのこ不純物より分離する方法が用いられない。一般ニ Betts の方法のつかはれる。この場合の Elektrolyte としては Pb の Si 弗酸塩をつかふ。之を作るには蛍石と conc H_2SO_4 を熱して FH をつくり、之を水に吸収して 弗酸をつくり、之を石英に作用させて 珪弗酸にす。

$SiO_2 + 6HF = H_2SiF_6 + 3H_2O$

一部を中和させて $PbSiF_6$ にす。

電解液としては 1l 中に $PbSiF_6$ としては 80g H_2SiF_6 として 100% を含む。溶液の電解する間に ゼラチンを 0.1g 加へる。電槽は木でつくって 之にタールをぬる。その中に Anode を 20 枚ほど入れ、Cathode には薄い純鉛の板をつかふ。その connection は Multiple system を用ふ。current density は 160 A/m² 電圧は 0.32V。電流効率 90%。

この電解の時 Ag, Bi, Sb, Au, As は Anode Slime の中に入る。Anode について base metal 等は 溶液中に溶解して 但し Pb と Sb との [illegible] 高い合金用紙。Betts 法は Bi を多く含む Pb に用いて価値あり。陽極残渣として得る Bi は 80% に達し、残りは Pb, Ag である。そのために slime は 純粋な Bi の電解精製につかはれる。之を溶かすには H_2SiF_6 を用ふ。

それを電解すると Pb は電解液中に溶け、Ag は slime に残る。一方 Bi は電着す。Bi の中の Anode slime には Pb, Ag, Sb, As, Cu を主として含まれ、その他に Fe, Si が存在す。それを反射炉でとかすと Pb 及 Sb は slag になり、Cu を Cu_2O の形にて除す。残りは Au, Ag の 95% になり、之を Anode として Ag と Au を分ける。

c) Die Elektrolytische Zinnraffination

Sn

近年合金やSn箔のつかはれる様になって精製も行はれる様になった。
電解液としては苛性ソーダの10~12%の液をつかってSnをAnodeから
陽極からヨークにしてCathodeにSnを析出させる方法も
あるが一般のSn塩から電析して微小な結晶のまゝで不得策なので
次の様な電解液がつかはれる。

1) 硫錫酸ナトリウム (Na_2SnS_3)
2) 硅弗酸塩 ($SnSiF_6$)
3) 過塩素酸塩 ($Sn(ClO_4)_2$)
4) 硼弗酸塩 ($Sn(BF_4)_2$)

1)は10~20%の硫酸ソーダaqの中へ僅か1%とかす。SnはNa_2SnS_3の形で4価として存在す。AnodeでSnは4価として溶解す。Cathodeには80°のcathodeの電流密度1 amp/dm²以下で殆ど100%の電流効率で電析す。
この時のCathodeはいつもSn板である。

2)は大体20%の硅弗酸、0.1%の硫酸、6%の2価のSnから出来ている。之に粘化剤として二カワ、Cresolを加へる。Cathode cut densityは2 A/dm²
この方法では電解液の寿命、安定とPbばりをつかい得ないので硫酸塩が用いられる様になった。例へば1ℓの中0.25 molの硫酸錫、0.15 molの硫酸、0.16 molのCresol sulphon säureを含む電解液を用いてSnをCathodeに都合よく電析させ得。一方C.G. Finkは硫酸ばかりの電解液はCathodeの樹枝状電析甚しいので硫酸ソーダを加へて次の如き電解液をつくった。

~~$Na_2SO_4 \cdot 10H_2O$~~

	I	II
$Na_2SO_4 \cdot 10H_2O$	60~120 g/l	233 g/l
H_2SO_4	50	150 "
Sn	35 "	35 "
cut density	1.1	1.1

IIはPbの多い場合に用いる。この外ブリキからSnを回収する場合もあり。このときは10~12%のカセイソーダ液の電解液でブリキ屑をanodeとし、Feの電極をcathodeとす

f) Die Elektrolytische Eisenraffination.

電解によってつくったFeを電解鉄といい、軟鉄より透磁性が大で、Hysteresis lossが少いのでGen'の鉄心につかわれる。その他(破壊強さ)伸張性大。硬度も少い。

Fe/Fe'' の nl potl $Ea = -0.43^{V}$

水素電極の中性溶液で -0.41^{V} であるのでその値は非常に接近している。故にFeあるいは水素の過電圧少く Fe'' の析出には過電圧があるからFe電解の時には必ず H_2 の析出が伴う。H_2 の出るのをさける為には液中のH ion濃度を小にし、一方 Fe'' 濃度を高くすればよい。ところがH ion濃度を低くした時には塩基性塩の沈殿す。故にFe沈殿の起きない範囲でH ion濃度の減小をせねばならぬ。その目的に対し硼酸、蓚酸などの緩衝液を用い、あるいはconcアンモニウム塩を用ふ。この場合OH ionが多くなると $NH_4^{\cdot} + OH' \rightarrow NH_3 + H_2O$ となって OH' を消費して $Fe(OH)_2$ の出来るのを防ぐ。Fe'' を多くするには $FeSO_4$ のaqなどを用いる。又cathodeにFeの H_2 を含んだ電着物が出来るのを防ぐ為に水素をなるべく含まぬようにする為、電解液の温度を高める。それでも尚水素を含むから真空において950°位でheat

するとH₂を逸出し易い。CathodeにH以外に含まれるものはAnodeのFe中にある不純物の中C, P, S, Siなどの一部が相当に含まれる。之に用いる電解液の二例を示す。

1) $FeSO_4(NH_4)_2SO_4$ 40 g/l

の溶液では 30°C cut density $D_K = 0.7 \sim 1.1$ A/dm² (cathode)

Anodeは steel などを使ふ。電力は1 kW hr / 1 kg Fe.

Fe純分は 99.97%

2) $FeCl_2$ 450 g, CaCl 500 g, H_2O 750 g

の溶液では 90°~110°C $D_K = 10 \sim 20$ A/dm²

純分 99.8~99.9%

1)の方は20%の飽和液にFe 8%含まれるが 2)の方は22%以上のでFe''の濃度からいふと2)の方が有利である。電導度も高く、cathodのcut densityを高くし得るが温度を高くせねばならぬ欠点あり。温度を高くしうるのでCaClかNaClを加へる。

2. Elektrolytiche Gewinnung der Metalle mit unlöslichen Anoden.

1) 銅は智利にCu 1.6%位を含む鉱石が多く、主成分は

Brochantit $CuSO_4 \cdot 3Cu(OH)_2$

その他に

Chaekantit $CuSO_4\ 5H_2O$

Atakmit $CuCl_2 \cdot 3Cu(OH)_2$

Cuprit Cu_2O.

がある。

この鉱石を砕いてH_2SO_4で抽出して5%のCuと1つのフリーのH_2SO_4 2%~3%を含むsol.ⁿを作る。この液をMagnetitのanode又はChilex-elektrode

で電解により純度 99.96% の Cu を得る。その時の電流密度は Cathode に
$120\ A/m^2$ で Cathode は純銅板である。この電解液は再び鉱石の抽出に
用いる。この鉱石は SO_4 があるから H_2SO_4 を補充する必要なく、As など
を含まぬ故安く用い得る。又 Cl_2 を含むから障碍を生ぜしめるのでこれを除く
必要がある。その為に電解液に Cu 粉を加えて煮沸し

$$CuCl_2 + Cu \longrightarrow 2CuCl$$

の反応で硫酸の中にとけにくい CuCl の形となって沈殿す。又 Fe が存在する
と Anode で Cu が酸化され電流効率が悪くなるので先に酸化銅を加
えて空気を吹き込みながら boil して

$$2FeSO_4 + O + 2CuO \longrightarrow Fe_2O_3 + 2CuSO_4$$

によって除く。

2) Zn 鉱石に Pb, Cd が含まれる時は電解法が有利。硫化鉱を原料とする
時は 600~650°C で焼いて硫酸亜鉛と酸化亜鉛の混合物をつくり、これは
dil H_2SO_4 に溶解してとけるが、Zn の鉄酸塩類 ($ZnO \cdot Fe_2O_3$) の如きはとけない。
その為に Fe の含有の少い鉱石を用いる。又硅酸塩は dil H_2SO_4 にとけるが
硅酸の Gel が出来るのはよくない。H_2SO_4 で抽出した sol" は電解の前に精製
が必要であり、先ずこの液に鉱石を焼いて作った ZnO 又は石灰を加えて H ion
濃度を低くし、水酸化鉄などを沈殿さす。次に Zn 粉末を加えて Cu, Cd
以外の Zn より Elektropositive の metal を沈殿させ、而して Zn-sulphate
の純液をつくる。Zn の n' pot' は -0.76^V であって水素は中性液で -0.4^V
だから理論上中性で溶液からでは電析出来ないが、Zn-Surf における水素過
電圧が高い為に $ZnSO_4$ の溶液からでも電析させ得る。従って電流効率を
よくする為には水素過電圧を常に高く保たせる様にせねばならぬ。その目的に
際して Cathode の電流密度を高くし、又電解液を純粋にすることが必要。

又は cathode の電流密度を高くすると其の附近の Zn ion が欠乏し、粗い結晶が電着するから Zn ion の濃度を高くし液をよく循環させねばならぬ。又電解液に　　　のあると過電圧を下げ、其の為に海綿状 Zn が電析する。anode としては Siemens では MnO_2 を用いる。米国では Pb の anode を用ふ。この時酸素過電圧が低くて陽すれば anode を用いた方がよい。電解液としては通常中性 $ZnSO_4$ として、1ℓ中に Zn が 60～100g 含む液を用いるが、電解が進むとエーリの H_2SO_4 ができて電流効率は下る。しかし未だ混合 H_2SO_4 をもって次に焼いた鉱石を溶かすれば H_2SO_4 が足らなくなるので適当な所で 1ーリ 硫酸の出来てくるまで電解する。又溶から電析をつくる液に gelatin の如きを加う。Cathode は Al で電流密度 150～500 A/m²。電圧は 3.4～3.8V。current eff は始めは 96～98% なるも平均にて 90% 位となる。出来た電解 Zn の純度は 99.%。

3) Ni 鉱としては Magnetic pyrite に Ni, Cu, Fe, S + SiO_2 などを含む。又 Garnierite は Mg, Ni, Si などを含むでの鉱石である。冶金法としては Orford 法, Mond-Langer 法がある。之は普通の方法で。電解的に処理するには 2種類の方法がある。其の一つは Cu を含むとまま Cu を電解的に Ni と分離する方法と、他は湿式法で Ni 塩をつくって之から電解的にも Ni をつくる方法である。他に Höpfner 法がある。Cu, Ni を含む硫化鉱を焼いて Fe を不溶性の Fe_2O_3 にかえて Cu, Ni は CuS, Cu_2S, NiS の形にしまして powder にして $CuCl_2$ の溶液に加えて溶かし $NiCl_2$ と共に $CuCl_3''$ を含んだ溶液をつくり、隔膜をもった電解槽の陰極室にこの液を入れて先に Cu を電析させて、次に別の電解槽に pure Ni を電析させる。其の Browne 法あり。大部分の Ni, Cu

128

で少しのFe, Sを含むmassをやいて、その一部でanodeを作り、他の一部を食塩水の存在でCl処理をして出来た $CuCl$, $NaCl$, $NiCl_2$ 及び少しの $FeCl_2$ を含む電解液をつくって先のanodeを用いて電解して、cathodeにpure Cuを電析させる。anodeからはNiが溶解し、電解液はCuに減じてNiの富かます。前後に少量のCuを硫化ソーダで除き $NaOH$ で Fe を除いて、又液をcondenseして色別の液をとって、前後pure $NiCl_2$ が出来る。この液を用いNi電解槽に入れて graphit anodeと木綿の隔膜を用いて電解して cathodeに pure ~~$NiCl_2$液~~ Niを電析させる。電圧は3.5～3.6V。cut eff. 90%以上。Ni 1瓩について4 KWhr 消費す。

Hybinette法においては Ni, Cuを主とせるmatt鍛を10%の H_2SO_4 に抽出すると大部分のCuと少しのNiがとける。之をPb anodeを用いて電解しcathodeにCuを電析させる。一方溶解残渣はanodeに鋳込む。之はNiを60%程含む。隔膜を用いてこのanodeを $NiSO_4$

cathodeにpure Niが電析する。anodeでNiがとけるがCuも又とけるから陽極液を特別の槽において陽極屑の上を通して

$$Cu^{\cdot\cdot} + Ni \longrightarrow Ni^{\cdot\cdot} + Cu$$

の反応でCuを除いてNiの濃度を高くして再び陰極室へ送る。Cathodeとしては Fe板へGraphitを塗ったものを用ふ。この時のcut密度は100 A/m²。　Niの如き卑金属を電析すれば電解液として用いるsaltはpureなものを用い他の重金属があると妨げられる

Kaptil V. Galvanotechnik. 鍍金工業

鍍金工業 { Electroplating (Galvanostegie) 電鍍
　　　　 { Electroforming (Galvanoplastik) 電鋳

電鍍　a) 一般的注意.

地金の表面が平でない時がしばしばあるが鍍金する metal と均一に丈夫に付着させねばならぬ　それには地金表面を十分に清浄にする必要があり、機械的研磨をする。次にベンガラ、タルクなどを用いてそれに脂肪を交ぜたもので表面をみがく。更に表面についた脂肪分を除く為に約10%の NaOH aq で鹸化させて除く。鹸化性なる含成物性油や多量の油気のものやNaOHで侵されるものはベンジン、エーテルで洗ふ。時にalkaliを電解液として品物をCathodeとして電解すると脂肪分が鹸化され発生する水素で吹き除かれる。

Alに電鍍し難いのは酸化膜のあるからである。非金属のついてゐても難しい。清浄地金でも液に入れた時に他の物質の層の出来ることあり。ion化傾向の大なFe, Znを傾向の小なCu-saltの液に入れるとCuが直ちに地金の表面に付着する。

$$Cu^{''} + Zn \longrightarrow Zn^{''} + Cu$$

この時ついたCuは海綿状でその上にCuを電鍍しても力の弱い鍍金しか出来ない。之に反し $KCu(CN)_2$ の液を用いると Cu^{+}（プラス）のCuの少ないから海綿状のCuの急に付着せずに電解で丈夫な電鍍が出来る。又かくの如き他の物質層の出来ぬときでも地金の金属と鍍金金属との組合せによっては差が大小のあり。合金性の時は最も丈夫。合金を作らないなら地金とも鍍金金属とも合金を作る第三金属を用いる。例へばAgはFeの上にダメ。

130

Niはこれがよい様だ。リン青銅、黄銅、Fe、これはCu鍍金又はAg or Niの鍍金をすればよい。鍍金される金属は小さい孔(pin hole)があってはならぬ。一般にcomplex saltの電解液がつかわれる。

又cathodeとなる物体は形に色々あり、anodeからのきよりの差によって電流分布状態にちがひが出来る。金属の電析量は必ずしも電流分布と一致せず平均せんとする傾向がある。即ち実際にはcathodeの形にかかわらず分布の差異をなくして電析量を均一にせんとする力がある。この電流分布をならして均一にせんとする力を電鍍液の均一電着性 throwing powerと名づける。

一般工場では電鍍液の廻りといふのはthrowing powerといふ。この性質は凹凸があっても一様な厚さの電鍍が出来る為に鍍金工業では重要なfactorとなる。throwing powerはどんな時に大きくなるかといふと、

1) 電解液電導度を高くすること。
2) 電極電位 電位曲線の水平になる様な液がよい。
3) 電極電位の大となると cut off す。急に下る様な液がよい。

6). 各種金属の電鍍液と

一般に電鍍液は電着すべき金属を含むsaltの混合、主に硫酸塩又は青化塩が用いられる。電導率をよくする為に塩化アンモニウムや硫酸アンモニウムをかへる。又水素ion濃度を調節する為に醋酸ソーダや硫酸ソーダがかへられ、又良く光った電着させる為にニカワ、ゴム質、デンプン、Phenol、glycerinがかへられる。

1) 金鍍金 Vergolden

青化塩を用いる。高価な金を多く電解槽の中に入れれば不経済なれば dil. の溶液を用いて高温にて鍍金する。市販の塩化金は48%の

金を含む。大体 $HAuCl_4 \cdot 4H_2O$ が存在す。之を青化カリ、青化ソーダの過剰に溶解する。

$$AuCl_3 + 3NaCN = AuCN + (CN)_2 + 3NaCl$$

$$AuCN + NaCN = NaAu(CN)_2$$

又塩化金にアンモニアを加へて雷金 Knallgold or fulminating gold として [Au(NH)NH₂ + AuNHCl] 沈澱させ之を洗ふ。之を dry すると爆発するので湿ったまゝで青化ソーダにとかす。濃い液を用いるときは 70°C 位にし、液の濃さとしては 1g Au/l とし、常温の時は 3.4g Au/l にする。液の一例としては

Au (Knallgold)	4.2 g/l
KCN	15.0 g/l

を 60°～80° の温度で電流密度 $1\ A/dm^2$ 以下で電鍍する。anode は金の板を。厚い電鍍の時は電流密度を $0.1\ A/dm^2$ 位に下げる。

電解液を使っていると金が濃くなるから anode に Pt or Carbon の板を用いる。液中フリーの青化塩が不足すると anode が黒くなるから青化カリを加へて調節する。色調も青化塩が excess で電流密度が低い時は明色になる。鍍金層がうすいのは生地の色でかはる。この外鍍金液にて青化 Ag を少くすると青味。Cu を含むと赤味。Ni で白味がかかる。この目的で青化物塩として上等の金属を適当に加へる。

ii) 銀鍍金 Versilbern

塩化銀又は青化銀を excess の KCN にとかした液を電解液とする。常温でフリーの青化 K の含有量が大切である。大体 Ag が 15–30 g/l

の青化塩として含まれ、それに化合した青化塩の50〜100%に相当するユーリの青化加里を加へる。ユーリの青化加里は　　　の多くなると液の電導性は多くなるが、著しく凹凸のあるものを鍍金すれば200%位まで加へる。

H_2O	1 l
Ag (Chlorsilber)	25 g
KCN	42 g

$D_K = 0.3\ A/dm^2$　電圧 0.9^V

約1時間に 11^μ 位の厚みになる。

III) 銅鍍金 Verkupfern.

強酸性の硫酸銅aqでトキンを生ずるが、Fe, Znなどの地金では、これらのメタルがとけて化学的にCuが析出する為にそれが不良となる化合物が出来る。主として<u>青化塩を用いる</u>。Fe, Znの地金では先づ青化塩でうすくメッキして其の上に$CuSO_4$ aqでトキンすることはある。CuのメッキはNi, Agのトキンの下地トキンとして多く用いられる。又は鋼を浸炭するに炭素をこばむようにしてやき入れする浸炭法、やき入れしてはない所に先にCuトキンをして防ぐ時に用いる。電解液としては

20 g	KCN	in l.
20 g	Cu-azetat	
20 g	Na-bisulfit	
20 g	Soda	

$D_K = 0.3\ A/dm^2$

1時間 6.4^μ 位の厚さになる。

iv) 真鍮鍍金 Vermessingung.

之も Cu と亜鉛の中間層として用いられる。これらの場合は anode は真鍮板。
浴は Cu と Zn の青化塩を用ふ。

第一液 { 25g kristal Cu-azetat / 32.4g 〃 Zn-azetat } in l.

第二液 { 70g KCN / 50g kristal Na_2SO_3 / 20g entwäss Na_2CO_3 } in l

entwäss 脱水した

第一液を第二液へカクハンしながら流入す。

$D_K = 0.2 \sim 0.4\ A/dm^2$

Temp. $= 40°C \sim 50°C$

色調をよくする為に少量の As_2O_3 Na_3AsO_3 NH_4Cl, NH_4OH, C_6H_5OH などを加へる。

v) 亜鉛鍍金 Verzinken.

Fe の防錆として利用する。hot galvanizing の方法と比較して考へると、温度の低いのが特徴である。地金の Fe 表に鋼目のあるとそれに[illegible]を明示する特徴がある。電鍍法においては $1m^2$ に対し Zn 200g であるが熔融浴を用いるときには bath の中の とのいに流動性を生じ、roll の台を通して仕上をしても Zn 400g 程度になる。電解液としては 1^l に対し 2〜5g の H_2SO_4 を含む pH にして 1.5〜4.3 の弱酸性の硫酸亜鉛の bath を用いる。

Pfanhauser の方法

Wasser	1^l	Borsäure	10g
Zinksulfat	150g	pH	4 − 4.2
Ammonsulfat	50g		

(0.3 A/dm²: 電極間 電圧 1V (15cm))
(1 A/dm² 2.5V)

134

1 A/dm² で 100% の電流効率で 1 時間に約 17 μ位の厚さになる

更に迅速鍍金法として Paweck の方法では

Zink (Zinksulfat)	100 g.	in l.
Schwefelsäure	1 "	
Borsäure	20 "	

Dk = 50 A/dm²　　30 ~ 40°C

2 ~ 3 min. で相当厚い鍍金を得

かくして板の他の鍍金をも出来る

次に Alkali 性の bath では、酸性の Zn は平滑な形のものは平らに鍍金出来るが不規則形のものには Alkali 性が適当。一例を挙げる

Wasser	1 l	
Zink Kalium zyanid	20 g	
Ätznatron	20 g	
Kalium zyanid	10 "	
Natrium chlorid	4 "	

Dk = 0.4 ~ 0.5 A/dm²　　1.5 ~ 2 V.

電流効率 50%

かくの如き Alkali 性浴は空中から CO_2 を吸収して組成が変り易い。100% 光沢鍍金をする時は ニカワ、ブドー糖などを加へる。

vi) Cd 鍍金　Überziehen mit Kadmium

Fe 地金に対し Zn の保護作用と同じ作用をもつので Zn の代用となる。

特徴は 1) Cd は Zn より cost 高いが塩水に耐へる。2) 光沢、色も Ag に類似し且つ throwing power (均一電着性) が大なる為 Zn よりうすくしても鍍金するに十分である。電着したものについては鍍金層は脆いから不活性 gas 中で 180°C

て熱処理を行い、下地金と合金として付着力を強くする。

電解液は工業用には青化塩をつかう。

$Cd(CN)_2$	41g.	in l.
$NaCN$	49 "	
$NaOH$	20 "	

之に Dextrin を加へる。その他 Karamel を加へて光沢鍍金が出来る

$D_K = 0.5 \sim 2\ A/dm^2$　　常温以上.

又硫酸塩としては

$CdSO_4$	100 g
H_2SO_4	30 "
Gelatin	30 "
Alkohol	100 "
H_2O	1 kg

vii) Cr 鍍金. Verchromen

電鍍面が錆びぬ外に熱に対して強く化学薬品にも HCl 以外には侵されぬ。他は Cd 鍍金と共に広くつかはれる。特に印刷版面にこれを施すと寿命が長い。Sargent が 1920 年に適当な電解液を発見して以来広く行はれる様になったもの。その一例は

CrO_3	250 g	in l.
H_2SO_4	2.5 "	

この時 $CrO_3 : SO_4'' = 50:1$ 以上に保つ。

Anode は Pb 板.　$D_K = 10 \sim 30\ A/dm^2$.

温度は 30° 以上 40° 位。温度を下げて D_K を高くした方が光沢はよい。これは steel 又は Ni においては Cathode の D_K を 50°C において 16 A/dm²

136

35°Cに於て 3.5 A/dm², Cuや真鍮に対しては 50°で 25 A/dm²
35°で 7.5 A/dm² 位にすると適当である。 かく差のあるのは水素過電圧がCuや真鍮に対しては大なる為である。 故に Feに対しては先にCu鍍金をした方がよい。 又Cuや真鍮に鍍金する時には品物を先に電流につないでおいて後に浴の中に入れる。 電解中水素が出ますと発散し面を侵すから酸の噴霧は特に排除せねばならぬ。
防錆としては 10μ 以上の鍍金がいる。 製図をよくするためにすることの必要あり。 一般に Cr鍍金の下地鍍金としてCu, Ni, Cdが使われる。

viii) 鉛鍍金 Verbleien

特に用いられるものは、化学薬品 (H_2SO_4, SO_2) などに対する耐蝕のさび止めに使ふ。 電解液の一例。

Wasser		1 l
Bleisilicofluorid	$PbSiF_6$	85 g
Kieselfluorwasserstoffsäure	H_2SiF_6	70 g
Gelatine		0.15 g

$D_K = 1 \sim 3$ A/dm²

電圧 1 A/dm² の時は 0.3 V

鉄に対しては Cuを下地として用いる。

又 Siemens & Halske

Bleiperchlorat	83 g
Überchlorsäure	25 〃
Nelkenöl	1 滴

$D_K = 2 \sim 3$ A/dm²

さび止めには pin hole をなくする為に相当厚く鍍金する必要あり。 少くとも

0.2mm を欠点とす。腐蝕性液を入れるものには特に注意

ix). Ni 鍍金. Vernickeln

Niは腐くさびぬ事と美観をもつから広く用いられる。この液は不純物に対して鋭感で特にZn, Cu, Feを含まれると悪い。Znでは0.05%位で有害で、Cuは0.03%で、Feは1%以上有害である。従てNi anodeはpureなものを望み99%以上のものをcastしてanodeを作る。之を圧延するとNiのpassiveになって溶解しにくいのでcastした板を用いる。anodeのcdtをcathodより小さくし多量にとけるのを防ぐ。Niメッキは液のpHにて影響し、大体5.4～6.3位のものが良い。電鍍液の一例は

Wasser	1l	}
Nickelammonsulfat	75g	}

$D_K = 0.3\ A/dm^2$

3.5V (15cm)　　電流効率 90%

1hrで3.4µの厚みに達する。

これに対して尚硫酸アンモンを1lに10gの割に加へると電導がよくなり液の電着性もよくなって大きい品物の鍍金によい。しかし $NiSO_4$ の方がdoppel saltよりとけ易いので次の液がつかはれる。

Wasser	1l	}
Nickelsulfat	50g	}
Ammonium chlorid	25g	}

$D_K = 0.5\ A/dm^2$　　2.3V　　cdt eff = 95%

1hrで6µの厚さとなる。

Feやsteelにchloridを含んだ液では錆の出来るのでこの液はつかない。pinholeの少いcompactで容易にみがき得るもので緻密な鍍金層を厚く

138

ここでははげにくい鍍金を得る為に次の様な液が使はれる。

Wasser	1 l	}
Nickelsulfat	40 g	}
Na-zitrat	35 g	}

DK = 0.27 A/dm²　　3.6 V.　　curr. eff = 90%

2. 電鋳　Galvanoplastick　Electroforming

電鍍を応用して字形と合ふものを再生する方法である。

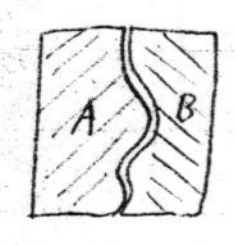

Aの字形に対しBなる neg. form を plastic の物質でつくってその表面を電導性の黒鉛などで cover する。之にかなり厚く電鍍して、しかる後Bから外しとるともとのAと全く同じ形のものを作り得る。

この方法の応用された電鋳は detail まであらはし得るので Record の作成の際に用ひられる。又活版製造の時にも応用される。又 Cathod を円筒状にしておいて電析を行ふとつぎ目なしの pipe が出来る。之から引きぬいて任意の太さの pipe を作り得る。又 Cathod の円筒に厚い電着層をつくり、之を外して縦に切開いて板にすると応用の多い市販の銅板又は dynamo 用の銅板が出来る。

以上の如く neg の形をつくらねばならぬが、この neg を金属で電解法で電着させてつくる時には其の neg を字形の面から剥離し易くしておかねばならない。その為に字形の面に graphit の細粉をぬったり Cu の

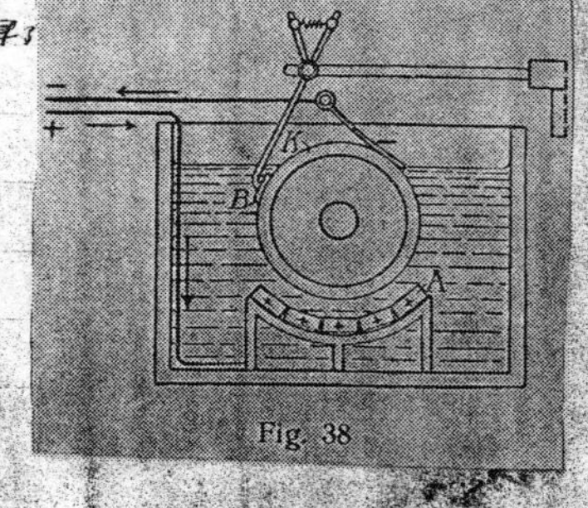

Fig. 38

青銅の粉をぬって H_2S で着色すれば CuS になるが、原形の金属製のものは
硫化ソーダ、[illegible]の溶液をぬる。レコード等では Cu 層へ
王水、青化銀銀のヨー液をぬって、次ヨード液で処理すると AgI の
薄膜ができて、はなれ易くなる。その他金属製 neg. をつくるには 蜂[?][illegible]
metal を原型の上に流すか、鉛板を小石に押しつけてつくる。

金属以外の材料の neg. にはパラフィン、黒鉛などの混合物やセルロイドなどの plastic 物を用いる。この場合に電導性にして用いる。伴性の必要。

	Ⓐ	Ⓑ
Gelbes Bienenwachs 黄蠟	400 pts	250 pts
Erdwachs 地蠟	300	450
Paraffin	100	50
Terpentine	60	35
Graphit (geschlämmt)	150	180.

これ図につかう配合。

先ず之を鍋で蒸気でかためてとかし、之を原型の上に流して厚さ1cmのものにし、陰部分に気泡をはかりとってその上に graphit を撒布す。
さめきらぬ中に原形を上からおしつけるか、その原型には見ないあし油をぬって wachs の上におき 40〜60 atm. の圧力をかけて圧さくする。
又 wachs を用いるときは[illegible]をつかう[?]。
石膏の形をつくるときには之を parafin をとかしたものにつけて十分飽和させる。そして型の温い中に細粉な graphit を表面にぬって乾燥にしてその型の凹凸の多部を[illegible]電導性を与える。以上で neg. をつくる。
次に電解に Cu をつける為に $CuSO_4$ aq. につけて、その上に[illegible]鉄粉をかけると Cu と Fe の置換により細粉な Cu が[illegible]電導性よくなる

又Pb製neg.では青色のCr酸塩のaqとなるとCr酸鉛の出来てZnCu合金とすると型からはなれ易くなる。電解槽としてはCu管を用い. Cuに電鋳を行うに必要な厚さの上にNiなどの電鍍を行ふ。

浴の組成としては

Ⅰ	21 %	$CuSO_4$	1 A/dm²
	3 %	H_2SO_4	
Ⅱ	300 g	$CuSO_4$	1 l 8 A/dm²
	3~5 g	H_2SO_4	

温度 26~28°C 全体を吹込み等でまぜて電析す。0.15~0.25 mm の厚みにするには Ⅰ で 10 hr. Ⅱ で 1 hr. である。

3. Elektroanalyse 電解分析.

metalを秤り得る形にして電極上に電析させる。この場合電析は定量的に完全で且又数種のmetal混合の時完全に分離されねばならぬ。元来metal電析のtheorieの時の第二のcaseの如く水素と金属とが同時に放電する場合や亜鉛例えばMn—アルカリメタルに至る如き金属では水素の発生が容易で定量的に金属を析出するは不能。第一のcaseでは如何程濃度でも水素より金属の方が容易に電析するから noble metal の Ag, Hg, Cu, Bi, Sb は電解分析が行われ易い。第三のcaseの如く metal の平衡電圧がその水素のそれに近い水素を発生するに必要な電圧の差によって金属の定量的に析出するか否かはその金属について水素過電圧の大小により定り水素過電圧の大なる時は可能となる。例えば Cd は中性硫酸 aq から電析され Pb は中性硝酸から定量的に電析される。ferrous ion はその硫酸塩 aq から完全に電析される。又両性金属から完全な電析の出来ないので錯塩 aq から電析し得る metal あり。例えば ZnOH のアルカリ aq. からアルカリ zinkate の

aq 或ハ Zn ノ電解ガ出来ル。Ni ノ OH化物ハ ammonia aq デ
komplexe Tetraminnickelo kation $(Ni(NH_3)_4)^{\cdot\cdot}$
ヨリ電解ガ出来ル場合。
或ハ或ル metal ion ヲ complex ニシテ electrolyte 中ノ ion 濃度ヲ減ジ
Hノ発生ヲ少クシテ metal ヲ完全ニ電解サセ得ル。
二種又ハソレ以上ノ metal ヲ分離電解サセルニハ電解サセ得ル電圧
ノ差ガ十分ナケレバナラヌ 最初電解スル metal ノ分解ト ソレヨリ低イ濃度 10^{-6}
ニ達スル迄ハ 第二ノ metal ノ電解シナイ様ナ電圧デナケレバナラヌ。
コレヲ第一 metal ヲ当量ノ trace 迄電解スル為ノ cathode pot.ト
云フノデアルガ 之以上ニ上ラナイ様ニシテ 第二ノ metal ノ電解ヲ防ギ
得ル。コノ目的ノ為ニ 電源ニ一定電圧ヲ用イル。例ヘバ Ag ト Cu
ヤ Ag ト Pb ヲ分離スル時 硫酸ガ無イ硝酸液ニ 二ケノ Battery ノ
電圧 1.23^V ヲ用イテ電解シ ソノ中ノ Ag ヲ完全ニ電解シテ ソノ後
電圧ヲ高メテ第二ノ metal ヲ電解スル。又 Cd ト Cu ノ分離ノ時ハ
2^V ノ 蓄電池 Battery ヲ以テ 完全ニ Cu ヲ電解シ 後ニ電圧ヲ加ヘテ Cd ヲ電解ス。
之等ノ分析ニ用イル Cathode ハ Cl. Winkler ノ作ッタ白金金網
ノ円筒ヲ用イル。anode ハ太イ白金線デ作ッタ スパイラル。又静置シテ電解
スルト時間ガカカルノデ 液ヲ搖動サセ 又ハ 攪拌シテ 電解時間ヲ短縮
スル Schnell Elektrolysen ニ於イテハ anode, cathode ノ一方ヲ回ス
方法モアルガ ソレヨリ簡単ニスルニハ anode, cathode ヲ夫々2ツノ同心ノ白金アミノ
円筒ヲツクッテ ソノ中心デ カクハン棒ヲ回ス。
又 Cathode ニハ完全ニ電解デキナイガ Anode ニ至ッテ Oxide ノ形トナッテ
完全ニ電解出来ルモノアリ 例ヘバ Mn, Pb 等デ Mn ハ硝酸又ハ硫酸ノ
H_2SO_4 塩 aq カラ MnO_2 トシテ電解ス。

$$Mn^{''} + 2\oplus \rightarrow Mn^{''''}$$

anodeに4価のMnの硫酸塩を生ず。之が加水分解して

$$Mn(SO_4)_2 + 4H_2O \rightleftarrows Mn(OH)_4 + 2H_2SO_4$$

$$\rightarrow \underline{MnO_2} + 2H_2O + 2H_2SO_4$$

Pbは濃い硫酸に侵されず anodeに PbO_2 として沈積す。この為 anodeは白金皿をつかい cathodeは特別な白金網を用ゐる。

—— End

物理化学特論

昭和16年3月卒

電気工学科　池田盈造

I. 古典光学の法則

1. 真空内の光の特性

§1 光線の方向

Lの如き一点から発した光はBなるWallをおくと影が出来る。光は直線的に進む。

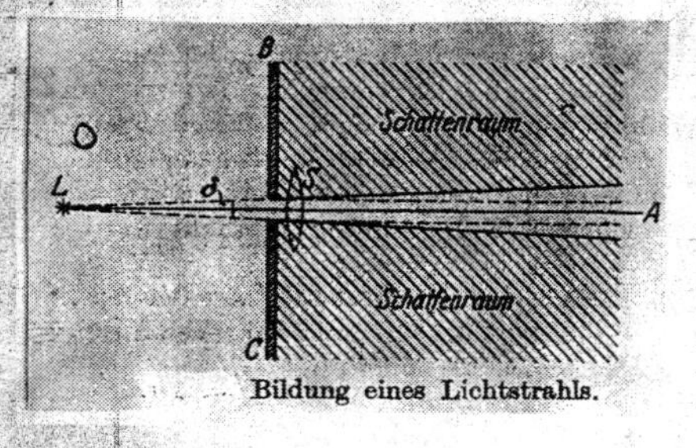

Bildung eines Lichtstrahls.

今Bに円形の孔があると光の通り得る範囲はδなる角の範囲に限られる。δの小さい時之を光線という。光線の方向は$\overrightarrow{LA}$によって定まる。LAは光線を区別出来る。方法で確に与えることはLAとδとを考へる。もしSなるlensをおいてその焦点にLの来る様にすればδを考へる必要はなくなる

§2. 光の色（振動数）

光の種類を区別する。色から区別する。しかし色による識別は連続でないから数字を以て色を表はす。光は一種のwave motionなることを根本として其の振動数である。それによると色はfrequencyを以て表はし得る。一種類のVibrationでは都合がわるい。猶frequencyによって光を区別するのは不便の様であるが実際はそうでない。例へばfrequencyをつかふ以上はVisibleは $4\times10^{14}\sim7.5\times10^{14}$ Hertzである。

$380\sim780\ m\mu$

Frequenz Wellenlänge in cm

ν	λ
$3\cdot10^{4}$	10^{6}
$3\cdot10^{5}$	10^{5}
$3\cdot10^{6}$	10^{4}
$3\cdot10^{7}$	10^{3}
$3\cdot10^{8}$	10^{2}
$3\cdot10^{9}$	10
$3\cdot10^{10}$	1
$3\cdot10^{11}$	10^{-1}
$3\cdot10^{12}$	10^{-2}
$3\cdot10^{13}$	10^{-3}
$3\cdot10^{14}$	10^{-4}
$3\cdot10^{15}$	10^{-5}
$3\cdot10^{16}$	10^{-6}
$3\cdot10^{17}$	10^{-7}
$3\cdot10^{18}$	10^{-8}
$3\cdot10^{19}$	10^{-9}
$3\cdot10^{20}$	10^{-10}
$3\cdot10^{21}$	10^{-11}

Wellen der drahtlosen Telegraphie
無線電信波
Elektrische Wellen
kurze elektrische Wellen
Ultrarote Hg-Dampf-Emission
Reststrahlengebiet
kurzwelliges Ultrarot
Ultrarotes Licht
Sichtbares Licht
Ultraviolettes Gebiet
Schumann-Gebiet
Lyman-Millikan-Gebiet
Ultraviolettes Licht
Langwellige Röntgenstrahlen
Röntgenstrahlen
γ-Strahlen
Ultrastrahlung

Skala der verschiedenen Lichtarten.

2.

§3. 光の強さ

光と其の明さの程度 Intensity によっても区別出来る。この場合に定量的に定める時には之に影響する色々な二次的現象を除かねばならぬ。例へば写真乾板に光を当て、乾板の黒くなった程度で Intensity を求める時に於て、色々 factor があり、其の黒さも板の種類や現像の時間、現像液の種類などで黒さがちがふ。従て夫等を const. にして始めて比較が出来る。尚も都合のよい装置は Photoelec. cell を使ふ。之によると光の強さは Electrometer のふれで求められる。これらの方法の欠点は光の種類により其の作用が異なる。従て absolute value は求められない。之に反し光を其の energy として測定出来るならば abs. value がわかる。例へば太陽が地上に与ふる光線は1分間一平方 cm につき 2 cal. である。白色光の代りに単色光に於いても同じことが出来る。今 unit area の上に unit time に来る光の強さを J_s とするとき投射されたものに発生する熱量を測定すれば J_s が求まる。それには投射する物体として理想的の黒体の如き光を完全に吸収して之を熱に変化し得るものをもってくればよい。

一方光が振動であるとせば其の光の intensity は即ち光の振幅に比例せねばならぬ。

$$E = \frac{b}{2}x_0^2 \qquad \begin{cases} x_0 : \text{amplitude} \\ b : \text{const.} \\ E : \text{intensity} \end{cases}$$

§4. 光の偏り Polarisation

光が振動なりとすると其の運動は或る1つの方向にのみ行はれてゐるとは考へられない。即ち光の時には真空中で自由な振動が出来る。即ち光では振動を生ぜしめる様な特殊なる土台が存在しないから光の振動状態を知る為には何か之に可能なものに与へて実験することを要する。この Analyzer として非常に小さい Massive electric pt. charge をおく。2つもつ2つ Elastic に結かってゐれば其の距離は大きくなれば力が強くなる。今一方を固定しておいて他の点を運動

を observe するか光を通して写真記録からす　光で之を合成する運動を示す

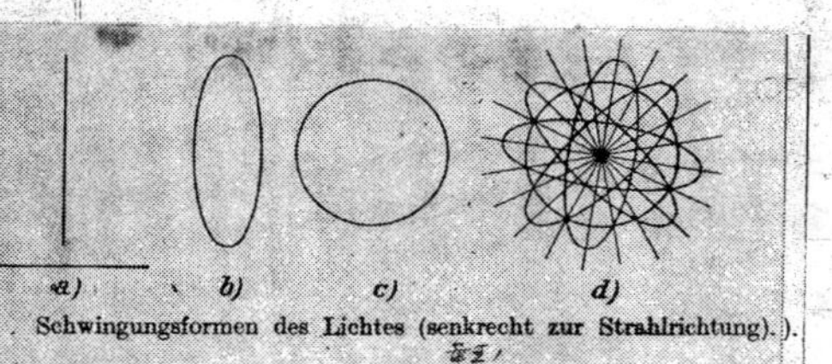

Schwingungsformen des Lichtes (senkrecht zur Strahlrichtung).

と考へる. この中 a) を直線偏光 linear polarized light b) を楕円偏光 Elliptic — c) を円偏光 Circula — という. d) は Normal light である.

之は光を正面から見た場合であって側面から見ると a) b) c) d) 何れの場合でも一定の直線になる. 即ち光の方向には何等の振動も存在しない. 一般に1つの振動が或る振動の進行方向に直角に行はれてゐる時には transversal motion. それと進行方向と一致してゐる時は Longitudinal motion という. 従って光は transversal vibration であるわけである. さて b) 及び c) の場合は丁度 a) の場合の2つが直角に combine したものであって phase の異なるずれてゐる. 従って色々の形の Ellipse を作る

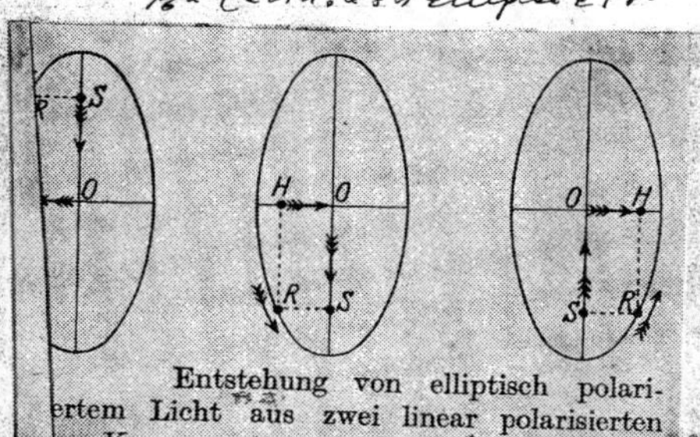

Entstehung von elliptisch polarisiertem Licht aus zwei linear polarisierten Komponenten verschiedener Phase.

SO, HO は夫々の成分の振動の amplitude, RO は resultant amplitude

下は1つの直線偏光は2つの円偏光の合成であると考へたものである.

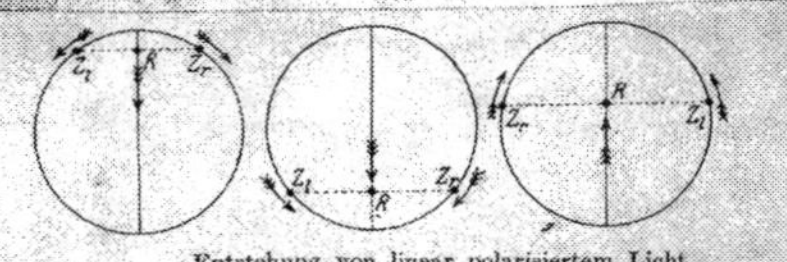

Entstehung von linear polarisiertem Licht aus zwei zirkular polarisierten Komponenten entgegengesetztem Drehungssinus.

4

§5 光の傳播速度. C_v

波長. Wellenlänge

$$C_v = \nu\lambda_v \quad \text{------} \quad (1) \quad (\text{vacuum 中})$$

λ_v は C_v と ν より定まる secondary のものとして定まる. しかし実験的には λ の方が容易に測定出来るので実際上は λ を求めて ν を計算する.

光は1つの energy なる quantum theory より学ぶと光のある所には energy があるということになり, 従って intensity of light と velocity との間には一定の関係がなければならない. その intensity を J_s とすると

$$J_s = 1.\overset{(\text{sec})}{} \; C_v \cdot u_s \quad \text{------------} \quad (2)$$

where u_s は光の存在する volume unit 中にある光の energy density である.

2. 光と物質との相互作用.

§6 反射, 屈折, 散乱

一つの monochromatic で勝手な偏光での光の vacuum 中より平らなもつ透明体に傾めに当ると一部は反射し他は物質内に入る. それら3つの光の方向について

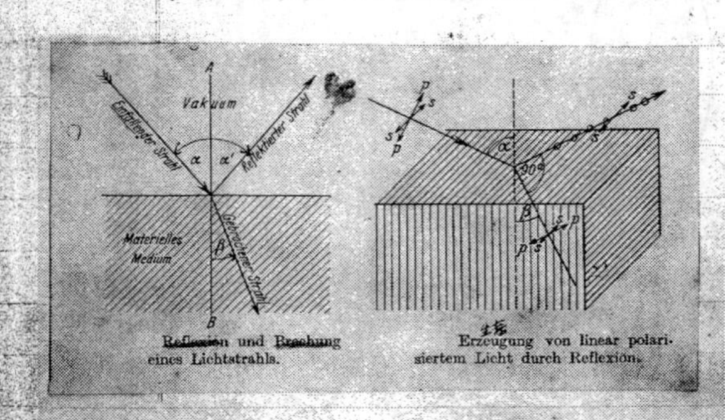

Reflexion und Brechung eines Lichtstrahls.

Erzeugung von linear polarisiertem Licht durch Reflexion.

垂角の方向 AB をとると3つの angle α, α', β なるものを得る. この場合投射角は反射角に等しい $\alpha = \alpha'$. 屈折角は α と同方向にして但し ある時常に α より小さい. α と β との間には Snellius の法則あり.

$$\frac{\sin\alpha}{\sin\beta} = const = n_r \quad \text{------} \quad (3)$$

n_r: 屈折係数 Brechungskoeff.

屈折の作用を起すかについては 光の velocity の変化するためといはれる

$$n_r = \frac{C_v}{C_M} \quad \text{----------} \quad (4)$$

$n_r > 1 \quad \therefore C_v > C_M.$

光の polarized であれば 屈折する場合、反射する場合に 偏光の変化を来す。

図の如くに 反射光線の 反射面へ ‖el に偏光しているとすると 反射角がある特定の値 いはゆる偏光角 Polarisationswinkel の時には（$\tan i = n.$）反射が全く起らない。

この場合の條件 $\alpha+\beta=90°$ 〜 $\alpha+\beta=90°$ の時に起る現象である

従って自然光を反射するとその光の中の反射面へ ‖el に偏光した comp は反射光線の中には含まれなくなる。従って反射光には完全に polarise した光のみが得られる。

この方法によって人工的に偏光が出来る

屈折した光がもしその medium の isotropic な物体、結晶ならば regular cristal の場合には polarisations winkel の時に不完全ながら一部分偏光する。PP の SS より弱くなる。PP の energy の ~~[illegible]~~ 屈折光に移るからである。

これに反して regular でない結晶の場合には 屈折光線は一般に二つの光に分れ、互に完全な linear polarized される。特に one axis の結晶の時が著しい。

optically に isotropic な物体は偏光について利用され、又偏光を利用して物体の optical property を調べることが行はれる。

Optically に isotropic な物体につき 種々な frequency に対する n_r を求めてみる。すると n_r の値が違い その medium 内に於ける その frequency の光の伝達速度がちがふ。その結果によると frequency の高い程 光速が小さくなることがわかる。この現象を 分散 dispersion と云う。

n_r は その物体の透明である所は frequency の増すと共に漸次増加するのである。然し広い範囲に n_r をしらべると n_r の変化は複雑になる。即ち

「反射を利用せる偏光の生成」

6

$$\frac{n_\nu^2-1}{n_\nu^2+2} = \frac{a_1}{\nu_{01}^2-\nu^2} + \frac{a_2}{\nu_{02}^2-\nu^2} + \frac{a_3}{\nu_{03}^2-\nu^2} \quad \cdots\cdots (5)$$

a_1, a_2, a_3 : 物質特有 const

$\nu_{01}, \nu_{02}, \nu_{03}$: 光を吸収する物質に特有な frequency

(5)によっても分る様に ν の増加と共に n_ν は増加する。しかし或る特殊な部分においては(5)の左辺 n_ν は ν の増加と共に増加するとは限らない。之は図に示す

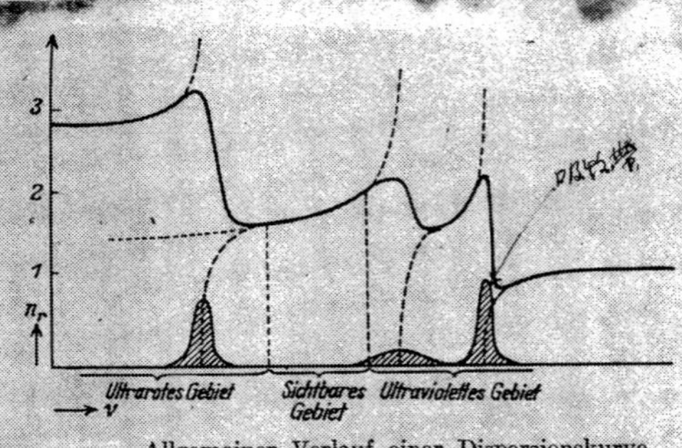

Allgemeiner Verlauf einer Dispersionskurve.
結果

或る狭い ν の範囲内での急激な減少が起る。そして ν が非常に大になると結局

$$\frac{n_\nu^2-1}{n_\nu^2+1} \to 0 \quad 即ち \quad n_\nu \to 1$$

となる。即ち非常に波長の短い所の光の進み方は Vacuum 中でも material 中でも異りがない。図の吸収帯を示す

光に透明な所は n_ν は ν の増加につれて増加する

§7 光の吸収 absorption

物体の完全に透明であると(5)式であるが 光が通過するとき光の弱まる場合を考える

(1) 物体中に入った光が再び光として emit する場合.

(2) 入った光が heat や chemical energy に変化して光としては外部に出ない.

この2つの場合の中 (2)の光を光の吸収という。

Monochromatic light について考える。

Lambert の法則

物体の dx を光が通る間に dJ だけ intensity が弱くなったとすると dJ は dx に及び J に比例する

$$\frac{dJ}{J} = -k'dx. \qquad (\because -dJ = k'Jdx) \qquad J_x = J_0 e^{-k'x}$$

もし有限の厚さaを通過したとしたとき、透過のintensity J_a とす。

$$\ln \frac{J_a}{J_0} = -k'a$$

$$\log \frac{J_a}{J_0} = -0.434k'a = -ka$$

$$\therefore \frac{J_a}{J_0} = 10^{-ka} \text{ ------------ } (6)$$

kを吸光係数 Extinktionskoeff という。　吸収係数 Absorptionskoeff.

もしこの関係をsolutionの場合にapplyす。

若しSolvent中に溶解して着色しておるとき constしておらないならば

kはunit vol中にある光を吸収する分子数、即ちsoluteのconcentrationにproportionalでなければならない

$$k = Kc. \text{ —— } \underline{\text{Beersche Gesetz}}$$

K：分子吸光係数 Molekulare ——

という。

この様な吸光係数を広いSpectral regionについて測定するとその Spectrumのある部分に著しい吸収の起っていることがわかる。これをいわゆる吸収帯 Absorptionsband である。

図によると1つのbandに於ても kの値即ち吸収の程度は決して一様でなく あるνの部分に於てmax.のkがあることがわかる。又吸収帯の位置及び位置は光のdispersion curveと密接な関係をもち、dispersionに対して著しい影響を与えることがわかり band内の屈折係数は多少異常に減少することがわかる

§8. 偏光面の回転

偏光の振動面を回転する現象がある。この場合はlayerの厚さに比例する。その

optical polarisation の rotation の著しく起るのは crystal 或は液体 liquid である。之等の物の構造をみると、偏光面の廻轉は構造に depend する。特に solution の場合、その偏光面廻轉角から各 molecule の廻轉能力を測定し得る。即ち厚さの unit、濃度の unit のものについて角を比較すれば relative な molekulare Drehungs vermögen を得る。

rotation を起す原因について、次の様に考へられてゐる。linear pol^ed light よりこれが rotation を起すのは右旋又は左旋の2つの成分異って屈折率をもつ。即ち polar^ed light の ultra violet の部分に於て違った吸收をなす為に rotation を起すのである。右旋と左旋の屈折率の違ふ為に（吸收速度の違ふ為に）a) の如くのものが Z_l' の早く動く為に ↙ の方向に傾く。

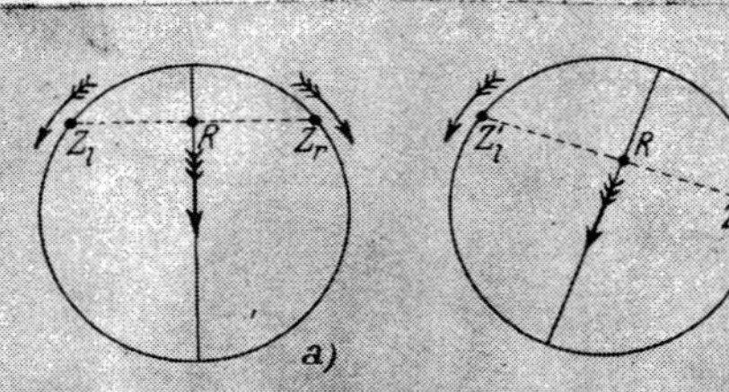

Zustandekommen der Drehung eines linear polarisierten Strahls durch eine verschiedene Fortpflanzungsgeschwindigkeit der beiden zirkularen Komponenten.

吸收の異ることを Zirkular dichroismus といふ。従って或る物質が rotation の能力をもつこと、その大きさは其の原因の light の至近部の Zirkular dichroismus の主なる為であるといへる。

dichroismus は吸收に関係あるから、之を測定しては物質の intermolekular の構造の状態を知り得る。

§.9. 光の散亂（Streuung）, Raman's effect, Fluoreszenz.

scattering の現象は室内埃又は氣体の中に colloid 状の particle の suspend した濁った medium の中に光を通した時に起る Tyndall の現象である。

9

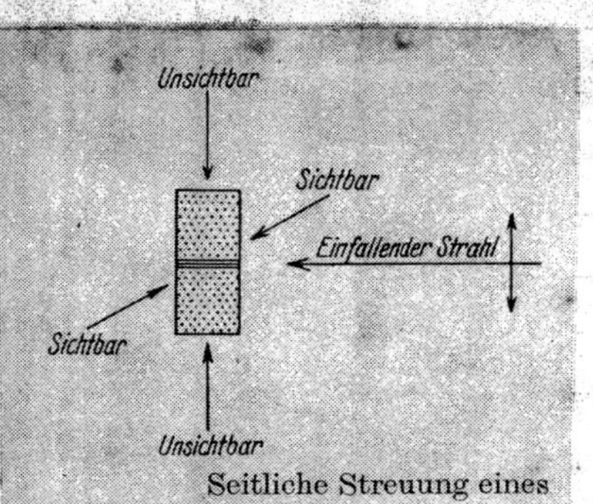

Seitliche Streuung eines linear polarisierten Lichtstrahls.

monochro^{c} linea pol^{ed} light が濁った medium 中を pass する時に、光路に⊥^{r} が light の進方向から見ると はっきり見える。上から下から見ると見えない。即ちこれは光の一部が medium の為に他の方向に曲る為である。

Lord Rayleigh の theory の要点をのべてある。particle の大さが wave length に比べて小さいと仮定する。これによると Streulicht の intenzität は光の linear pol^{ed} の時は medium 中にある particle の数、particle vol. の平方、光を見る方向と pol^{ed} light の方向との角の cos. の 2 乗に比例するのである。wave length の 4 乗、Observer から medium までの distance の 2 乗に逆比例する。factor として particle, medium の屈折率である。Rayleigh によると短い波長の光程強く scatter する。従て Einfahrende licht の白色光なりとせば Streulicht は blue color を呈す。それに透過して来る光は赤色である。従て Rayleigh の式から intensity より particle の大さ及び数がわかる。Avogadro's no. を求むる一法である。

Streuung を起す場合には Streuung を起す物体を physicochemie に於いて考えしないと考えられる場合ならば濾紙を filter として時に scattering は起きる。即ち optisch leer となるわけである。

精密な実験によれば何れの液体でも Streulicht は示しておらぬ。即ちこの場合の Tyndal effect は colloid particle によるのではなく其の medium の分子自身の streuung にある。ならば後の Streuung による

medium の分子配列を調べるに重要であることがわかる。

以上の Rayleigh の Streuung の phenomena の特徴としては monochro light を使ふ以上は Streulicht の波長. freq. は 投射光線と全く等しい。

然るに 1928 に C.V. Raman が monochro light を当てた時に分子の Streuung から来る normal Rayleigh の Streuung の他に異なった投射光線と違った波長の Streulight のあることを認めた。

この現象を Raman effect といふ. これより分子(atom) 又は atom 団の Streuung が molekule の構造を知るに役立つ。直線の吸収とともに Raman effect に表はれる Streulicht は非常に波長の長い所に出てくる。分子内の atom の結合状態を調べるについては昔は 赤外線 Spectrum をとったが Raman effect の様になって簡単にそれを知ることが出来る。

Raman effect は Streuung の phenomena の1つと考へられる. これに似たものに Fluoreszenz がある。出てくる光は たとへ投射光線が pol^ed であっても Fluoreszenz は pol^ed でない。 streulicht の intenzität は どの方向でも同じである。 [illegible] 特徴は 出てくる光の freq. は incident light のそれより freq. が小さい max. は [illegible]。

§10 光の干渉 Interferenz

波長 11^ed な freq の等しい光の重なると path の違いによって amplitude の変化する。 interferenz の時は 2つの波の位相の相等しい時 (phase の差が [illegible]) 又は合って時のみ起る。従ってこの現象により光の wave motion なることは証明出来る又 interferenz と

1. Welle φ=0 φ=λ/4 φ=λ/2 φ=3/4 λ
2. Welle
Resultierende Welle
a) b) c) d)

Interferenz von Wellenzügen mit verschiedenem Gangunterschied.

応用すると波長測定可能。（反射格子）

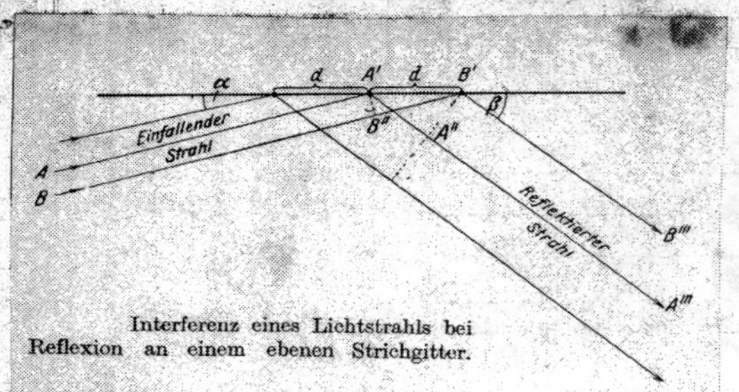

Interferenz eines Lichtstrahls bei Reflexion an einem ebenen Strichgitter.

光を溝の上に当てると溝の所で反射されまたこの点が 2nd source になる。1つの波から分れたのだから kohärent wave である。

βの方向で強められるとすれば、この二つの波の路のちがい B''B'−AA'' はこの時のλの整数倍でなければならぬ。相隣る溝の距離を d とすると、

$$B''B' - AA'' = d(\cos\alpha - \cos\beta) = n\lambda \quad \text{-------------} (7)$$

visible の時のみならず Rentgen ray の時の波長測定にもつかへる。この場合波長が非常に短い。従って干渉を起させるには α は非常に小でなければならぬ。　Al の Kα line の λ = 8.333 Å

§. 11. 空間格子による干渉

Rentgen Strahl による結晶構造の測定

干渉を起すことに要る干渉の時と空間格子のとり合い。

plate の完全に密着しておるとせば simple body と考へてよい。実際はそうでなく各 plate と plate との間には非常にうすい layer。一見透明、屈折率の同じ様だが、ちがっておって discontinuous となる。各 plate に於て反射の起るわけである。

しかし plate 間の plate と plate の間に狭まる medium の屈折率はわずかしか違はない。従って1つの plate から反射する光の intensity は僅かしか observe されない。

しかしもし2つの layer によって反射された光の互の干渉は場合には intensity の強く

Figur zur Erläuterung der Glanzwinkelbeziehung (435).

なるから observe 出来る。
分子間の場合各波の pathの差が wave lengthの整数倍になる。

行路差 = EF = $n\lambda$

$n\lambda$ を Braggにすると

$$n\lambda = 2d \sin\alpha \quad \text{------} \quad (8)$$

になる。

今 monochro light をつかうと λ, d : const 従って α のみ variable である。即ち incident angle を徐々に変化すると或る一定の α_1, α_2, ... の所 Glanzwinkel 視角の所(8)に強い反射が認められる。visible ray の時は plane 格子によって目的は達せられる。X ray の様な短波長では plane glating は出来ぬ。そこで crystal を space glating として使ふ。即ち X ray の region では波長が結晶の atom 間の距離 3〜数Å の場合が普通である。そこで Laue の行ったように crystal の space glating として使い得る。結晶学的には crystal 内の atom や molekule は常に同等な距離で並ぶか或るいは period をくりかへされる equal distance で並んでいる。従って結晶の或る適当な面へ X ray を当てる場合に干渉が起る。実際結晶の所謂結晶内の glating を形成するその atom や molekule は常にある一つの plane の上にある。この実際の crystal surface を形成するのは Netzebene そのもので格子面をなすのである。

Fig. Ebenes Gitter zur Veranschaulichung des Zustandekommens des Gesetzes von den rationalen Indizes.

~~Laue~~ Bragg の反射角法を crystal に X ray を当てる場合に応用する。

この時は単純なる反射の式とは

考へられぬ。反射でなく scattering が起つてゐる。即ち X ray が atom の1つに当り scattering が起る。scattering の intensity は弱いが、glanzwinkel を当つた光のみが強くなる。此の条件は(8)式に表はされる。(8)が hold すれば λ一定の X ray を当てると crystal 内の netz ebene の間の距離 d が α とλより わかる。之によつて色々の結晶面の d を測定すれば 1つ1つを組立てて 1つの結晶の全 space glating 即ち結晶形がきまる。従つて molecule の位置も[illegible]わかる。

この glanzwinkel の方法は相当大きい形の揃つた crystal がなければ困難である。一定方向から X ray を当てて此の結晶を1つの軸のまはりに rotate する。そして軸のまはりに film をはつておけば film 上に glanzwinkel に相当した所に黒点が現れ、之が簡単にわかる。

Bragg の方法

incident light →

← film

大きい結晶を手に入れることは相当困難で通常は powder を使用せねばならぬ。この方法を Debye-Scherrer の方法という。

Sample は此の両又は硝子の管19に入れ、軸を中心におく。この場合 X ray は右から film を通って[illegible]に当る

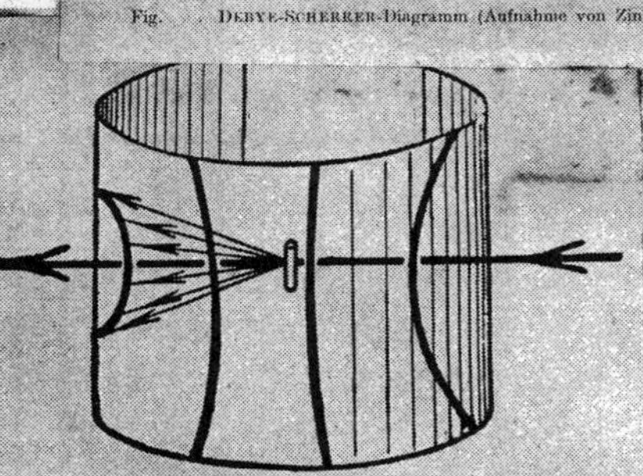

Fig. DEBYE-SCHERRER-Diagramm (Aufnahme von Zinkblende).

Fig. Schema der DEBYE-SCHERRERschen Methode zur Ermittlung von Kristallstrukturen.

Sample の細かい粉は powder の中であるならば (8)で示された反射条件を満足する位置にある。従って film の一定方向の所に反射光線の intensity max のところに反射する

14

こうすると結晶内のすべての Netzebene の一部が film にとらえられる。そうなると1つの linie がどの格子面からの反射なのかを識別することが困難となる。従ってこの様な intensity max と隣接した intensity max を的確にとらえるのは結晶の向きが分かる (cube の如き) 以外は出来ない。これを防ぐためにも少しずつ回転させながら ε_{min} の大きさの結晶の事に入る これが Polanyi の云う Drehwinkel methode である。

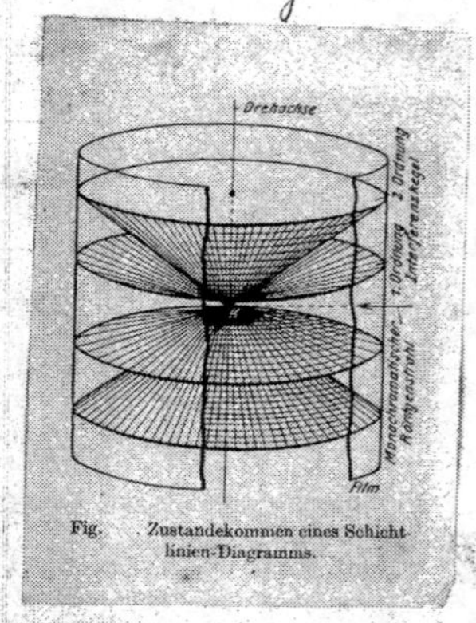

Fig. Zustandekommen eines Schichtlinien-Diagramms.

一定の X ray を結晶軸を中心として回転させると結晶上に当る。そして intensity max と回転軸の同心円上にいくつもある。図の如き intensity max の列は所謂 Schicht linien 層線として表われる。

結晶内の色々の Netz ebene で反射を受けるが、回転軸に平行な Netz ebene は intensity max の列を作る。それは図1を満足す。

この方法は Zellose の如き結晶の或一つの方向のみ並ぶときに便利な方法である。

別名 Faser diagramm ともよぶ。

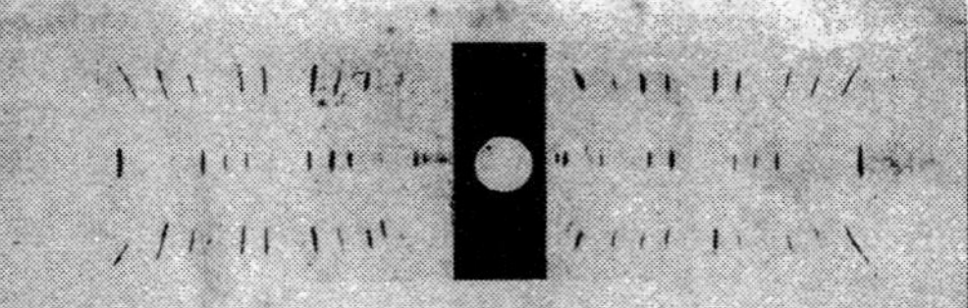

Fig. Schichtlinien-Diagramm (Aufnahme an einem gezogenen Sn-Draht senkrecht zur Drahtachse).

II. 古典電気学の法則及びその物質構造論への応用

1. 物質の帯電体

(a) 電気最小量子

§12. Faraday の法則

電気による化学変化の量を示す.

96494 coulomb = 1F

1F は neg. electrode に $AgNO_3$ から 107.88gr Ag を deposit する. $CuSO_4$ aq からは $\frac{63.57}{2}$ = 31.78gr Cu を析出す. Anode には H Cl

Faraday はこの法則の化学的の意味を説明し得なかった. 即ち必ずしも水溶液の場合の

陽電極の気が水に作用してその合計物の二次的に solution 中の chemical change を生ぜしていると説明した. $CuSO_4$ aq は 1F の電気量で 2 つの Cu の electrode を使うと気が水に作用するから Cathode には 1.008gr H_2 Anode 8.00gr O_2 が生ずる. かくして生ずる H_2 は 2 次的に $CuSO_4$ aq に働き CuO を Cu に還元して Cu を deposit する. Anode では酸素が Anode を形成する metallic の copper と結合し copper oxide をつくる. この sol. 中に残る SO_3 と結合して $CuSO_4$ をつくる. もしこの説明が正しいとすると水すべての electrolyte sol. 中で水そのものが電気を導くとされるが、実際は水のみでは導かれず salt を加えて始めて導かれる.

この発見と前後して Hittorf はこの説に反対した理論を発表した. 即ち電流の通過する時に電極に分解が起こるのみでなく sol. 内部においても溶液に変化が生ずることを説明する為には溶解した物質そのものの一部は電流の方向に動き、一部は反対方向に動くことを仮定せねばならぬ. Faraday の説ではこの現象は説明し得ない.

その後物質の atomic structure の研究され Faraday の法則も今日での正しい意味を与へ得る様になった。その人は Helmholtz である。彼によると simple substance が atom から成ると仮定すると、pos or neg の電気も又一定の最小量子(ele. atom)に分解し得ねばならぬものである。実際 atom or molecule の存在を信じ各々元素の粒子が又一定の elementary 電気量の整数倍の電気を帯びておるならば Faraday の法則は簡単な説明で理解出来る。従って atom or radical の電気の atom が charge と compound を作って ion を形成することになる。

この考をとれば ele'y charge の大さがわかる。即ち電解の場合には各々の1瓦当量の 96500 Ch の電気量に相当す。従って一つの ion の1価の valency に相当する最小量子(電)の大さは計算出来る。

$$e_0 = \frac{96500}{N_L}\ \text{coulomb} = \frac{9650}{N_L}\ \text{e.m.u.}$$

$$= \frac{28.95\times10^{3}}{N_L}\ \text{e.s.u.} \quad \text{------------} \quad (25)$$

(25) は逆に e_0 から N_L を求める1つの手段になる。

Faraday の法則だけで電気素量子が存在することは証明出来ない。(25)は mean value であるから其の1つ1つの粒子の担う charge を持つことの証明にはならない。然し直接 e_0 の値を測定出来る。従って(25)の正しいことも立って行ったのである。

(1)

§13 e_0 の直接測定 (Millikan)

e_0 の直接測定は Millikan の油滴法でなされる。

2枚の H' な metal plate の中間に細い oil drop を撒布す。其の oil の1つの drop を側方から顕微鏡でみる。すると drop は重力作用で下へ落ち、その時の velocity は摩擦の為に一定になる。其の大さを w_0 とすると

$$w_0 = \frac{F\ (\leftarrow \text{重力})}{R\ (\leftarrow \text{摩擦力})} = \frac{Mg}{R} \quad \text{------------} \quad (26)$$

17

次に oil drop を小さい時 X ray にあてる。X ray の為に空気分子が ionize され
その為 空気の ion 分子の為に drops は ele charge をもつ様になる。その後 2 枚の plate
に一定電圧を加へる。すると charge を帯びた drop は重力の外に尚 E なる
el. field の影響を受ける。従って w_0 なる velocity の w_1 とか w_1', w_1''
なる velocity をとる様になる。もし field の作用の重力と逆方向であれば
drop は重力より強い時は上昇します。その時の velocity は

$$w_1 = \frac{E e_x - M g}{R} \quad \text{------------} \quad (26a)$$

$$\frac{w_1}{w_0} = \frac{E e_x - M g}{M g} \quad \text{------------} \quad (26b)$$

そして 1 drop を何度も何回も observe すると其の帯びている charge の
変化 e_x' なる値になり、その為に w_1' なる velocity になる。この時にも
(26a) は hold する。従って 2 つの charge $\frac{e_x}{e_x'} = \frac{w_1 + w_0}{w_1' + w_0} = n$ --- (26c)
となる。

即ち或一つの particle の帯びている charge の大さは el field 付の velocity
+ 重力だけの時の velocity に比例することになる。この見地からも velocity
は決して cont. に変らない。飛躍的である。即ち其の particle のもつ charge は discont. であることがわかる。そして $w_0 + w_1$ を求めてみると 至る整数比をなしている。この n を (26c) として

Geschwindigkeiten eines verschieden geladenen Nebeltröpfchens im elektrischen Felde nach MILLIKAN.

w_0	w_1	$w_0 + w_1$ beob.	n	$w_0 + w_1$ ber.
0,01078	0,0497	0,0605	2	0,0600
0,01076	0,1095	0,1213	4	0,1200
0,01075	0,0790	0,0898	3	0,0900
0,01085	0,0799	0,0907	3	0,0900
0,01084	0,0493	0,0601	2	0,0600
0,01088	0,0193	0,0301	1	0,0300
0,01085	0,0490	0,0598	2	0,0600
—	0,0785	0,0893	3	0,0900
0,01084	0,0785	0,0893	3	0,0900
—	0,0790	0,0898	3	0,0900
0,01084	0,0191	0,0299	1	0,0300
0,01088	0,0192	0,0300	1	0,0300
—	0,0493	0,0601	2	0,0600

[1] R. A. MILLIKAN, Physikal. Z. 11, 1103. 1910.

かかる種々の particle のもつ charge の比を示す。

今この表の $n=1$ の所の値が 1 elementary charge をあらわす事とするならば、この表の n は夫々の particle がその時もっている elementary charge の数を表わす。このMillikan の測定は未だ誤差を除くことはできなかったが、一定の大きさの electric elementary quantum の実在を証明した。

以上のように drop の charge の測定結果から ele. charge の abs. value を求めるには、(26b) の中の particle mass M の値がわからねばならぬ。今 oil drop を sphere とすると $M=\frac{4}{3}\pi a^3\cdot\rho$

又 (26) の R には Stokes の法則が hold するとすれば

$$R=6\pi\eta a.$$

(η：粘性係数)

之等を (26) に入れれば

$$Mg=\frac{4}{3}\pi a^3\rho g=6\pi\eta a w_0$$

(w_0：observe)

之より a が求まる。

之を用いて (26b) により e_x を求める。

但し Stokes' law は microscopic には厳密には hold しない。そしてその deviation は gas の press. が小さく又は particle の radius が小さければ小さい程 deviation が大きい。Millikan はこれを考慮に入れて、種々大きさの oil drop を使って observe して其の結果を extrapolate して error を少くした。最後に得た結果として

$$\begin{cases} e_0=4.77\times10^{-10}\ \text{abs. esu} \\ \quad=1.591\times10^{-20}\ \text{emu} \\ \quad=1.591\times10^{-19}\ \text{coulomb} \end{cases}$$

error 1 ‰

$N_L = 6.06 \times 10^{23}$

§.14. Electron

Millikanが測定せる如くel. elementary quantumが存在する。又一定の el. quantumをもつものをisolateして其の性質を調べる。el. quantumをもつ massを求むれば $\frac{1}{1846}$ H である。且つ1ケの neg. の chargeをもつ。neutral stateではこれよりも小さなmassをもつ物体はobserveされてゐない。從て el^n は chargeと密接にcombineしてをりて恰も一つのまとまったunitを形成す。而して el^n の mass は普通の意味の mass と云ふよりも一種の el-mag mass で el^n が運動して其の周囲に生ずる電磁作用の mass として見はれるとする考へが今日有力である。もし el に charge と無関係な(いはゆる) mass がなくても charge だけでそれ自身一定の inertia を示す。この事は el の charge が運動してゐる為に生ず。もし其の charge が静止してゐるときは自然にそれ mass は見はれて来ない。之は一定の field の作用により energy を受け運動をはじめる mass を生ず。el^n mass を el mag nature のものとして el-state の作用により mass の大きさから 從て el^n の radius を計算するときは 2×10^{-13} cm であり 普通の atom は 約10^{-8} cm の order である。2×10^{-13} cm は計算によることで何等根拠があるのではない。free el^n をとり出す方法の一つは一種の空気を vacuum にした放電管をつかふ。cathode に向った硝子の wall は cathode から出た el^n の衝突によって螢光を発する。この性質から el^n の流れを陰極線といふ。cathode ray の方から el^n の mass がわかる。即ち cathode ray を el-field と其に直交した mag field を通過する。すると el の charge をもつ一つの粒 particle は field によって曲げられ その曲り程度は mass と velocity に depend する。曲り方から mass と velocity を求む。

20.

今 Pt wire を達熱すと slow elⁿ の得られる。陽 ΔP なる pot-diff を与へると之の為に elⁿ の加速される。energy principle によると一つの field force を通過するときに elⁿ になされる work は $e_0 \Delta P$. (e_0: elⁿ charge) これは elⁿ の得る K.E. に等しい。

$$e_0 \Delta P = \frac{1}{2} M w^2$$

$$w = \sqrt{2 \cdot \Delta P \frac{e_0}{M}} \qquad (27)$$

M を求めるには一定の強さ f をもつ mag field に elⁿ を通すと elⁿ は円を画く。このとき画く円の radius r を求めればよい。

$$r = \frac{M w}{f e_0}$$

以上の二式より M, w を求め得る。

この方法は勿論 elⁿ に限らず他の任意の el. charge をもった Korpuskulare Strahlen の時にも使はれる。この時には e_0 unknown なるが e_0/M がわかる。之を spezifische Ladung といふ。別の法で e のわかれば M もわかる。

Cathode ray には $e_0/M = 1.760 \times 10^7$ emu

$= 5.280 \times 10^{17}$ esu.

$$M_{el^n} = \frac{4.77 \times 10^{-10}}{5.28 \times 10^{17}} = 0.903 \times 10^{-27} \text{ gr.}$$

(b) 原子 ion なり又は分子を形成する結合の性質.

§15. 原子の電子の授受.

古くからの Faraday law と Dalton law の II つの法則がある。このことは elⁿ の free に存在することを結果として更に明かにする. Dalton law は 1つの化合物の [illegible]

21.

一方また一つのatomがel^nのchargeをえたりうしなったりすることはel^nの出入をともなうchemical reactionと考へ得る。即ちatomとel^nの化合にてanionの生ずる反応、atomからel^nのとれてcationの生ずる反応となる。今el^nを⊖とすれば

$$Y + \ominus \rightleftarrows Y^- \quad \text{-------------------} \quad (28)$$

$$X^+ + \ominus \rightleftarrows X \quad \text{-------------------} \quad (29)$$

(28)(29)で表はされる反応の化学反応に似ていることは全く自然なことである。即ち1個のel^nのもつ電気量は1個のatomについて考へるならば非常に大きなものである。従てatomがionizeするということは例へば相当大きいmetal sphereの帯電する場合とは比較出来ない。しかしatomのionizationはatomのもつ性質の全部を変る。即ち或るionとそのneutral atomとは全く別ものである。
即ち $H_2 + Cl_2 \rightleftarrows 2HCl$
と全くanalogousである。しかしatomのionizationの反応はこの2つのみでなく、例へば

$$\left.\begin{array}{l} Y^- + \ominus = Y^{--} \\ X^{2+} + \ominus = X^+ \end{array}\right\} \quad \text{-------------------} \quad (30)$$

も起り得る。
(30)は常に起るとは限らない。例へばH_2の時には(29)のみが可能：Heにおいても2個のel^nのとれる所まではpossible.
最近では+chargeをもつelementary particleは+chargeを1つもつH ion即ちProtonであると考へられている。negとちがって+chargeはatom massと共にmaterial systemからは離れることはできぬと考へられた。しかし最近ではProtonの他に陽子型性質をもつことは確かでない。その外にpos.のel^n chargeを持った+el^nというものが存在するということもわかってきている。

ionization by el^n collision
" " pos ion
collision of sec kind
photo ionization
thermal ionization

22 (2)

§16 イオン化に要する仕事、 中性原子分子が外部よりの刺戟により電子を失い或いは得てionとなる現象をion化という。即ち

$$\begin{cases} Y + \ominus \rightleftarrows Y^- & \cdots\cdots (28) \\ X^+ + \ominus \rightleftarrows X & \cdots\cdots (29) \\ Y^- + \ominus \rightleftarrows Y^{2-} & \\ X^{2+} + \ominus \rightleftarrows X^+ & \cdots\cdots (30) \end{cases}$$

原子分子に属する電子を全く引離すには一定の仕事を必要とす。この仕事に相当する energyをイオン化のエネルギーという。之は空間女係のエネルギーの符号を逆にしたものに等しい。

Ionisierungsarbeit A_J イオン化エネルギーA_Jを E はいう方法は print つぎに

Fig. Einfache Anordnung zur Bestimmung von Anregungsspannungen.

之は neutral → ion つなぎつみつつ。 atom ~ el^n と collision をしると el^n vel. の或る一定以上のときに ionization pot[l]に ionisierung 起る。

G : − pot[l]を与える。

N : + pot[l]を与えて上げる。加速電圧を与える

ND 間 atom と el^n との collision ionisierung 起り + ion 出て N を通過して G へやってくる。ここで G と N との間に galva を入れると ND 間 pot が小さい時は galva はつれない。ND 間 pot[l]、work に相当するまで高くなるとつれる。

$A_J = Q \times E$

Xenon では 11.5 volt とつれると出る。即ち Xenon 1 mol の work を cal. に計算すれば

$$A_J^+ = N_L \cdot e_0 \cdot 11.5 = 96500 \cdot 11.5 \text{ amp} \times \text{sec} \quad (Q = N_L e_0)$$

$$= \frac{96500 \times 11.5}{4.184} = 265.5 \text{ Kcal}$$

定常状態の energy には level があって、種々の原子分子に属する電子は夫々一の level に分れて存在す。~~[illegible]~~ ionization に於ても外にある orbit の elⁿ から出ていける順序に、各 orbit に収容する elⁿ の数は定っている。原子番号の増すと elⁿ の数の増え、orbit 上の elⁿ が満員になると その外に新しく orbit を作って その上へ elⁿ を収容す。 23
新しく出来た orbit の大きな原子の各周期の top を占める原子である。最外 orbit に8 elⁿ を収容し得る余地のある原子は化学的に active である。これ Rare gas 理論。
更に正確な値は optical method によって算出する。

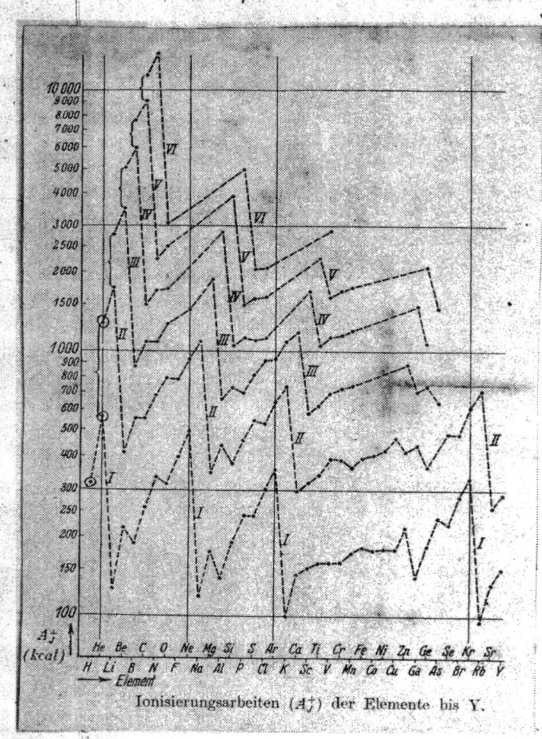

Ionisierungsarbeiten (A_J^+) der Elemente bis Y.

I, II, etc は Me^+, Me^{++}, Me^{+++} etc. を示す。

この図から原子構造で分かることは

1) 小さい atom からは max 1ヶの elⁿ がとれる。He 2ヶ etc. ― 6ヶまでとり得る。neutral atom から取り去り得る elⁿ の数は atomic no. Ordungszahl Z. に等しいことになる。atom の内部は atom Kern であってその外部にある elⁿ の全数と相等しい charge をもつ。

2) 第一の ionization work は ~~[illegible]~~ edel gas の所で最大 max になっている。それらの element は殆ど他の element に比べて elⁿ を取去ることが困難であることを示す。即ち edel gas は compound を作り難いことの理由である

3) Edel gas の次にくる Alkali metal では 1st ionization work は比較的小さい。それらの element では edel gas の殻で elⁿ の外に更にもう一ヶの elⁿ のついた場合となっているので、新しくつく elⁿ は容易にとり得ることがわかる。即ち electro positive の character をもつ

iv) 第二、第三、…の el" がとれる場合は第一の場合に見られた edel gas に於ける ionization work の max. なることが次々 higher elements の方に移動し、而もこの max の値は Edel gas から alkali metal に移る analogous に急速に減少している。即ち Edel gas の（外の el" の）配置の他の el" の配置に比べて特に安定な配置であった為。而も edel gas 以外の element に於ても存在している。例えば Al は Ne と比べて 3つの余分の el" をもつ。この場合3つの el" の取られた後、第四の Ionisierungsarbeit に於て A_I が max になる。即ち Ne の configuration が存在している。

v) 外部の電子が沢山結合した el" は higher element になるにつれ結合の仕事が大きくなる。例えば C について最外部の4つの el" の A_I はそれぞれ 250, 580, 1280, 1800 kcal であり、前者の2つの el" の A_I は 1000 kcal 以上の値を必要とする。Kern の pos. charge の強くなればそれだけ el" の結合を強くなる。

(8) のように - ion をつくるに要する work：atom の el" affinity と呼ぶことは相当困難に得られる。

Element	F	Cl	Br	J	O	S
A_J^- (kcal)	95.3	86.5	81.5	74.2	-150	-90

+2 ⊖

即ち外部の electro neg. element から energy を放出している。之等の element は Edel gas の手前にある。従って 1つ～2つの el" を得ると Edel gas と同じ el" の数をもつ。

（加えられた el" の数が僅かに）edel gas の stability をもつことを知る。

然し O や S においては neg. となる energy を要するから - ion の形成…この理由は第一に 第一の el" のつくる neg charge を有するところへ第二の el" がつくことは強い attractive force の作用する。…neg. になる。

§.17. 気体状原子又は固体より熱による電子の放出.

(28), (29), (30) の ionization process は1種の chem. reaction と考へられ、之に thermodynamics をつかってよい。すると1種の解離度 α (el. のとれる) を解離度と考へ得る。従って一定温度に於て一定の解離度が得られる。一定の α_e の存在は 普通の計算をすると α_e の値の相当大なる為には かなりの高温を必要とする。もし多量の気体 gas を考へるとすれば、普通の law の成立つ所に equilibrium const. が求まるわけである。

Teggert, Sacha の太陽や恒星の計算に用ひられる。

$$K_p = \frac{\alpha_e^2}{1-\alpha} p$$

之は厳密には電子 change の corrections を考へ affinity coeff. を入れて

$$K_p = \frac{f_a^2 \alpha_e^2}{1-\alpha} p$$

と[illegible]。この gas 状は実験室ではまずないので、固体では割合にしやすい。例へば volatile [illegible] metal (alkali (alkali metal)) を用いる。

$$\require{cancel}\overset{Ca}{\cancel{K_2}}CO_3 \rightleftarrows \overset{CaO}{\cancel{K_2O}} + CO_2$$

この場合の vaporization の rel. は vapour pressure の[illegible]を[illegible]。[illegible] neg. ele. (de) と[illegible] ~~neg charge~~ [illegible] 常温の el. (de) [illegible] 100 [illegible] 陰極から出た el. は anode に向って流れて電流となる。その値を測定すると

$$J = e_0 \dot{N}_e$$

$\dot{N}_e$: unit time に蒸発する el. の数.

両極間の電圧には相当広範囲に indep.

$\dot{N}_e$ は vapor press. の蒸発の rel. に analogous である。

$\ominus$ NaOH NH_4OH NH_3H_2O

$$J = A T^{\frac{1}{2}} e^{-\frac{L_0}{RT}} \quad \cdots\cdots (31)$$

L_0: heat of vaporization of el^n

従て K_p を求める。

§.18 有極化合物 and 無極化合物. Polare

atom 或は molecule の合する時 ion になることもある。即ち

$$X + Y = XY \quad (i)$$
$$X^+ + \ominus = X \quad (ii)$$
$$Y^- - \ominus = Y \quad (iii)$$
$$X^+ + Y^- = XY \quad (iv)$$

gas molecule の ion になることは生じることは少くなく、多く neutral atom より合する。(iv)は少い。もし ion へ dissociation する状態の多い化合物の atom が合する時 ion は(iv)の式に依って居る。然るから化合物そのものが ion になっていると云へない。NaCl は何等 ion への dissociation を示さない。NaCl の気体分子の考へを示してゐる。

この考へ方の正否を実験的に定める方法は gas 分子の dipole moment の大さを求めるのである。

$+e_0$ ——— $-e_0$ (distance d)　dipolemoment の大さ = $e_0 d$.

$e_0 d$ を測定すると相当大きい値である。其のことから Na or Cl atom の完全に ion になって居て其の atom の中心点と e_0 の中心点とが一致していることが予想される。この様な食塩型化合物（atom が ion になっているもの）を有極性化合物と云ふ。atom が完全に ion になっている場合には之を ideal hetero polar compound

といふ。この場合には + or − の charge の中心は正確に2つの ion 即ち2つの atom の重心と一致する場合であるが自然に存在する化合物には余りない。結晶は ideal polar compound とみなして差支へない。この様な ideal ではなくて strong polar compound とすれば [illegible] を有す

或るとすれば crystal grating の component は neutral atom でなく ion より成ることがわかる。このことは次の如く証明される。例へば結晶形成の particle の ion ならば thermal motion と共に e.m. wave を形成せねばならぬ。この wave は Reststrahlen として実測し得る。

又 atom によつて scatter される、又は吸収される X ray の intensity は atom は内部の neucleus の周囲にある外部電子数によつて定まる。

X ray を atom にあてて其の散乱の強さを測定すれば atom の周囲にある外部電子の数がわかる。之等の結晶の場合には夫等が ion であることが証明される。

大抵の分子は分子の極性を示さないものあり。即ち ed = 0 となる分子がある。之の2つの pos 及 neg の atom ion の結合して出来る場合を考へると、結合の時は ion の外殻電子の結合によつて charge の中和を生ず。例へば H の ele^n は +H の方へ移る。分子は ele^n の distribution の一様になる。

(H+)—(H−)

かく完全に dipole のない化合物を strong unpolar compound といふ。この場合は ideal case は余り多くない。分子の内部は atom から [illegible]

異った atom のついたときには完全な unpolar でなく何等かの dipole moment をもつ

自然界分子の大部分は以上2種の中間に属す。即ち或る一定の dipole moment をもつ。[illegible] strong polar の場合は少ない。

28

momentの大小により4つのgroupに分ける。

Strong unpolar.

Week polar.

Strong polar

Ideal polar.

大別すれば、分子を分けたとき両端に生ずるものがneutral atomか ionかによって2つに別れる。もしionになればpolar compound、もしatomならばunpolarである。

一つの化合物のpolarなるか否かを知り得るには、~~(struck-out character)~~ 溶融状態の電気伝導度である。

Tabelle

Äquivalentleitvermögen der Chloride beim Schmelzpunkt.

HCl $\simeq 10^{-6}$					
LiCl 166	$BeCl_2$ 0,086	BCl_3 0	CCl_4 0		
NaCl 133,5	$MgCl_2$ 28,8	$AlCl_3$ $15 \cdot 10^{-6}$	$SiCl_4$ 0	PCl_5 0	
KCl 103,5	$CaCl_2$ 51,9	$ScCl_3$ 15	$TiCl_4$ 0	VCl_4 0	
RbCl 78,2	$SrCl_2$ 55,7	YCl_3 9,5	$ZrCl_4$	$NbCl_5$ $\varkappa = 2 \cdot 10^{-7}$	$MoCl_6$ $\varkappa = 1,8 \cdot 10^{-6}$
CsCl 66,7	$BaCl_2$ 64,6	$LaCl_3$ 29,0	$HfCl_4$	$TaCl_5$ $\varkappa = 3 \cdot 10^{-7}$	WCl_6 $\varkappa = 2 \cdot 10^{-6}$
			$ThCl_4$ 16		UCl_3 $\varkappa = 0,34$

大い誤まり
上の方は実際には実験していない。neutral atomには不明である。
strong polar compoundはunpolar, weak polarにくらべて説明が
比較的簡単である。だから strong polarについて考えた方法を
weak polarへapplyしてみる。

Strong polarではchemical valencyが考へられる。elはpos.及び
neg.のvalencyを形成する。pos valencyはatomがel"を失ったとき,
el. negはel"をもらった場合に生ずるもの。1個の原子の結合をするとき
に移動したel"の数 (valency el") が ~~Wertig~~ Wertigkeit (原子価) に等しい。
n_e個のel"を与へ得ることはpos. n_e wertig
n_e個 〃 受け入れ得る neg 〃 〃 という。

2 Coulomb法則と分子及び原子構造の理論への応用

§19. Coulomb法則の[illegible]

el pt charge 2つあり. rの距離を保つとき

$$f = \pm \frac{e_1 e_2}{r^2} \qquad (32a)$$

(in vacuum)

かつ力の働く。

もし2つのchargeがmedium中にあるとすれば

$$f = \pm \frac{e_1 e_2}{\varepsilon r^2} \qquad (32b)$$

(ε: diele const.)

$$A_e = (E_p) = \pm \int_r^\infty \frac{e_1 e_2}{r^2} dr = \pm \frac{e_1 e_2}{r} \qquad (33)$$

in vacuum

work to do.

A_c の pos の時は 2つの pt charge の sign の等しい時

$$\therefore A_e = +\frac{e_1 e_2}{r} \quad \text{------------------} \quad (34)$$

in vacuum

$$A_c = +\frac{e_1 e_2}{\varepsilon r} \quad \text{------------------} \quad (35)$$

(32a) → (35a) に於て ~~Gauss~~ 電荷の単位を定め得

$e_1 = e_2$, $r = 1^{cm}$, in vac 力 $= 1^{dyne}$ の時を静電気の単位とす。(esu)

$$esu = \frac{1}{C} \times emu.$$

$$emu = 10 \times 1^{coulomb}$$

(3) a) 有極化合物生成に Coulomb's law の応用.

p.20 有極化合物の生成熱.

Polar compound は分子内に electric charge の unsymm である。即ち atom ion で出来ている。従ってこの化合物を作るは 2つの atom に於いてその方向 例は Na ⊖⟶ Cl にとる.

従ってこの有極化合物の出来るときの mechanism の関係より生成熱は attractive force の作用として考へ得る。而して neutral atom から分子の出来るときの生成熱 A_N は次の calculation に計算出来る。

$$Y + \ominus \rightleftarrows Y^- \qquad (28)$$

$$X^+ + \ominus \rightleftarrows X \qquad (29)$$

cation の出来るときは ionization に要する work の与へられる。 $-A_J^+$

anion の出来るときは 〃 〃 を要する A_J^-

而して ionization の際 ion となって化合物の出来る

ion から化合物の出来るには Coulomb's force による分の work として

energyを放出す。この時のworkをA_eとすると

$$Na^+ + Cl^- \rightarrow NaCl : A_e$$

この時の反応熱(生成熱)は

$$\boxed{W_0 = A_N = -A_J^+ + A_J^- + A_e'} \quad \cdots\cdots\cdots (36)$$

もし純粋なCoulomb's forceのみによるならば$A_e' = A_e$でA_eは(34)より

$$A_e = +\frac{e_1 e_2}{r} \quad \text{in Vacuum.}$$

実際の場合を考へるとatomは決して質点でないからCoulomb's forceに対してcorrectionが必要でA_eはA_e'とする。今atomに次の様な仮定をおく。Ionは球にrigidでradiusをr_1, r_2とす。又Repulsive forceをないものとす。次にIonの外部からみるとすれば球の中心にchargeが集中したものとす。その上には外のionと出会っても変化しない。又Coulomb's force以外にはforceの作用なし。上の3つの仮定をおくと第1、第2のみならば(34)のままでよい。しかし第3の仮定は実在せず。必ずRepulsive forceが存在す。更に接近すれば必ず至ることある。又その他にも弱いattractive force即ちVan der Waals's forceが必ず存在し第3の仮定はよくない。そのcorrectionをしなければA_eとは等しくならぬ。しかしstrong polar compoundでは上の3つの仮定を計算した結果と実験的には殆ど正確な値である。しかしWeak polarの時には分子をrigidと考へることは出来ぬ。又chargeの重心にfixしてあるとも限らぬ。従ってA_eを以て計算すると実験的のことは分からない。かくして生成熱以外の色々の性質・Stabilityの方法で説明がつく。而も化学的なものと考へられる分子の性質のあるもの・Ionization workなどが定量的に計算出来るのは重要な問題である。次に二三の例をあぐ。

32

§.21. 極性分子の性質の定量的計算の例.

atomから分子の出来るときの生成熱の1例としてKClの生成を考へる.

ion radiusの和は $r_1+r_2 = 3.12\times10^{-8}$ cm である.

(34)より $A_c = \dfrac{(4.77)^2\times10^{-20}}{3.12\times10^{-8}} = 7.3\times10^{-12}$ erg/molecule

$= 4.4\times10^{12}$ erg/mol. $= 106$ kcal/mol.

K ion 及び Cl ion の ionization work A_J^+ A_J^- の値を求めると

Table より $A_J^+ = 99$ kcal

$A_J^- = 87$ kcal

∴ $W_0 = -99+87+106 = 94$ kcal/mol

一方熱量的にHess' lawを用い普通の生成熱(K metal と Cl_2 よりKClをつくるときのもの)である).

$W_{0\,calorie} = 104+20-49+29 = 104$

同様にNaClでは

$W_{0\,ber} = -117+87+117.5 = 87.5$ kcal

beobachtung $= 98+25-53+29 = 99$ 〃

W. Kossel による此の方法によって Weak polar のものについて [illegible] 方法のうち色々の定性的の性質の分かる. 分子を作成しているionで, 第一にion radiusをconstにchargeの変化を考へることにより物質の性質は変化す. 次にchargeをconstにradiusを変化してみれば物質の性質を変化す.

Kosselノ理論ハ原子価概念ノ理論ニ不可欠ノ重要ナモノナルモ、コノ理論ハ亦同時ニ電気原子価ノ理論デアッテ、化学結合ハ凡テ電気結合トシテ説明シ、H_2, H_2O ノ如キ気體ノ等極結合ニ於ケル結合機構ハ原子価学ヲ説明スルコトハ出来ナイ

○ Chargeの影響　　低いほど結合力強い。

HCl.　H_2O　H_3N　なる3つの水素化合物

anionのchargeは夫々 1, 2, 3　従てcationに対するat. forceも夫につれて増加する。即ち NH_3 ではNは3つのHより外のion(他の分子のion)をも引からうとする → NH_4. Hの3つと4つであれば repulsionを考えなければ3価のNは4ケを引つけておる。その他の例は Pt^{++++} の如きもっと著しい。Ptに結合し得る1価のionの数は6ケの1価のionの集まった時 pot'l energyのmin.になる。例 HCl溶液を溶かすと中に $PtCl_6^{2-}$ なるionとして存在することがわかる。このionの溶液に多量の NH_4 溶液を加えると NH_4 の中のNは+++のchargeをもち1価のCl ionを相当強く引く。その結果 $PtCl_6$ のClの代りに NH_4 の入れかわる。

例　$[Pt(NH_3)Cl_5]^-$　　$[Pt(NH_3)_2Cl_4]$

$[Pt(NH_3)_3Cl_3]^+$　　$[Pt(NH_3)_4Cl_2]^{2+}$

$[Pt(NH_3)_5Cl]^{3+}$　　$[Pt(NH_3)_6]^{4+}$

これはmolecular compoundの生ずる理由のelectrostaticalな説明である。

○ Ionのradiusの影響　　　radiiの大きいほど結合力弱い

H_2O　H_2S　H_2Se　H_2Te

$O < S < Se < Te$　　Ion radius

$H_2O > H_2S > H_2Se > H_2Te$ となっている

affinity const.　$H_2O \rightleftarrows H^+ + OH^-$

$$K = \frac{[H'][OH']}{[H_2O]}$$

H_2O	H_2S	H_2Se	H_2Te
10^{-14}	10^{-7}	1.7×10^{-4}	10^{-2}

34

○ radii と charge との関係

X(OH)n なる化合物に X は periodic system の横の位に並べる element を考へる。

Alkali metal　　NaOH

Alkali earth 〃　　$Ca(OH)_2$

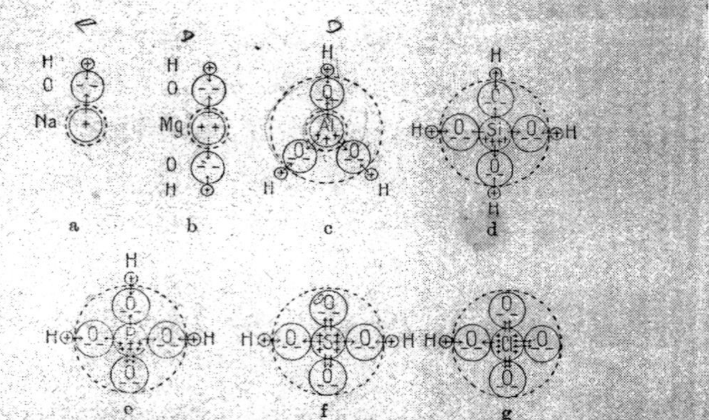

Veranschaulichung der allmählichen Verwandlung des basischen Charakters der Oxyde in einen sauren bei Zunahme der elektropositiven Wertigkeit des Zentralions.

X の charge の値が大となると H^+ が出てくる。Periodic table の左方のアルカリ 右方は酸性。この現象を説明する為に 酸素原子と X とが丸のままであるとする。之に対し水素 ion は非常に小さいと仮定して 上図を説明する。

NaOH：　真中に2価の O^{++} があって両側に1価の pos ion がつく。こうすると O と H との結合力は明かに O と Na との結合力より強い。従って OH ion が容易に出来る。

$Mg(OH)_2$： 分極であるから中のMgは＋になってH^+に対し反撥力を呈す。従ってOH間の結合力が弱くなる。即ちalkali性は$NaOH$の場合程強くない。

$Al(OH)_3$： Xのchargeが大きくなるにつれて一方ではO ionを強くひきつける。H ionに対する反撥力も強くなり、OとHとの間の結合力も弱くなる。その結果 $Al(OH)_3$ では両性の場合となる。
更に $Si(OH)_4$, $PO(OH)_3$ $SO_2(OH)_2$ $ClO_3(OH)$ は強い酸となる。

この間の結合力と反撥力を計算するとSiまではOHがとれる方が容易。P以上になってH ionを出す。唯その外にheat motionが之に加はる。P以上になるとH ionに対する反撥力が非常に強いので$P(OH)_5$などのHの多いものは存在し得ない。 $P(OH)_5 \xrightarrow{-2H^+} P(OH)_3O_2^- \xrightarrow{-O} P(OH)_3O$

かくion chargeの大きくなると1価ionの近くに結合に対する作用は非常に強い。従ってX ionは他のかかるpolar moleculeとmixした時そのmoleculeのもつionにも強い作用をする。その結果polar moleculeは陰に分裂してXのionはpolar moleculeが分裂したXと反対ionと結合してcomplex ionが出来る。従ってX^nがfree ionで水中にあると、このものはそのまゝの状態ではstableに存在出来ない。もし水中にS^{6+}があるとすれば周りのH_2Oはpolar moleculeとなるからH_2O中のH^+ ionは反撥してOH ionと結合する。その結果

$$S^{6+}+4H_2O \rightarrow SO_4^{--}+8H^+$$

3価以上のfree ionは存在出来ない。

以上のKosselの理論は大体のpolar compoundの性質についてはすべてを説明出来るが、原子価標によってその分子の性質を定めるといふことはこの理論は説明出来ない。

その一例として polar molecule の分子の形は説明出来る。H_2O は Kossel では 前図の如くであるとして説明する。実際の H—O—H の形であるから多くの the chemical property の説明出来ないが Kossel の考えの意義は説明である。NH_4OH が分子は出来ないがそれはそれとして NH_4^+ と OH^- となることの Kossel にわかる。 (NH_3・H_2O)

(5)

§22. 有極性結晶の格子エネルギー gitter energie

[illegible] 有極性化合物の生成熱は [illegible] として計算するときは [illegible] element である atom のまま gaseus molecule の生成の場合を考えた。しかし実際の場合には cristal の形になる場合の生成熱を考えた方が計算し易い。その理由は [illegible] 場合でも結晶となっておれば ion の距離が [illegible]。 [illegible] いずれでも ion は [illegible] 一様に [illegible] ion の [illegible] charge の重心は ion の核心と一致しているとするならば ion の距離を X ray で [illegible] ion の重心と [illegible] 位置と考えればよい。それをつって格子結合の energy を計算する。計算法

ion が結合して [illegible]

1 gaseus atom ⟶ ionize の energy

2 ion ⟶ [illegible] cristal unit (XX) の energy

これを [illegible] 計算する。

2 の時に [illegible] e.g. work の energy を Gitter energie という。

この値と (AE) で表はすと [illegible] 生成熱 W_{of} は

[illegible] $W_{of} = -A^+_J + A^-_J + A_E$ - - - - - - - - - - (37)

これは (36) と対応する。 (36) は gaseus の (37) は cristal

$\therefore \overline{W}_{0f} - \overline{W}_0 = L_0 = A_2 - A'_e$

とすれば L_0 は $T=0$ に於ける ~~critical~~ heat of sublimation 昇華熱になる。

Gitter energie の計算は如何。1つの ion gitter を考へると1つの ion の周囲の相隣る ion は異なる符の charge をもった ion。而も隣りの ion は皆 charge の大きさ等しい。依て Cl ion を ion gitter から遠方へ引き離すには多数の pos. の work done、又一方少い数の neg. の work を要する。この work は互に消合ふ為 pos. の work の残分が残らねばならぬ。何となれば1つの ion の最も接近したものは反対符号 charge をもち、1つの影響の方も強い。依てこの work を求めると convergence series の形で得る。

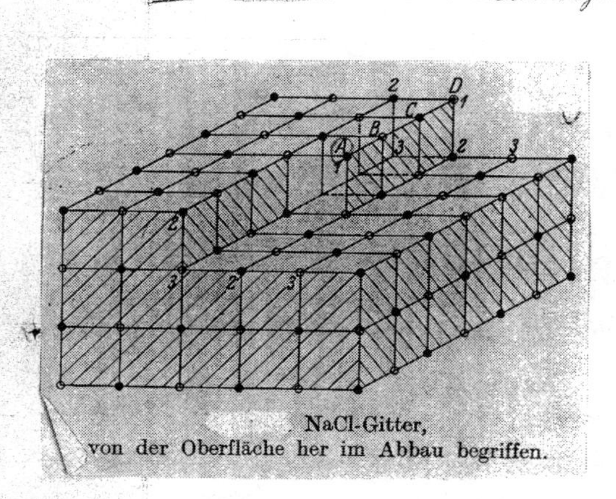

NaCl-Gitter,
von der Oberfläche her im Abbau begriffen.

A を 1—1 から取るに要する仕事

$$A_e = \frac{e_0^2}{\Delta_0}\left(1-\frac{1}{2}+\frac{1}{3}-\frac{1}{4}\cdots\right)$$

$$= \frac{e_0^2}{\Delta_0}\ln 2 = 0.693\frac{e_0^2}{\Delta_0}$$

A を 2—2 及び 3—3 から取るに要する仕事

$$A_{e22} = \frac{e_0^2}{\Delta_0}\left[1-2\left(\frac{1}{\sqrt{2}}-\frac{1}{\sqrt{5}}+\frac{1}{\sqrt{10}}-\frac{1}{\sqrt{17}}+\cdots\right)\right] - A_e$$

$$\fallingdotseq 0.118\frac{e_0^2}{\Delta_0}$$

$$A_{e33} = \frac{e_0^2}{\Delta_0}\left[\frac{1}{\sqrt{2}}-2\left(\frac{1}{\sqrt{3}}-\frac{1}{\sqrt{6}}+\frac{1}{\sqrt{11}}\cdots\right)\right] - A_e$$

$$\fallingdotseq -0.028\frac{e_0}{\Delta_0}$$

A をこの正方形から取るに要する work は

$$A_{正} = A_{e11} + 2A_{e22} + 2A_{e33} = 0.873\frac{e_0}{\Delta_0} \quad \text{------} \quad (38)$$

A_{II} は1ケの ion を取るに要する work である。Binary compound に (NaCl の如き) 対しては $2N_L$ ケの ion あり。故に 1 mol の ion を取るに要する work
gas ion の 1 mol が ___

(38)式を $2N_0$ 倍すればよい。

$$\therefore A_{II} = 2N_0 \times (38)$$

$$= \frac{2N_L \times 0.873\ e_0^2}{\Delta_0} \quad \text{------------} \quad (39)$$

$$\Delta_0 = \sqrt[3]{\frac{M}{2N_L \rho}} \qquad \Delta_0 \text{ は X ray で求める}$$

ρ : density

$$\therefore A_{II} = \frac{2 \times 0.873 \times 6.06 \times 10^{23} \times 4.77^2 \times 10^{-20} \times 1.065 \times 10^8}{4.168 \times 10^{10}} \sqrt[3]{\frac{\rho}{M}}$$

$$\therefore A_{II} = 613 \sqrt[3]{\frac{\rho}{M}} = 613 \sqrt[3]{\frac{1}{V}} \text{ kcal.} \quad \text{------------} \quad (39a)$$

上は合理的なもの　CsCl では $561 \sqrt[3]{\frac{1}{V}}$,　CaF_2 では $2042 \sqrt[3]{\frac{1}{V}}$

この値は ion を rigid な elastic body で repulsive force のないものである。実際は repulsive force はある。そうすると前に求めた ion の attractive force は repulsive force のあると幾分小さくなる。故に Gitter energy も小さくなる。repulsive force の値は

$$A_e = -\frac{c}{\Delta^9} \qquad (\Delta : \text{ion 間の distance})$$

NaCl の場合

$$A_{II} = 613\left(1 - \frac{1}{9}\right)\sqrt[3]{\frac{\rho}{M}} = 545 \sqrt[3]{\frac{\rho}{M}} = 545 \sqrt[3]{\frac{1}{V}} \quad \text{------} \quad (40)$$

(40) が Jetter energy の宝際かといふと、之まで主張でいく場合が問題である。
Vapor state では

$$NaCl + KJ \rightleftarrows KCl + NaJ$$

を考へる。この時の左辺と右辺の energy の違いは

$$\Delta U = -A_{\text{Ⅱ}NaCl} - A_{\text{Ⅱ}KJ} + A_{\text{Ⅱ}KCl} + A_{\text{Ⅱ}NaJ}$$

一方之を系統化学的に考へると U の値は

$$NaCl_{fest} + KJ_{fest} \rightleftarrows NaJ_{fest} + KCl_{fest} \quad W_{U}$$

の W_U に等しい。

固体反応の W_U は 之等の塩の dilute sol. よりの移行における dil. sol. の場合は殆ど 0 である。

Hess' law によると 之等反応による heat of sol. の difference より求められる。

$$W_U = W_{L\,NaCl} + W_{L\,KJ} - W_{L\,KCl} - W_{L\,NaJ} = \Delta \sum W_L + 3.4\ \text{Kcal}$$

これから之がほぼ 3.4 Kcal である。又 (37) 式によると

$$W_{of} = -A_J^{+} + A_J^{-} + A_{\text{Ⅱ}}$$

この (37) を計算する時に 実測はまるが anion の決まる時は困難。anion の ionization energy は少ない(?)わからないから (37) の計算を通い atomic heat of formation より普通の heat of formation が出る。

$$\hookrightarrow NaCl \longrightarrow Na + Cl$$

$$NaCl \longrightarrow Na + \tfrac{1}{2}Cl_2$$

即ち atomic heat of formation W_{of} より heat of sublimation 及び meta soid の方は 2 atomic gas とするのと之が 1 atomic の atom

に使はれる。即ち heat of dissociation の 1/2 のことよせたものを引くと普通の生成熱のまとまる。之ま と (37) より anion の ion seil arbeit のまとまる.

mol heat of formation は

~~$\bigcirc\ W_{ON} = W_{Of} - L_{MC} - \frac{1}{2}\overline{W}_{DX2}$~~

$$= A_{I} - A_{J}^{+} + A_{J}^{-} - L_{MC} - \frac{1}{2}W_{DX2} \quad \text{------} \quad (41)$$

(41)は勝手な空想的化合物を考へ、それが cristal として存在するか否かは確められる。この式で W_{ON} を計算して非常に大きな neg. value になるとすると勿論各々の実験する高 temp. ではそんなものが出来る。生成熱の値は勿論 neg. となる。即ち此の化合物は此の temp. で不安定である。temp. が上るために pos. にならんとして温度により増加するとしても 10^{kcal} 位で neg であることは変りはない。

その一例として今生成熱既知の MCl と仮定した XCl をとり其の生成熱の比較をし、

$$\overline{W}_{NMCl} - \overline{W}_{NXCl} = -L_{M} + L_{L} - A_{JM}^{+} + A_{JX}^{+} + \left[A_{IMCl} - A_{IXCl}\right]$$

もし M と X が全い table にあるとすると NaCl と KCl にほゞ等しいことになるから上の値は 0 となる。

其の一例として Ether gas と Cl との化合物を考へると其れの比較として KCl をとる。この時出来る ArCl をつくる Polar compound とす。この時 Ar は low temp では gas で $L_X = 0$ となる

$$\overline{W}_{NArCl} = \overline{W}_{NKCl} + L_{K} + A_{JK}^{+} - A_{JAr} = 104 + 20 + 99 - 362 = -139\ \text{kcal}$$

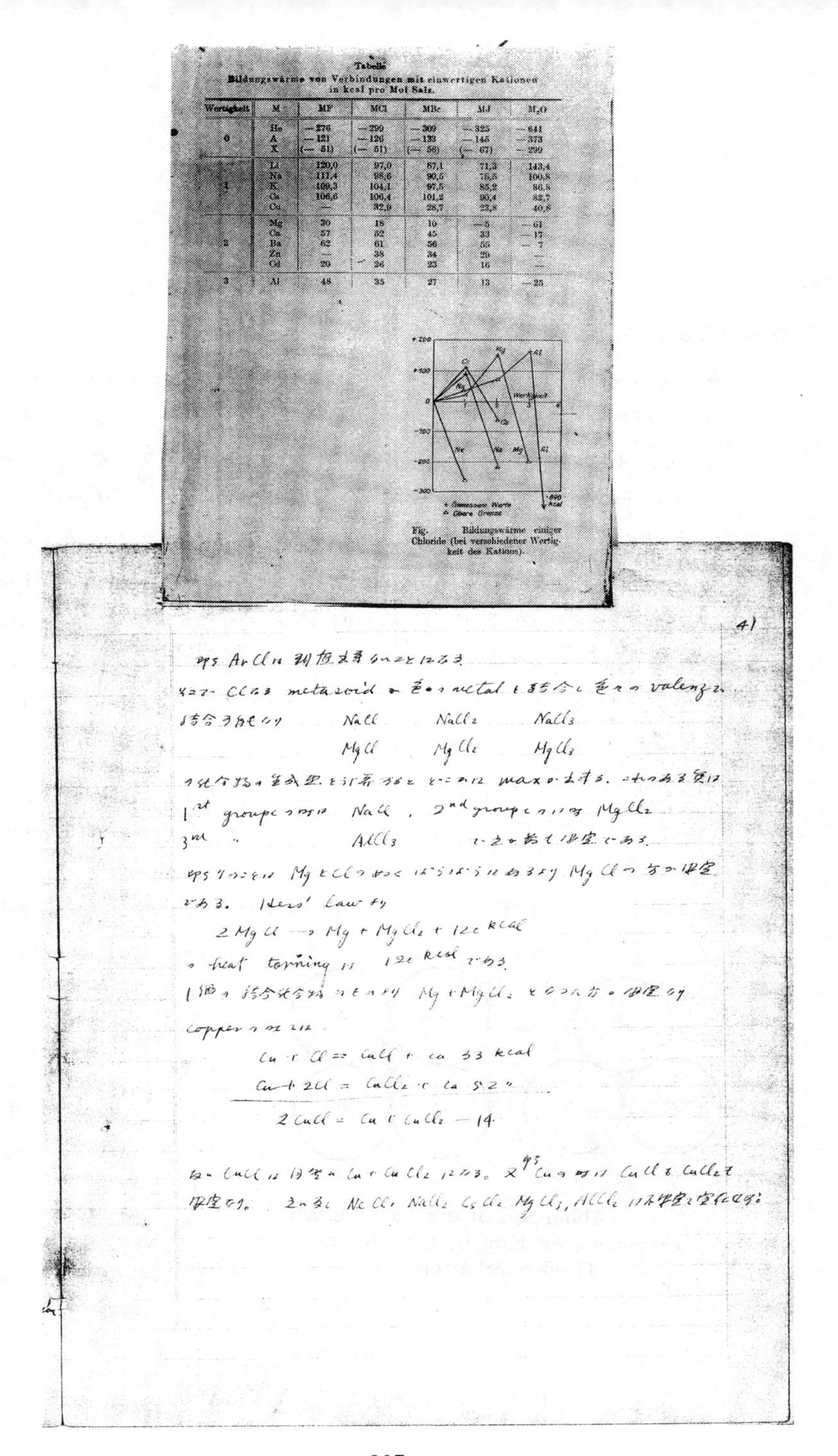

Tabelle
Bildungswärme von Verbindungen mit einwertigen Kationen in kcal pro Mol Salz.

Wertigkeit	M	MF	MCl	MBr	MJ	M_2O
0	He	—276	—299	—309	—325	—641
	A	—121	—126	—133	—145	—373
	X	(— 51)	(— 51)	(— 56)	(— 67)	—299
1	Li	120,0	97,0	87,1	71,3	143,4
	Na	111,4	98,6	90,5	76,5	100,8
	K	109,3	104,1	97,5	85,2	86,8
	Cs	106,6	106,4	101,2	90,4	82,7
	Cu	—	32,9	28,7	23,8	40,8
2	Mg	30	18	16	—5	—61
	Ca	57	52	45	33	—17
	Ba	62	61	56	55	— 7
	Zn	—	38	34	29	—
	Cd	20	26	23	16	—
3	Al	48	35	27	13	—25

Fig. Bildungswärme einiger Chloride (bei verschiedener Wertigkeit des Kations).

41

即ち ArCl は到底出来ないことになる。
然るに Cl なる metaloid は色々の metal と結合し色々の valenz で
結合可能なり　NaCl　$NaCl_2$　$NaCl_3$
　　　　　　　MgCl　$MgCl_2$　$MgCl_3$
の化合物の生成熱を計算すると或るものは max を示す。これの或る点は
1st groupe のものは NaCl，2nd groupe のものは $MgCl_2$
3rd 〃　$AlCl_3$　というのが最も安定である。
即ちこのことは Mg と Cl のみならずばらばらにあるより MgCl の方が安定
である。Hess' law より

$2MgCl \rightarrow Mg + MgCl_2 + 120\,kcal$

の heat forming は 120 kcal である。
1個の結合化合物のものより $Mg + MgCl_2$ となった方が安定なり
copper のことでは

$Cu + Cl = CuCl + ca\ 33\,kcal$

$Cu + 2Cl = CuCl_2 + ca\ 52$ 〃

$2CuCl = Cu + CuCl_2 - 14$

故に CuCl は自然に $Cu + CuCl_2$ になる。又即ち Cu の時は CuCl も $CuCl_2$ も
安定なり。これらと NeCl, $NaCl_2$, $CsCl_2$, $MgCl_3$, $AlCl_2$ は不安定で実在せず。

§23 極性結晶の構造

polar cristal の Gitter energy を計算するには Gitter を作っている ion の種類の一定の規則に並んでいる、そして其の中心の距離が一定なりとして計算をした。

然らばどんな配列をするかは Goldschmidt の考察した。彼の考へによると其の大さの割合(組)結合する力の如何と配列の如何によるといふ。heat motion はないものとする。それで ion 配列は pot^l energy の min になる様に配列すればよい。pot^l energy の min になるには反発力のないとすれば、ある ion を rigid なりとすれば 同じ charge をもつ ion 同士は接することは出来ない。即ち1個の ion については其の ion は接しても異符号の之と反対の charge をもった ion で囲まれるのがよい。それ配列を求めるには次の factor を考へねばならぬ。

1) Anion, Cation の大きさの比
2) 其の時の化合物の type. AB か AB_2 か AB_3 か、即ち Anion の数と Cation の数の比である。

この場合の大きさの影響を示したのが下の図である。B の非常に小さい時は a の如くなり、即ち r を radius とせば

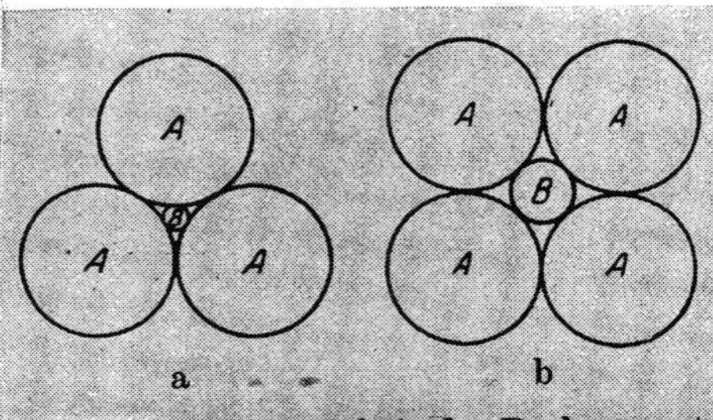

Abhängigkeit der Packungsart verschiedener Kugeln von ihrem Größenverhältnis.

$$\frac{r_B}{r_A} = 0.22$$

より小さい時には 3個の A がいる。B の大きくなると即ち

$$\frac{r_B}{r_A} > 0.22$$

それは 4個の A がいる。

そして $\frac{r_B}{r_A}=0.41$ になった時には b の如く4つのAと1つのBが丁度contactする事になる。$\frac{r_B}{r_A}>0.41$ になるとAは互いにcontact出来なくなり、

$$\frac{r_B}{r_A}=\frac{1}{0.41}=2.41$$

となれば Aのかわりに B、Bのかわりに A となって位置が交代する。

rの計算で結晶の形が定まる。次の図で a は前図の b に当り、4ケのatomが1ケのatomの周囲にある場合。b は6ケのatomが周囲にある場合 (0.41〜0.73) c は8ケのatomが1ケのatomの周囲にあるときである。a)は4面体、b), c)は cube。

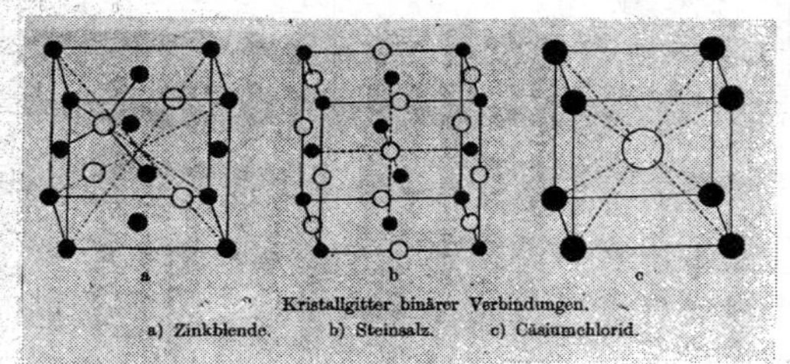

Kristallgitter binärer Verbindungen.
a) Zinkblende. b) Steinsalz. c) Cäsiumchlorid.

以上はABの形であったが AB_2 は次の図の如し。

a は6ケが1ケの周囲にあるとき 次は b で8ケ。a と b の境界は

$$\frac{r_B}{r_A}=0.73$$

である。

この結晶の形を知るにはrを知らねばならぬ。それには X ray によって結晶を analyse して ion の距離を求め、r_A+r_B を知る。rの1ケを知るには困難で特別の化合物を選ぶ。即ち非常に大きいanionにより非常に小さいcationが囲まれてあるもの (LiJ, MgTe など) を選ぶ。この時は

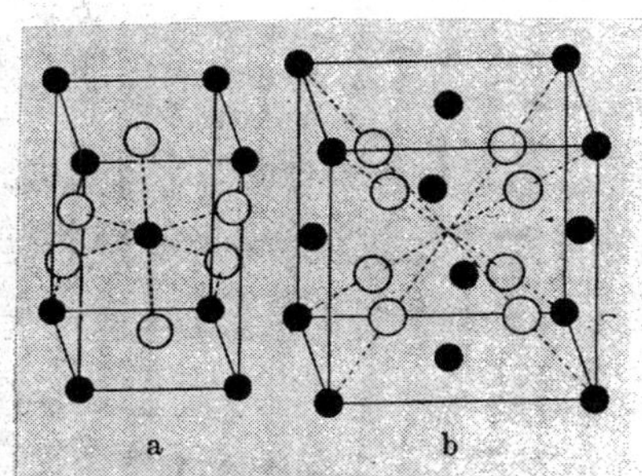

Kristallgitter einiger ternärer Verbindungen.
a) Rutil. b) Fluorit.

r_A+r_B は anion の大さのみに depend し，anion の知られた他の化合物の r_A+r_B から cation の r を知るのである．次の図は ion radius を示

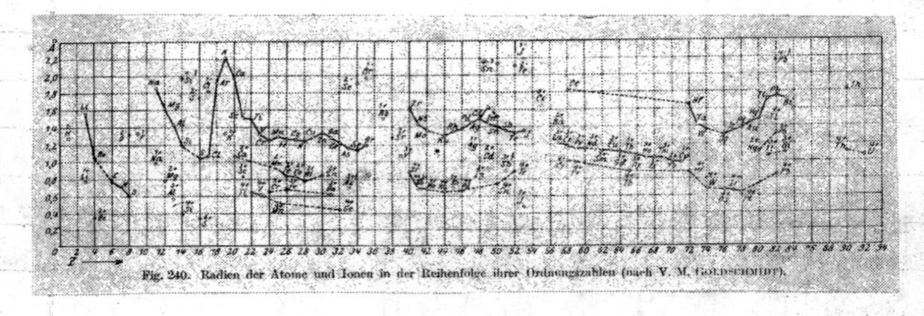
Fig. 240. Radien der Atome und Ionen in der Reihenfolge ihrer Ordnungszahlen (nach V. M. GOLDSCHMIDT).

したものである．

上に知った ion radius の値を使って例へば AB_2 なる化合物を作るときに $\frac{r_B}{r_A}$ が 0.73 なる limit を超えたる Rutil structure から Fluorit structure に変わらねばならぬ．実際に計算すると

	MgF_2	NiF_2	FeF_2	ZnF_2	MnF_2	CdF_2	CaF_2	~~Hg~~ HgF_2	PbF_2
r_B/r_A	0.59	0.59	0.62	0.62	0.68	0.77	0.80	0.84	0.99

	MnO_2	RuO_2	MoO_2	PbO_2	TeO_2	ZrO_2	PrO_2	CeO_2	UO_2
r_B/r_A	0.39	0.49	0.52	0.64	0.67	0.66	0.76	0.77	0.80

TeO_2 の例外（~~例~~）には説明がついてゐない．之は Repulsive force の相当強く効く為に Rutil と Fluorit の中間の如き結晶形を示す．

3. 透電分極現象 Dielektrische Polarisationserscheinungen

§24 Introduction

strong polarと考へられるときは crystal にて ion の Kugel のごとき Coulomb force により一定の Gitter を形成すること。Weak polar compound の性質は如何に説明するか。この場合は Ion Kugel 内の charge の分布は明確にわからない。即ち元来 atom は全体に pos. の neucleus のまわりの周囲に neg. の el.^{n} の雲のあるとし、外部からの el field によって el^n が一方に偏る為に生ずるものが weak polar compound である。この考え方のもとに説明せねばならぬ。そして weak polar comp^d の説明のためには strong polar とのちがいのないことに気づき pos 及び neg の atom ion の2つに分かれて居て strong polar comp^d のごとき。然る為に ion の内部の charge に移動が起る。即ち Anion の抱えることの el^n をとらえられない場合にはその Cation の方へ移動する。その為に strong polar の時に生じておった強い charge の違い(差)[即ち Dipole moment として見られるもの] の部分の消し合ったものとなったものが weak polar comp^d である。すなわちいう見方で ion の charge が一方に移動するということである。それは ion が元来持っている分極性 Polarisierbarkeit によって起る。即ち分極性は ion 内部 charge の移動性を定量的に示すもので weak polar を考へるには必ず分極性を考へねばならぬ。

分極性小さいと strong polar comp^t となる。

一つの例として dipole moment 大きいと分極性小さい。

	dipole moment	polarization barkeit
HCl	1.034×10^{-18}	3.6×10^{-24}
HBr	0.788 〃	5.0 〃
HI	0.382 〃	7.6 〃

Polarisierbarkeit の値が判ると大体 weak polar compound の性質が判る。unpolar compound (H_2, O_2, N_2 の如き) の時は分極性では全然説明出来ない。これらは量子力学に依らねばならぬ.

(a) 一般的基礎事実.

§.25 Plate condenser 間の電場の強さ.

2枚の plate より成る condenser あり. plate の大さは plate 間の距離に比べて大である. この condenser に charge e を与えると. 1の unit area にある charge は

$$\sigma_e = \frac{e}{O} \qquad \begin{array}{l}\sigma_e : \text{surface density} \\ O : \text{surface area}\end{array}$$

field は縁では曲るが 中は homogeneous で, その強さは

$$\mathfrak{E}_D = 4\pi\sigma_e \quad \text{-----------------} \quad (42)$$

もし此の Plate 間にある物質即ち dielectric があるとすると. これに ~~可~~ influence action 起り. diele. の中に el. layer が生ずる. layer により charge の作用消される. 即ち field の強さは弱くなる. この場合の field の強さは

$$\begin{aligned} \mathfrak{E} &= \mathfrak{E}_0 - 4\pi P \\ &= 4\pi\mathfrak{E}_D - 4\pi P. \end{aligned}$$

となり $\mathfrak{E}$ は $\mathfrak{E}_D$ より小になる.

図で 左に diele. が入っている. すると此の field の強さは vacuum の所より弱くなり

$$\mathfrak{E} = 4\pi\mathfrak{E}_D - 4\pi P.$$

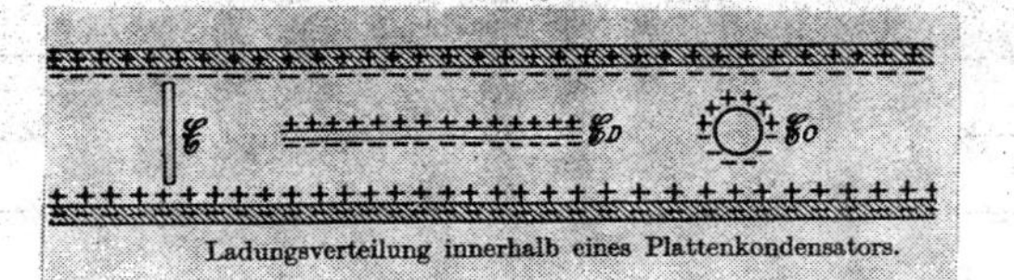

Ladungsverteilung innerhalb eines Plattenkondensators.

これは induce された charge の為に依る。即ち P が之れで P を一般に diele. polarization といふ。

P は induce された charge の大さを e_i とすると

$$P = \frac{e_i}{O}$$

で表はされる。

$$P = \frac{e_i}{O} = \frac{e_i d}{O d} = \frac{e_i d}{v} \quad \text{-------------} \quad (43_d)$$

$e_i d$ と考へると之れは2枚の plate の charge より生じた dipole moment であり。unit vol. についての dipole moment なり。

又空中の図を切る condensor plate 間に此の様な空隙を考へる。すると両側に同じ即ち sign の ele layer が出来るわけである。この layer の sign は plate の内部の charge の sign とは逆で、従て plates の vacuum なりとせば condensor内の E の印なくて (42) の値が得られる。真空値の あれは (43) の値となる。すると右図の如き球を考へると sphere 内部に於ては強さ 真空値の condensor 中にあっても vacuum 内の値の如くになる。

球の時

$$E_0 = 4\pi\sigma_E - 4\pi P + \frac{4}{3}\pi P$$

$$= E_D - \frac{8}{3}\pi P = E + \frac{4}{3}\pi P \quad \text{-------------} \quad (44)$$

§26 誘電恒数 Dielectric const D.K.

距離 r なる(2つの) el charge をもった pt. を vacuum 及び medium 中においた時起る ele field の $\mathbb{E}_D$ から $\mathbb{E}$ に下がる Coulomb の force も減少する。即ちその force は丁度 $\frac{1}{\varepsilon}$ に低下する。 ε をその medium の diele const という。

すなわち vacuum 中に於ける Coulomb's force

$$\mathfrak{K}_{vac} = \varepsilon \mathfrak{K}_{diele}$$

ele の surf. density について考えると表面の density に比例せねばならぬ。又は vacuum 中では σ_e, diele の中では $\sigma_e - \mathfrak{P}$

(42), (43) の式から

$$\mathfrak{E}_D = \varepsilon \mathfrak{E} \quad \text{-------------------} \quad (45)$$

ε はどうして求めるかは consendor の cap. を測定して求める。

condenser cap. は電気量と電位差の比である。 電位差は一定 charge を一方極から他端へもってくる仕事にて与えられる

$$\Delta P = \mathfrak{E} d = \frac{\mathfrak{E} e d}{\varepsilon} = \frac{\mathfrak{E}_D d}{\varepsilon} = \frac{4\pi\sigma_e d}{\varepsilon} \quad \text{----} \quad (46)$$

$$C = \frac{e}{\Delta P} = \frac{\sigma_e O}{\Delta P} = \frac{\varepsilon O}{4\pi d} \quad \text{-------------} \quad (47)$$

ε: known のものにつき C を測定せば $\frac{O}{4\pi d}$ がわかり あとは C を測定すれば ε がわかる。

§27. 誘電分極の発生に就て

~~※~~ 或る diele を condensor に入れると $\mathfrak{P}$ が生じる。之は(unit vol について) dipole moment を示している。それは分子中の dipole がより集ったものが $\mathfrak{P}$ となる。すなわち分子の数を N, $\bar{\mu}_\parallel$ を(field の方向の) comp とせば $\mathfrak{P} = N \bar{\mu}_\parallel$ となる。

diele polarization は molecular dipole の集りなるが $\bar{\mu}_\parallel$ を考えれば k の…

分極はどうして起るか。第一は分子そのものみでは dipole でない。field におかれて始めて dipole moment が現はれる。<u>Verschiebungs polarisation</u>（移動分極）

(i) field で induce される moment が el^n の移動で起るときを elec^n polarisation といふ。

(ii) field の為に ionize された atom の各々の位置が変る為に dipole moment が現はれる。之を Ion polarisation.

(iii) は始めから分子が rigid な dipole moment をもつてゐる。之は field の為に新しく現はれたり、変化したりする。即ち分子内には始めから dipole をもつてゐる。(Fe の如し)。之が一定の field に入ると一定方向に配列する。そして dipole moment を現はす。之を <u>Orientation polarization</u>（配向分極）。

(6). 移動分極.

α) D.K. 及び分極性. [D.K. = diele. const]

§. 28. Clausius-Mosotti の式.

外部の el field で dipole が生ずるのが移動分極でいはゆる induce された molecular dipole moment が生ずる。その大さはそれに作用する field の強さ、av. dipole による所の分子の電気的柔さに depend す。この柔さを $\bar{\alpha}$ で表はす。之を分極性といふ。すると induce された dipole moment の大さ μ_i は

$$\mu_i = \frac{P}{N} = \bar{\alpha} E_0 \quad \text{------------------} \quad (48)$$

N: 分子数 (unit vol 中の)

ある1ケの分子の分極性を分けて考へると、el^n は軽いから少しの外力で移動す。即ち el^n の α の値は非常に大であるが nucleus と nucleus の[struck out] α は小いから $\bar{\alpha}$ はその中の平均したものである

(48) と (44) とから E_0 を消去すると

$$\mathcal{P}\left(1-\frac{4\pi N\alpha}{3}\right)=N\alpha\cdot\mathcal{E}$$

これ (43)を代入

$$\left(\frac{\mathcal{E}_D}{\mathcal{E}}-1\right)\left(1-\frac{4\pi N\alpha}{3}\right)=4\pi\alpha\cdot N.$$

(45)に diele const ε を入れると

$$\varepsilon-1=\frac{4\pi N\alpha}{1-\frac{4\pi N\alpha}{3}}$$

$$\frac{\varepsilon-1}{\varepsilon+2}=\frac{4}{3}\pi N\alpha \quad \text{-------------------} \quad (49)$$

更に $N=\frac{N_L}{V}=\frac{N_L\rho}{M}$ なれば

$$\frac{\varepsilon-1}{\varepsilon+2}\cdot\frac{M}{\rho}=\frac{\varepsilon-1}{\varepsilon+2}V=\frac{4\pi N_L\alpha}{3}=2.54\times10^{24}\alpha=\mathcal{P}_M \quad \text{-------} \quad (50)$$

(50) が Clausius-Mosotti の式 (1879) である.

この $\mathcal{P}_M$ を Molepolarization 分子分極という。各々の分子につき特有の値である.

β) 分子屈折と分極性.

§.29. 分子屈折の測定法.

§28 では移動分極を全体として考へたが実際には el" と ion の各 polarisation の2つに分れる。実験的に区別し得るか? 移動分極を全体として測定するには普通の A.C. で十分であるが区別するには普通の A.C. ではダメ。freq の高い A.C. をつかふ。freq が大となると ion や nucleus は互い違いにそれについて動き得ず dipole moment はでて来ない。之に反し el" は軽いから自由に freq に応じて振動する。従って vibration は相当早いものでなければならぬ。$10^{14}\sim10^{15}$ Herz の振動即ち可視光線位の振動でなければならぬ。此等すべては el" 自身が分子内で vibration する時に分子の band spectrum の生じるのであるが 之が大体 可視線から紫外線の四つまでである。A.C.の vibration が el" 自身の vibration と同じ位になると resonance が起つて実験に正確を期し得ぬ。それで両方のなるべく el" の eigen freqenz からはなれた所で実験せねばならぬ。

§ 30. D.K. と屈折率との関係

ε_M 即ち D.K. ε は A.C. の freq. によつて変る。すると ε_M を一方から考へると振動と一種の関係あることが考へられる。即ち D.K. は可視光の freq をもつた振動と関係があるから逆に考へるならば その光と同じ光と関係ある光学的性質の D.K. と関係である。Maxwell はその一つとして D.K. と屈折率 n_r に関係あることをみた

$$\varepsilon = n_r^2 \quad \text{(51)}$$

而して一定の光についての n_r である。

§ 31. 移動分極の尺度としての分子屈折

(49) に於て $\frac{\varepsilon-1}{\varepsilon+2} = \frac{4}{3}\pi N\bar{\alpha}$ と (51) に代入すると

ある pure な分極については

$$\frac{n_r^2-1}{n_r^2+2} = \frac{4}{3}\pi N\bar{\alpha} \quad \text{(52)}$$

$$\frac{n_r^2-1}{n_r^2+2}\cdot V = R_M = \frac{4}{3}\pi N_2\bar{\alpha} \quad \text{(53)}$$

R_M は分子屈折である。

可視光で分子屈折を知ると el" polarisation の direct measurement の尺度になる。

(53) は (50) と合すれば 総温度に於て液体の値で作つ その計値がちゃんと数値をとつて変らぬ 言ふこの例が次の表の如きである。

	vapor	liquid	diff
H_2O	18×0.2068	18×0.2061	~~18×~~ +0.0007
CS_2	76.14×0.2898	76.14×0.2805	+0.0093
$CHCl_3$	119.4×0.1796	119.4×0.1790	+0.0006

§32. 混合物の分子屈折

2つの物質間に変化の起らぬときは mixture の屈折は両方の comp^t の sum である。即ち 混合物の dipole moment μ_{12} は平均の値となる

$$\mu_{12} = \bar{\alpha}_{12} \mathcal{E}_0 = \frac{N_1}{N}\mu_{i_1} + \frac{N_2}{N}\mu_{i_2} + \cdots$$

$$= \gamma_1 \mu_{i_1} + \gamma_2 \mu_{i_2} + \cdots$$

$$= (\gamma_1 \bar{\alpha}_1 + \gamma_2 \bar{\alpha}_2 + \cdots)\, \mathcal{E}_0$$

$$\bar{\alpha}_{12} = \gamma_1 \bar{\alpha}_1 + \gamma_2 \bar{\alpha}_2 + \cdots$$

$\gamma_1, \gamma_2, \cdots$ mole fraction

ここで用いた (50) より P_M の代りに R_M を用いると

$$\left.\begin{aligned} R_{M_{12}} &= \frac{n_r^2 - 1}{n_r^2 + 2} \cdot \frac{\bar{M}}{\rho} \\ R_{M_1} &= \frac{n_{r_1}^2 - 1}{n_{r_1}^2 + 2} \cdot \frac{M_1}{\rho_1} \qquad R_{M_2} = \frac{n_{r_2}^2 - 1}{n_{r_2}^2 + 2} \cdot \frac{M_2}{\rho_2} \cdots \end{aligned}\right\} \quad \cdots\cdots (54)$$

結果

$$R_{M_{12}} = \gamma_1 R_{M_1} + \gamma_2 R_{M_2} + \cdots \quad \cdots\cdots (55)$$

mole fraction の代りに weight % を用いると

$$\bar{M} = \gamma_1 M_1 + \gamma_2 M_2 + \cdots \quad \cdots\cdots (56)$$

$$\therefore \gamma_1 \frac{M_1}{\bar{M}} = \frac{\gamma_1 M_1}{\gamma_1 M_1 + \gamma_2 M_2} = \frac{m_1}{m_1 + m_2} = \frac{m_1}{m}$$

全く同様に $\gamma_2 \dfrac{M_2}{\bar{M}} = \dfrac{m_2}{m}$

すると
$$\frac{n_r^2 - 1}{n_r^2 + 2} \frac{m}{\rho} = \frac{n_{r_1}^2 - 1}{n_{r_1}^2 + 2} \frac{m_1}{\rho_1} + \frac{n_{r_2}^2 - 1}{n_{r_2}^2 + 2} \frac{m_2}{\rho_2} \quad \cdots\cdots (57)$$

この(57)が次の Print である。

Brechungsquotienten der Mischungsreihe Äthylenbromid–Propylalkohol (Na-Licht, 18°C)

Gewichtsprozente Äthylenbromid.	ρ	n_γ beob.	n_γ ber. − n_γ beob
0,0	0,80695	1,38616	——
20,9516	0,92908	1,39914	− 0,00003
40,730	1,08453	1,41582	− 0,00012
60,094	1,29695	1,43901	− 0,00034
80,0893	1,62640	1,46580	− 0,00057
100,00	2,18300	1,54040	——

§33. ~~混合~~ 極性化合物の分子屈折

§32 の考へを compound の場合に使ふ。(54) を 1つの化合物につかふ。

この場合 γ をつかひ. m_1, m_2, をつかったが今度は γの代りに1つの分子内へある各 atom の化合割合 $\frac{z_1}{z_1+z_2+\cdots}$, etc. をつかひ m_1, m_2 の molecular weight の代りに atomic weight $A_1, A_2, \cdots$ をつかふ。$\bar{M}$ の代りに平均の atomic weight をつかふ。

$$\bar{M} = \frac{z_1A_1 + z_2A_2 + \cdots}{z_1+z_2+\cdots} = \frac{M}{z_1+z_2+\cdots}$$

(54) 式の両辺に分子数をかけると

$$(z_1+z_2+\cdots)\,R_{M_{12}} = \frac{n_\gamma^2-1}{n_\gamma^2+2}\,\frac{\bar{M}}{\rho} \times (z_1+z_2+\cdots)$$

$$\therefore \frac{n_\gamma^2-1}{n_\gamma^2+2}\,\frac{M}{\rho} = R_M = z_1R_{A_1} + z_2R_{A_2} + \cdots \qquad (58')$$

$R_{A1}, R_{A2}, \cdots$ は 原子屈折とよばれ 或る1つの compd に含まれる原子屈折の Σ で表はされる。

唯この場合混合物と考へて保存式をりつような どんな chemical にも使へると いふわけではない。

従ってこんな compd の atom refraction 或る neutral なる状態における atom の characteristic な値であり R_A の Σ を寄せ集めれば得られると考へてはいけない。これに 例へば strong polar compd (塩類) を考へると. それの光学的性質は いはゆる ion 即ち rigid な sphere から成る ion より分子が出来てあることに depend しておるから これらの compd の mole refraction は ion refraction と呼ばるべき ものを Σ すれば 得られるであらうといふことはわかる。

point をつないだ ion refraction は atom weight と共に増す。それにつれて nucleus charge のふえると ele^n をひきつけ 強く引張る。その結果 は ele^n が移動する。その結果 ion refraction が 大きくなる。

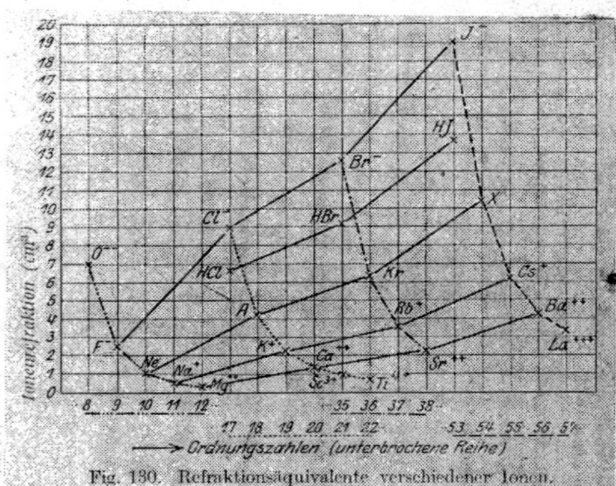

Fig. 130. Refraktionsäquivalente verschiedener Ionen.

§34. 有機化合物の分子屈折

(58) を unpolar と weak polar compd について考へる。この場合知りたいのは (58) の atom refraction は free atom の refraction とちがって居っては

いけない。それとちがう。分子内に結合したatomに特有のrefractionをつけなければならぬ。それはこんな場合にはel"が2つのatomに共有されてゐる。無理に引き離さうとするとfree valenzが生ずるから共有されたel"の一部は1つのatomに他は他のatomへゆく。するとatom refractionは2つのatomのatom refractionを結合は区別せねば得られない。こんなことはすべての場合については研究されてないが、有機化合物では多くの場合Cのつながりを考へればよく他のatomに寄ることは少い。故にCのみのつながりを考へればよくて問題は容易になる。この場合はCの結合が分られれば各一のatom refractionの値を得る。それを計算したのが次のprintである。

Atomrefraktionen in organischen Verbindungen.

Atom bzw. Art der Verkettung	H_α	D	H_β	H_γ	$H_\beta - H_\alpha$	$H_\gamma - H_\alpha$
>C<	2,413	2,418	2,438	2,466	0,025	0,053
H—( )	1,092	1,100	1,115	1,122	0,023	0,030
O=(C)	2,189	2,211	2,247	2,267	0,057	0,078
(C)—O—(C)	1,639	1,643	1,649	1,662	0,012	0,019
(C)—O—(H)	1,522	1,525	1,531	1,541	0,006	0,015
Cl—(C)	5,933	5,967	6,043	6,101	0,107	0,168
Br—(C)	8,803	8,865	8,999	9,152	0,211	0,340
J—(C)	13,757	13,900	14,224	14,521	0,482	0,775
>C=(=C<)	3,256	3,284	3,350	3,412	0,094	0,156
—C≡(≡C—)	3,577	3,617	3,691	3,735	0,094	0,141
(H)—N<(H)(C)	2,309	2,322	2,368	2,397	0,059	0,086
(C)—N<(C)(H)	2,478	2,502	2,561	2,605	0,086	0,119
(C)—N<(C)(C)	2,808	2,840	2,940	3,000	0,132	0,185
N≡(C)	3,102	3,118	3,155	3,173	0,052	0,060
(C)—N=(C)	3,740	3,776	3,877	3,962	0,139	0,220

このTableの使い方をする。

Ethyl alcoholの屈折率をD lineで測ると n_D は1.361 (20°C) で density ρ は0.791

故に mole refraction は 12.89 となる。 Ethyl alcohol では

$$\begin{array}{l} H \\ H - C - C(H)(H) - O - H \\ H \end{array}$$

なる故

2 × 2.418	-C- は C が 2つ
6 × 1.100	H-( ) の H が 6つ
1.525 × 1	(C)-O-(H) の O が 1つ
+) 12.96 ≒ 12.89	

多くの organic substance は大体上の table と合う。こんな計算は正確ではない。例えば或る1つの carbon から相当離れた carbon の結合状態の相互影響をもつ訳だからである。いはゆる conjugate 共軛結合をしてあると全く double bond が影響して計算では合わされぬ。しかし大体の分子屈折が求められる。この事は有機化合物の決定に重要である。

⑥ γ) イオンの分極性を基として弱極性分子の性質の探索

§35. 弱極性化合物の D.K. の計算

weak polar comp^d の生ずるのは、先づ初めに strong polar comp^d が生じ、次に ion sphere 内の el charge が分極性の為に一方の ion から他の ion へ移動して中和されて weak polar となる。weak polar comp^d の生ずるのは charge の幾らかの部分が中和される。その結果分子の極性は低下せねばならぬ。

最も simple な例として HCl, H_2O を採ってその時の Kation は単に1個の proton であって此の場合は ion の polarization が行はれず、その代りに anion が polarization を行ふ。例へば HCl の場合には 7個の pos. charge をもった Cl の neucleus の周囲に丁度 Edel gas の構造をとる様に外部に 8個の el^n がある状態で

Cl ion である。この7ケの pos charge をもつた neucleus は Proton とは反発しあい、之に反して8ケの el^n は自由に動き得るし、Proton とひっぱりあってる。

しかるに8ケの el^n は動き易い為に neg charge の重心は水素 ion に近よる。その為に全体としての pos. charge の重心は neg. charge の重心に近づく。その距離は 0.0275 Å しかない様になる。

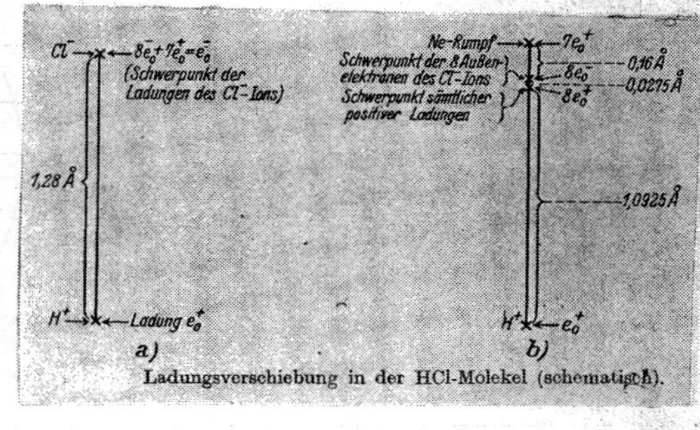

Ladungsverschiebung in der HCl-Molekel (schematisch).

両 charge が接近することは dipole moment が小さくなる。従って D.K. が非常に小さくなる。

§.36 多原子分子の形の出る理由.

普通の H_2O CO_2 は ○-O-○ となる筈であり(一直線)

所が (図) のごとくなる。es. force の考へだけでは分子の形は定まらない。

中心にくる ion の pos charge をもつた atom rumpf が周囲にある neg. の el^n に対して分極性の為に引かれてズれる。こんな風に考へるとこんな el^n が2ケ並ぶとすると外部にくる2ケの ion は unsymm な配列をして balance する。

58

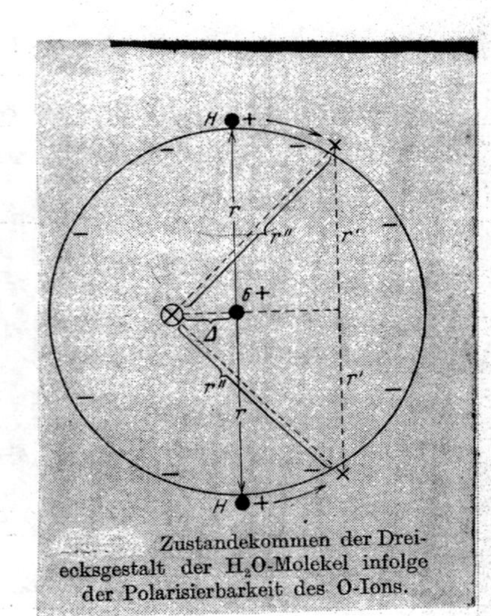

Zustandekommen der Dreiecksgestalt der H_2O-Molekel infolge der Polarisierbarkeit des O-Ions.

repulsive force を計算すると.

$$\frac{2\times 6e_0^2}{r} + \frac{e_0^2}{2r}$$

H と O 核, H と H の力

$$-\frac{2\cdot 8e_0^2}{r}$$

H² と e_0 との引力

従て 2ケの水素 ion の O-ion にやつてきたために生じた全体としての pot' energy は上の2つを加へたものになる 之に対して H が矢の方向にズレると 中心の O 核は Δ だけ動く。すると

repulsive force は $\frac{2\times 6e_0^2}{r''} + \frac{e_0^2}{2r'}$ となる。 $\frac{-2\times 8e_0^2}{r}$ は不変

結局 全体の pot energy は 上の2つの和。今

$$\frac{2\times 6e_0^2}{r} + \frac{e_0^2}{2r} - \frac{2\times 8e_0^2}{r} と \frac{2\times 6e_0^2}{r''} + \frac{e_0^2}{2r'} - \frac{2\times 8e_0^2}{r}$$

と比べると、$r''>r$, $r'<r$ なる。三角で考へると total pot energy は後者の方が小となり、この方が安定であり、どこまで曲るかといふと、total pot energy の min. になるまで曲る。即ち centr ion と外部の el field で分極を起し得る場合には分子は曲った方が安定である。

こんな計算を色々の分子でやると分子が曲ってゐるかどうかが予知し得る。

Prüfung der Regel von ZACHRISEN.

Substanz	ΣZ_v	2 bzw. 3 × Z_E	Gestalt der Molekel bzw. des Ions
CO_2	16	16	gestreckt
N_2O	16	16	
CS_2	16	16	
SO_2	18	16	gewinkelt
NO_2	17	16	
H_2O	8	4	
H_2S	8	4	
BO_3^{3-}	24	24	eben
SO_3^{2-}	24	24	
NO_3^-	24	24	
NH_3	8	6	Pyramidal
ClO_3^-	26	24	
BrO_3^-	26	24	
$(AsO_3)^{3-}$	26	24	

分子を形成する外部電子は全部 anion の所に於いて外部の atom の方に移動する。すると移動し得る ——.

今 XY_2, XY_3, XY_2^- XY_3^{2-} の如き分子や ion があるとし、

今 $\sum Z_\nu$ を分子のもつ外部電子の総数とする。又 Z_E を Y の atom の次に来る edel gas の外部電子の数とすると分子や ion に於て XY_2 の形のときは

$$\sum Z_\nu = 2Z_E$$

なる形があれば Y の配列は直線となり。

XY_3 の時は $\sum Z_\nu = 3Z_E$ ならば平面となる。

XY_2 の時 $\sum Z_\nu > 2Z_E$ ⎫
XY_3 $\sum Z_\nu > 3Z_E$ ⎭ の時には曲る。

(c). 位置の分極.(方向分極)

§ 双極子分子の分子分極に対する **Debye の式**

分子内に一定の dipole をもっているのだから分子内部の el charge が unsymmetrisch に分布しているので方向分極として表はれる。実際においてこんな分子は非常に大きい D.K. をもち、その D.K. が温度により強く影響される。この D.K. と dipole moment と温度との関係を示したのが Debye の式である。

$$P_M = \frac{\varepsilon - 1}{\varepsilon + 2} V = \frac{4\pi N_L}{3}\left(\alpha + \frac{\mu^2}{3kT}\right) \quad \text{------------- (59)}$$

α : 分子の分極率
μ : 〃 dipole moment
V : 〃 volume
ε : D.K.

この式で $\frac{4\pi N_L \alpha}{3}$ は普通の Verschiebungs polarisazion であって、之に $\frac{\mu^2}{3kT} \times \frac{4\pi N_L}{3}$ が加はつたことになる。

§. 分子双極子能力の測定法

$$P_M = \frac{\varepsilon-1}{\varepsilon+2}V = \frac{4\pi N_L}{3}\left(\bar{\alpha} + \frac{\mu^2}{3kT}\right) \quad \cdots\cdots (59)$$

にてあり1つの分子の polarisierbarkeit をあらわす。

この式をみるとわかるのは gas の dipole moment では 色々の temp での ε の値を計算すると $(\varepsilon-1)\cdot V\cdot T$ がわかる。この値を(59)に入れると

$$(\varepsilon-1)V\cdot T = 4\pi N_L \alpha T + \frac{4\pi N_L \mu^2}{3k} \quad \cdots\cdots (60)$$

(60)をみると $(\varepsilon-1)\cdot V\cdot T$ は温度については linear fn. で straight line で、その inclination が α にあたる。$T=0$ の点は切り 分子の dipole moment となる。Print は例を示す。

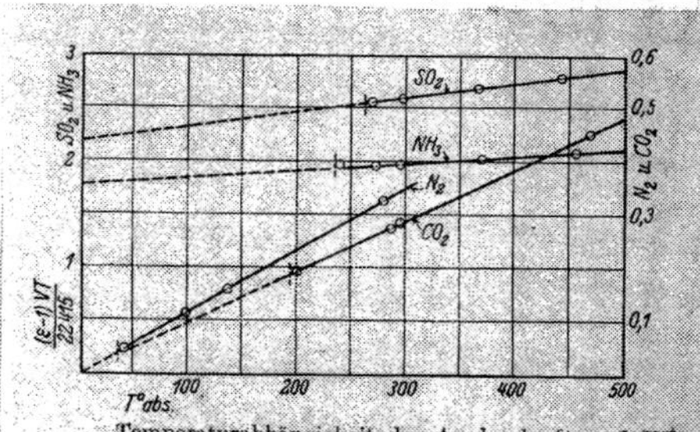

Temperaturabhängigkeit des Ausdrucks $[(\varepsilon-1)VT]$ bei verschiedenen Gasen.

次に sol^n の場合をとりあげて測定するのは、或る dipole をもたない solvent の中に dipole molecule をとかした、このとき (59) がつかえる。この測定では sol^n の molecular polarization では

$$P_{M_{1,2}} = \frac{\varepsilon-1}{\varepsilon+2}\,\frac{\gamma_1 M_1 + \gamma_2 M_2}{\rho} = \gamma_1 P_{M_1} + \gamma_2 P_{M_2}$$

$$(\gamma_1 + \gamma_2 = 1)$$

今この式を suffix 1 の方を dipole をもたない solvent をあらわす。suffix 2 は溶けた dipole をもった溶質をあらわすとすれば P_{M_1} は verschiebung polarisation のみとなり $P_{M_1} = \frac{4\pi N_L \bar{\alpha}}{3}$ である。P_{M_2} は dipole をもった orientation polarization

$$P_{M_2} = \frac{4\pi}{3} N_L \left(\alpha_2 + \frac{\mu^2}{3kT}\right) \quad \cdots\cdots (61)$$

測定すべきは D.K. であり。pure solvent の D.K. を先づ測定す。すれば

$$P_{M_1}=\frac{\varepsilon-1}{\varepsilon+2}\frac{M_1}{\rho}\ にて$$

P_{M_1} はわかる。

これを色々の濃度における sol^n の D.K. を測定。

$$P_{M_{12}}=\frac{\varepsilon-1}{\varepsilon+2}\cdot\frac{\gamma_1 M_1+\gamma_2 M_2}{\rho}$$

すれば各々の D.K. から $P_{M_{12}}$ が出てくる。求めるものは (61) の μ^2 である。

P_{M_1} と $P_{M_{12}}$ は known. μ を求めるには solute の α_2 を知らねばならぬ。gas のときはこれを相当範囲に temp を変へて測ればよいが、liquid state はそんなに temp を変へられない。従って確な値は μ の分値ではよくない。2つの方法がある。

1). solute の D.K. を solid state で主として低温で測定す。この時には既に orientation polarization はなくなり、ただ残りは Verschiebungs Polarization であり、α_2 がわかる。

2) Mole Refraction をつかふ。el^n polarization の値がわかる。

Dielekrizitätskonstante und Molekularpolarisation von Äthylätherlösungen in Benzol bei 20°C.

γ_2 (% Äther)	ρ	ε	$P_{M_{12}}$ (cm³)	P_{M_2} (cm³)
0.	0,878	2.270	26.43	——
6,09	0,868	2.375	28.15	54.8
12.45	0,858	2.483	29.90	54.2
24.75	0,838	2.708	39.35	54.4
100.	0,717	4.400	54.9	(54.9)

63

以上の如くして α_2 がわかれば μ が求められることになる。

Ethyl ether の例をとると $P_{M_2} = 54.5$

$$\frac{4\pi N_L}{3}\alpha_2 = 26.5.$$

すると $\frac{4\pi N_L}{9kT}\mu^2 = 54.5 - 26.5 = 28.0$ [unit in cm^3]

$$\therefore \mu = \sqrt{\frac{28.0 \times 9 \times k \times T}{4\pi N_L}}.$$

$T = 293°K$ とすると

$$\mu = \sqrt{\frac{28.0 \times 9 \times 1.37 \times 10^{-16} \times 293}{4 \times 3.14 \times 6.06 \times 10^{23}}} = 0.01273\sqrt{293 \times 28} \times 10^{-18}$$

$$= 1.15 \times 10^{-18} \text{ abs. esu.}$$

Molekulare Dipolmomente.

Substanz	$\mu \cdot 10^{18}$ beob.	Methode[2]	$\mu \cdot 10^{18}$ ber. (vgl. § 233)
N_2	0	I	—
CO_2	0	I	0
HCl	1,034	I	—
HBr	0,788	I	—
HJ	0,382	I	—
H_2O	1,87	I	—
	1,70	II	
NH_3	1,50	I	—
CH_4	0	I	0
C_2H_6	0	I	0
CH_3Cl	1,97	I	1,9
CCl_4	0	I	0
	0,1(?)	II	
Benzol	0	II	—
Nitrobenzol	3,89	II	—
Toluol	0,45	II	0,4

Substanz	$\mu \cdot 10^{18}$ beob.	Methode[2]	$\mu \cdot 10^{18}$ ber. (vgl. § 233)
p-Chlorphenol	2,4		2,3
p-Kresol	1,5		1,5
Chlorbenzol	1,55		1,5
o-Dichlorbenzol	2,2	II	2,6
m-Dichlorbenzol	1,4		1,5
p-Dichlorbenzol	0		0
Phenol	1,63		1,6
Methylalkohol	1,61	I	
	1,64	II	
Äthylalkohol	1,72	I	
	1,74	II	
Propylalkohol	1,65	II	1,55
Butylalkohol	1,65	II	
Amylalkohol	1,66	II	
Aceton	2,97	I	2,7
	2,70	II	2,7

4. 溶解状体に於ける極性分子の電気的性質.

a) 溶解状体に於けるイオン化.

強電解質に対するDebyeの理論

§ 電離に就いて

強い polar molecule は gas 状では atom でなく ion になる. しかしその分子が普通の蒸発でなくて1つの solvent の中に vaporize する時には複雑になる。この時には2ヶの ion か1ヶの molecule をつくるときに free となる energy A_e を考へねばならぬ. 即ちこの量が小さい程 ion の desociation degree は大きい。実際 solvent 内へ vaporize する時の A_e は普通の vaporization より小さく ion になり易いことがわかる.

vacuum 中では　$A_e = \frac{e_0^2}{r}$

D.K. の中では　$A_e = \frac{e_0^2}{\varepsilon r}$　[ε = D.K.]

D.K. の大きいものでは ionization は容易となる. 水なれば $\varepsilon = 80$ なる故水中では非常によく ionize する. 例えば水中へ移ると

$$A_e = 1.3 \sim 1.5 \ \mathrm{Kcal.}$$

更にこの外に heat motion が加はり もっと少くなる。ある強電解質は水中では殆ど完全に ion に分れることになる。以上は定性的なことであって D.K. が或多くの分子のもつ D.K. の平均値である. これで macrocosmic nature の数値を使って体を去らばその ion 間の力の作用 又は 分子を形成するような距離の近い時に $\frac{e^2}{\varepsilon r}$ なる式を用い得るか否かは疑はしい. しかしこれで不確性は次の考へを用ひると除くことが出来る. 又この考へによって或多くの溶けてない物質の solⁿ 内への dicosiation の値を不詳しくも物質の容易に ion に dissociate することは正確に決論し得る. その考へとは、

ところである物質の ion と solvent の分子との間には強い ES の force の存在

すべきで、若しsolventが水の如く相当のD.K.をもっているならばes forceは大きい値となるべきである。すると、その部分はvacuum中のvapor stateにあるよりもsolvent moleculeによりとりかこまれてsol^{n}にいる方がより安定と考へねばならぬ。それにつれて相当量のenergy 即ちhydration work (加水~~熱~~) W_h を外部に放出すべきである。即ち気体では一種の平衡でvacuum中に存在するもあるが、その量は少くて殆ど全部sol^{n}中へ入る。

即ち $\frac{C_{J\,liq}}{C_{J\,gas}}$ は非常に大となり vapor中のはnegligible。

然しこのhydration heatはどうして計算すればよいか。それには1個のgas ionがweak polarと考へらるsolventの1つ又は数個の分子と結合するときなすes workを計算すればよい。例へば H ionが水の分子と結合して H_3O^+ ionをつくるとすれば、H ionと1個のdouble chargeをもったO ionとのes. attractive forceを計算する。その値から H ionと O ionに存在して相当はなれた他のH_2O分子との間のrepulsive workをひいたものがそのes. workとなる。又は別の方法として、

1. Feste Salz → Ion への Verdampfung　　$-U$ (Gitter energie)
2. Ion の Lösungsmittel への溶解　　$W_h^+ + W_h^-$ (Hydrationswärme)
3. 完全にdissociateせりと考へられる sol^{n}中のionがfeste Salzをつくって沈澱する　　$-W_L^i$ (Lösungswärme)

これが1 cycleを完成したことになり Hess' lawにより

$$W_h^+ + W_h^- = -U_0 + W_L^i \quad \cdots\cdots (63)$$

然して1つの塩についてhydration heatのsumが求まる。然も別々に個々にpos ionの W_h^+ と W_h^- がわかったとせば任意のanion cationについて(63)で計算し得る。

Lesg Lösungs

66

Ion	H^+	Li	Na	K	Rb	Cs	Ag
W_h (kcal)	270	150	110	90	85	80	120

F^-	Cl^-	Br^-	I^-
110	70	45	35

H^+は特に大いさは非常に小なり。従ってH^+は他の分子のion より水の分子の電場中にある O に引きつけ易い。又 H^+の W_h は非常に大きいことは水素の化合物の gas などは例へ weak polar のものであっても(例へば HCl の如き)即ち ion にわづかしか分れていないものでも一度水にとけると完全な ion になることがわかる。

(7)

5. 強電解質に関する Debye の説.

gas state の polar compound の或る solvent 中で dissociate する場合には solvent の D.K. の vacuum より大なるときには其の D.K. の為に ion 間の結合が弱められることになる。 vapor state で既に ionize して居る sol^n に於ては勿論 dissociate する。 而して neutral molecule の sol^n に於ては、

Raoult の法則 や Ostwald の稀釈律 はそのままにはつかへない。

之れを補正するに osmotic coeff f_o, affinity coeff f_a を入れて置かねばならぬ。 $\alpha=1$. 完全に分解.

実験では $\alpha=0.9$ 位の様に 1 より小さくなっている。其の理由は f_a, f_o が存在する為である。 Debye & Hückel の theory は f_o, f_a の [illegible] の説明である。

その基礎になるのはCoulomb's lawである。

今稀いsol^n をつかふとionの大さはnegligible。conc.になるとionの大さを考へねばならぬが。　大体の結果をまとめると

a) f_o, f_a を理論的に求めると結局Coulomb's lawにあらはれた力をつかひのみで示される。ionのchargeの大さ，sol^n のD.K.，ion間の平均キョリ

b) ionはparticleの様に不規則にdistributeしてゐるがattractive forceがあるので1つのpos ionの周囲にneg ionが集まり neg ionの周りにpos ionが集まる。1つのionの周囲にはそのionとはchargeが反対なIonenwolke（イオン雲）があってこの状体はpolar cristalの場合とよく似てゐる。polar cristalとちがふのは溶中のionの自由に動くのでheat motionがあるからイオン雲は始終変化してゐる。

c) ionwolkeがあるから ~~critical~~ neutral particleのときよりsol^nの代りにionのsol^nをとったときはnor^l osmotic pres.のとふりにならないことがわかる。

ionのまはりosmotic presは小さくなる

丁度real gasのVan der Waals eq.のattractive forceと同様にionwolkeよりでたe.s. forceによる内部圧

Kohesion druck Π_e がosmo. presを下げる作用をもつ。

nor^l os.press.　$\pi_{id} = C \cdot R \cdot T$　　id=ideal

とすると実際には

$$\pi_r = \pi_{id} - \Pi_e \qquad r:\text{real} \qquad (64)$$

$$\therefore f_o = \frac{\pi_r}{\pi_{id}} = 1 - \frac{\Pi_e}{\pi_{id}} \qquad (65)$$

常に $f_o < 1$.

68

§ 滲透圧係数 f_0

[純電解質の氷点降下]

$$1 - f_0 = \frac{C_0^3 (\sqrt{\pi N_L})}{3(\varepsilon \cdot k \cdot T)^{3/2}} \left(\frac{n_a^2 Z_a + n_k^2 Z_k}{Z_k + Z_a} \right)^{3/2} \sqrt{(Z_a + Z_k) C_0}$$

$$1 - f_0 = \frac{0.483 \times 10^6}{(\varepsilon \cdot T)^{3/2}} \left(\frac{n_a^2 Z_a + n_k^2 Z_k}{Z_a + Z_k} \right)^{3/2} \sqrt{(Z_a + Z_k) C_0} \qquad (66)$$

D.K.　T.　　電解質1分子のionになるときに出来る anion及びkationの数.

n_a, n_k : anion, kation の valency.

1-1-wertig 0°C の water solⁿ ならば D.K. = 88.2 = ε

$Z_a = Z_k = 1$　$n_a = n_k = 1$

$$\therefore 1 - f_0 = 0.263 \sqrt{2 C_0} = 0.372 \sqrt{C_0} \qquad (66a)$$

C_0 = 電解質の全濃度

これが osmotic coeff の 0 からの deviation は

普通の law of mass action で計算すれば

$$K_c = \frac{\alpha^2 C_0}{1 - \alpha}$$

になって $\alpha \fallingdotseq 1$ に於ける α の deviation $1 - \alpha = \frac{C_0}{K_c}$

以上は ion radius で考へた理論で…… ion の atomosphere (volk) の radius を a.　ion radius を $\bar{r}_j$ とすれば

$$1 - \frac{3}{2}\left(\frac{a}{r_j}\right) + \frac{7}{5}\left(\frac{a}{r_j}\right)^2 - 2\left(\frac{a}{\bar{r}_j}\right)^3 \cdots$$

$$\equiv \sigma\left(\frac{a}{r_j}\right) \qquad (67)$$

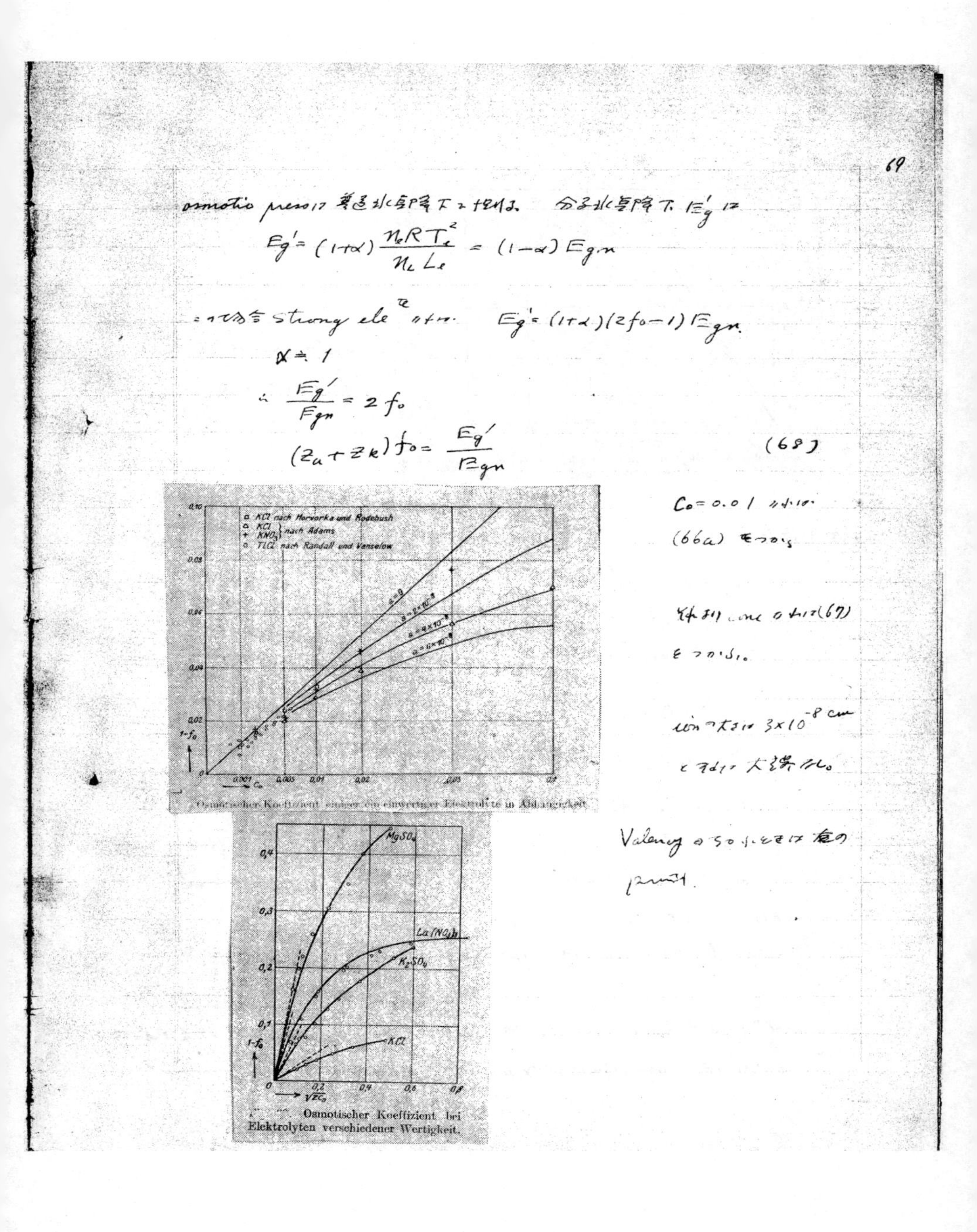

69

osmotic pressは 冰点降下に比例。 分子冰点降下 E'_g は

$$E'_g=(1+\alpha)\frac{n_e R T_e^2}{n_e L_e}=(1-\alpha)E_{gn}$$

この場合 strong ele^{te} ならば $E'_g=(1+\alpha)(2f_0-1)E_{gn}$

$\alpha \fallingdotseq 1$

$$\therefore \frac{E'_g}{E_{gn}}=2f_0$$

$$(z_a+z_k)f_0=\frac{E'_g}{E_{gn}} \qquad (68)$$

Osmotischer Koeffizient einiger ein-einwertiger Elektrolyte in Abhängigkeit

$C_0=0.01$ ならば (66a) をつかう

それより conc の大なるは (67) をつかう。

ionの大きさは 3×10^{-8} cm とすれば大誤差なし。

Osmotischer Koeffizient bei Elektrolyten verschiedener Wertigkeit.

Valency の多いときは 次の point.

70

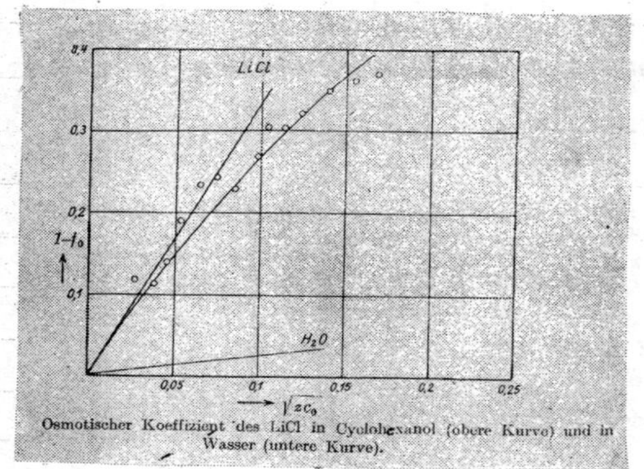

Osmotischer Koeffizient des LiCl in Cyclohexanol (obere Kurve) und in Wasser (untere Kurve).

solvent をかえたときの Osmotic press は左の print
(ε の影響)

Cyclohexanol の方が水より
12.4倍 だけ大.

45

§ 活性度係数

$$\log f_{ai} = \frac{-e^3\sqrt{4\pi N_L}\, n_i^2}{2\times 2.303\,(\varepsilon kT)^{3/2}}\sqrt{\frac{\Gamma}{1000}} = \frac{1.285\times 10^6}{(\varepsilon T)^{3/2}}\, n_i^2\sqrt{\Gamma} \qquad (69)$$

25° H_2O 然し $\varepsilon = 88.2$ bei 0°C なので $\varepsilon = 78.8$

$$\log f_{ai} = -0.358\, n_i^2\sqrt{\Gamma} \qquad (70)$$

$$\Gamma = \sum n_i^2 c_i = c_0 \sum z_i n_i^2 \qquad (71)$$

total ion concentration

(71) に於いて Γ は全部の ion の concentration 故に Γ の ion の activity coeff f_{ai} は sol^n 中の全部の ion から全体的な影響を受ける。即ち ion の特別の作用は存在せず。

Debye theorie は coulomb's law に depend する… 即ち ~~[illegible]~~

sol^n 中に於ける ion charge の大きさ n_i, ion の量 c_i にのみ depend する事になる。
それだけに従って ion 種類の性質には depend しない。

NaCl などの 1-1 valency のものを考へると この場合 $z_i=1$. 2価の ion があれば $z_i=2$

となる。つまり入れると

$$-\log f_{ai} = 0.505\sqrt{C_0} \qquad (92)$$

次に濃度が増すと ion の radii を考へねばならぬ。

$$\log f_{ai} = -0.358\, z_i^2 \sqrt{\Gamma}\,\frac{1}{1+0.232\times10^{8}\, a\sqrt{\Gamma}} \qquad (93)$$

T = 298 における。

濃度

92 と 93 とを比べると Γ の大きい所では f_{ai} の増加を示すものである

Harned の empirical formula

$$\log f_{ai} = -0.358\, z_i^2\sqrt{\Gamma} + B'\Gamma \qquad (94)$$

1-1 valency

$$\log f_{ai} = -0.505\sqrt{C_0} + BC_0 \qquad (95)$$

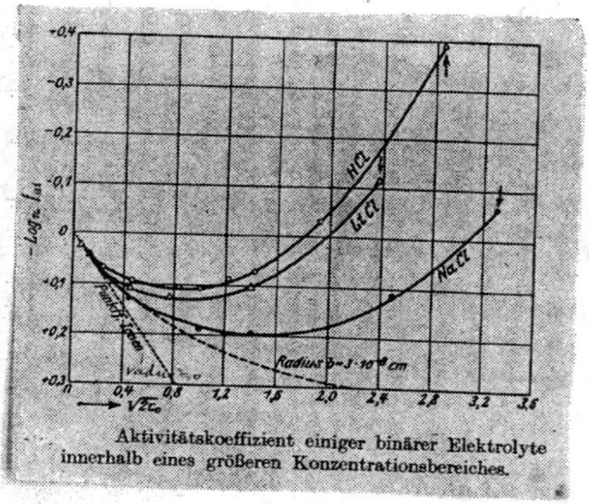

Aktivitätskoeffizient einiger binärer Elektrolyte innerhalb eines größeren Konzentrationsbereiches.

この図では矢印の point の

如し。

B, B' は ion の濃度の function となるものである。

実験値は正しいか否かを見る事は難しい

難溶の $A_\alpha B_\beta$ なる electrolyte あり 飽和溶液における ion 濃度については

$$(f_{aA} c_A)^\alpha (f_{aB} c_B)^\beta = K \tag{76}$$

の関係あり。

もし law of mass action が hold せば

$$c_A^\alpha c_B^\beta = K_L \quad (\text{Löslichkeit produkte}) \tag{77}$$

である。K_L は const. でない。（実験によれば）

$$K_f \cdot K_L = K = \text{const} \tag{78}$$

$$\text{但し} \quad f_{aA}^\alpha f_{aB}^\beta = K_f \tag{79}$$

(78) により f_a を test する。今考えている sol^n に他の ele^{ly} を入れると f_a は変化を受ける。しかし (78) の関係即ち

$$K_f K_L = K_{f0} \cdot K_{L0} = K$$

は hold する。

すると一般の場合の $K_f = \dfrac{K_{f0} \cdot K_{L0}}{K_L}$ (80)

(80) において K_L, K_{L0} は飽和濃度を測定すればよいから、すぐにわかる。又 K_{f0} は とけにくい場合には大体 1 である。すると K_f は K_{f0}, K_{L0} がわかれば、いかに変化するかをみれば わかる。一方 (70),(79) から考えると

$$\log K_f = \alpha \log f_{aA} + \beta \log f_{aB} = -(\alpha n_{iA}^2 + \beta n_{iB}^2)\, 0.358 \sqrt{I} \tag{81}$$

実験で求めた K_f の log をとると比例的に $\sqrt{I}$ に比例する。

これは 次の print に示す

$$\frac{1}{z} \log K_f = \log \bar{f} = \frac{1}{z}(\alpha \log f_{aA} + \beta \log f_{aB}) \tag{82}$$

$z = \alpha + \beta$

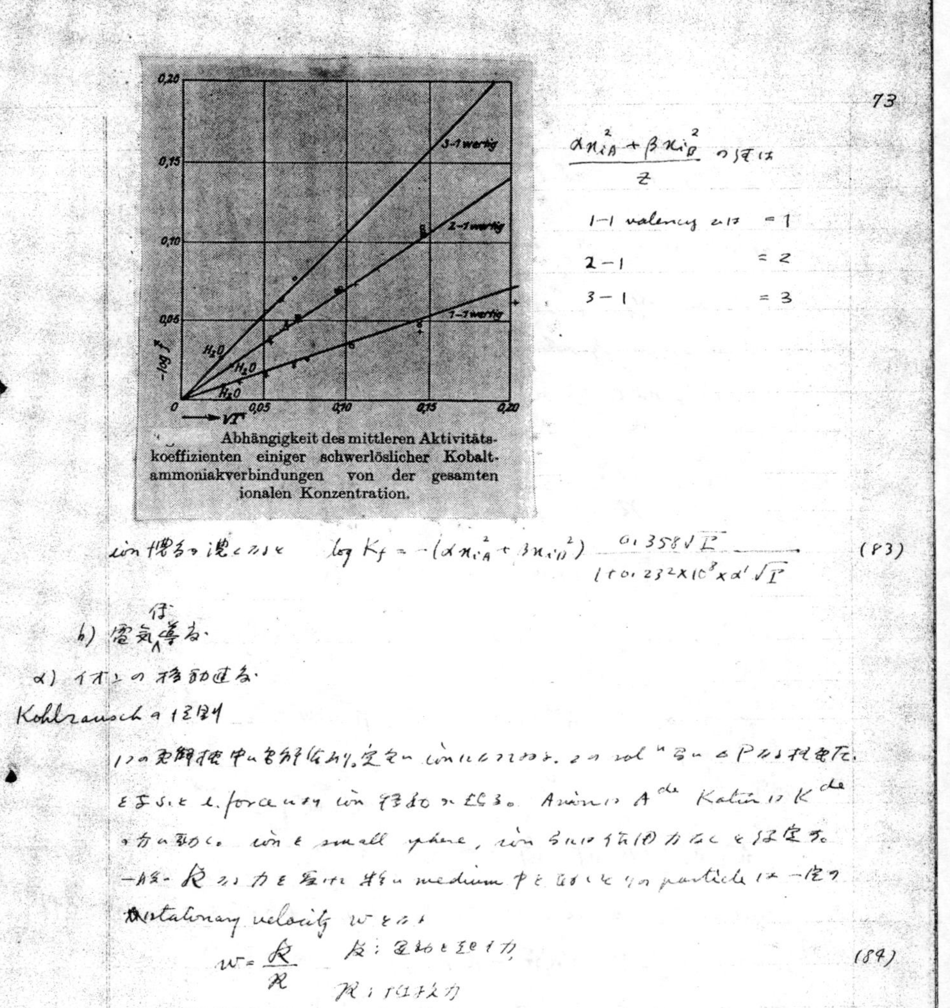

73

$\frac{\alpha n_{iA}^2 + \beta n_{iB}^2}{z}$ の値は

1-1 valency では $= 1$

2-1 $= 2$

3-1 $= 3$

Abhängigkeit des mittleren Aktivitätskoeffizienten einiger schwerlöslicher Kobaltammoniakverbindungen von der gesamten ionalen Konzentration.

ion 径を考慮すると $\log K_f = -(\alpha n_{iA}^2 + \beta n_{iB}^2) \frac{0.358\sqrt{\Gamma}}{1+0.232\times10^8\times a'\sqrt{\Gamma}}$ (83)

b) 電気伝導度

α) イオンの移動速度

§ Kohlrausch の法則

1つの電解液中に電解質あり。完全に ion になっている。この vol 内に ΔP なる電位差を与えると e. force により ion は移動を起こす。Anion は Anode Kation は Kathode の方に動く。ion を small sphere, ion 相互作用力なしと仮定す。一般に K なる力を受けた場合に medium 中を動いている particle は一定の stationary velocity w をとる

$$w = \frac{K}{R} \quad K: 動かそうとする力, \quad R: 抵抗する力 \qquad (84)$$

1つの ion に働く力を考えてみれば K は ΔP によって起こされる el field のみに depend する。 $K = n_e e_0 \mathfrak{E} = -n_e e_0 \frac{dP}{dx}$

1^{ケ}の ion あるとすれば

pos ion : $w^+ = -\dfrac{n_e^+ e_0}{\mathfrak{R}^+} \cdot \dfrac{dP}{dx}$

neg ion : $w^- = +\dfrac{n_e^- e_0}{\mathfrak{R}^-} \dfrac{dP}{dx}$ (85)

このとき $\dfrac{dP}{dx} = +$ or $-$ 1 V/cm の場合の velocity をその ion の [illegible]

Wanderungsgeschwindigkeit, Migration velocity $\overline{U}^+$, $\overline{U}^-$ といふ。

$$\overline{U}^+ = \frac{n_e^+ e_0}{\mathfrak{R}^+} = \frac{n_e^+ F}{N_L \mathfrak{R}^+}$$

$$\overline{U}^- = \frac{n_e^- e_0}{\mathfrak{R}^-} = \frac{n_e^- F}{N_L \mathfrak{R}^-}$$ (86)

$$w^+ = -\overline{U}^+ \frac{dP}{dx}, \quad w^- = +\overline{U}^- \frac{dP}{dx}$$ (87)

これを [illegible] sol^n の [illegible] spz. Leitfähigkeit κ

section: q, δl, 電圧 ΔP

A^{de} の [illegible] 1^{sec} に $\dot{n}^- = w^- q C_i^-$ mol

C_i : 1-ト

K^{de} 〃 $\dot{n}^+ = w^+ q C_i^+$ mol

$\dot{n}_e^-$, $\dot{n}_e^+$ により $\dot{n}^- F$, $\dot{n}^+ F$ の charge を [illegible]

一[illegible] 運 [illegible] charge [illegible] J は 2つの ion の [illegible] charge の diff^{ce}

[illegible] $J = F(\dot{n}^+ n_e^+ - \dot{n}^- n_e^-)$

$= Fq(n_e^+ w^+ C_i^+ - n_e^- w^- C_i^-)$

(87) → $= -F(n_e^+ \overline{U}^+ C_i^+ + n_e^- \overline{U}^- C_i^-) q \dfrac{dP}{dx}$

$$J = F\left(n_e^+ \overline{u}^+ c_i^+ + n_e^- \overline{u}^- c_i^-\right) q \left|\frac{dP}{dx}\right| \tag{88}$$

Ohm's law より $\left|\frac{dP}{l}\right|$

$$|\Delta P| = J \cdot \overline{W}$$

$$\text{抵抗 } \overline{W} = \frac{l}{F\left(n_e^+ \overline{u}^+ c_i^+ + n_e^- \overline{u}^- c_i^-\right)} = \frac{l}{q} w' \tag{89}$$

w' : 比抵抗 $= \frac{1}{\kappa}$

$$\therefore \kappa = \frac{1}{w'} = F\left(n_e^+ \overline{u}^+ c_i^+ + n_e^- \overline{u}^- c_i^-\right) \tag{90}$$

$$c_i = \text{mol}/l$$

c_i は当量/l に取りて $c_i \ddot{A}$ とすれば

$$n_e c_i = c_i \ddot{A}$$

$$\therefore \kappa = F\left(\overline{u}^+ + \overline{u}^-\right) c_i \ddot{A} \tag{91}$$

76

§. Hittorf の輸率とイオンの易動度

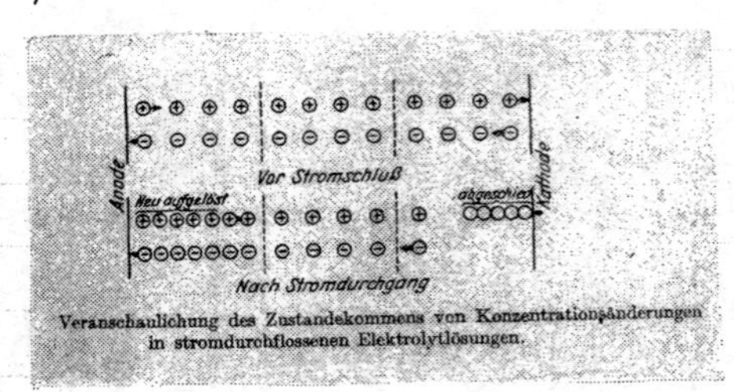

Veranschaulichung des Zustandekommens von Konzentrationsänderungen in stromdurchflossenen Elektrolytlösungen.

電極附近の濃度変化は ion の mobility と関係がある 括弧を…すれば

$$J = F\left(n_i^+ u^+ e^+ + n_i^- u^- e\right) q \left|\frac{\Delta P}{l}\right|$$

$$n = (u^+ + u^-) c_i^- q \cdot \frac{\Delta P}{l}$$ — 析出する Ag ion の数

一方の case に於て anode の附近に…を n' とすれば

$$\Delta n' = u^+ c_i^+ q \frac{\Delta P}{l} \qquad \rightarrow Ag^+$$

$$\Delta n = u^- c_i^- q \frac{\Delta P}{l} \qquad \leftarrow NO_3^-$$

$$n = \Delta n' = (\bar{u}^+ + \bar{u}^- - \bar{u}^+)\, c_i^+ q \frac{\Delta P}{l}$$

$$= \bar{u}^- \; c_i^+ q \frac{\Delta P}{l} = \Delta n$$

即ち Δn mol の $AgNO_3$ が A de に移動する.

migration velocity

$$\left.\begin{aligned} \frac{\bar{u}^+}{\bar{u}^+ + \bar{u}^-} &= \frac{u^+}{u^+ + u^-} = \frac{\Delta n'}{n} = \varkappa_K \\ \frac{\bar{u}^-}{\bar{u}^+ + \bar{u}^-} &= \frac{\Delta n}{n} = \varkappa_A \end{aligned}\right\} \quad \cdots\cdots (96)$$

$\varkappa_K$ $\varkappa_A$ を Hittorf の輸率という.

$$\varkappa_A + \varkappa_K = 1.$$

一方 ion の mobility は

$$\left\{\begin{aligned} \Lambda_\infty &= u^+ + u^- &&\text{--- conductivity } \Lambda \\ \varkappa_a &= \frac{u^+}{u^+ + u^-} &&\text{--- 輸率 12?} \end{aligned}\right.$$

この2つから u^+, u^- が分かる

[例]

$AgNO_3$

exterpolate →

	1 mol	0.5	0.1	0.01	0.001	0
Λ	0.0		0.0943	0.1078	0.11315	0.1158
$\varkappa_A$	0.501	0.519	0.528	0.528	"	(0.528)

78

Ionenbeweglichkeiten in wässeriger Lösung bei verschiedenen Konzentrationen[1]).

Ion	Beweglichkeit u bei 18° C				Temperaturkoeffizient in % $\left(100 \frac{1}{u_{18}} \frac{du}{dT}\right)$
	$c = 0$	$c = 0{,}001$	$c = 0{,}01$	$c = 0{,}1$	
H^+	0,315	0,312	0,307	0,294	1,54
Li^+	0,0334	0,0325	0,0308	0,0257	2,65
Na^+	0,0435	0,0424	0,0405	0,0364	2,44
K^+	0,0646	0,0633	0,0607	0,0551	2,17
Cs^+	0,068	0,0666	0,0637	0,058	2,12
Ag^+	0,0543	0,0528	0,0502	0,044	2,29
$\frac{1}{2}Ca^{2+}$ [2])	0,051	0,048	0,042	0,032	2,54
$\frac{1}{2}Mg^{2+}$ [2])	0,046	0,042	0,036	0,026	2,54
OH^-	0,174	0,171	0,167	0,157	1,80
F^-	0,0466	0,0455	0,0432	0,038	2,38
Cl^-	0,0655	0,0640	0,0615	0,0558	2,16
Br^-	0,0670	0,0661	0,0637	0,0591	2,15
J^-	0,0665	0,0649	0,0627	0,0588	2,13
NO_3^-	0,0617	0,0604	0,0576	0,0508	2,05
$CH_3CO_2^-$	0,0350	0,0323	0,0306	0,0262	2,4
$\frac{1}{2}SO_4^{2-}$	0,0683	0,0638	(0,0555)	(0,040)	2,3

C) 電池の生成

§ 電池の起電力.

1つの化学電池の emf. をはかると それを形成する化学変化の max. available work をあらはす。 Daniell 電池では

$$(-)\ Zn \mid ZnSO_4 \parallel CuSO_4 \mid Cu\ (+)$$

$$CuSO_4 + Zn \rightarrow ZnSO_4 + Cu$$

の反応熱を示す.

今 $CuSO_4 / Cu$ と $CuSO_4 \parallel ZnSO_4$ と $Zn / ZnSO_4$ の3の起電力を分けて考へる. これらの夫々の電位を単極電位 single pot[l] といふ。上の場合 (metal と sol[n]) と (sol[n] と sol[n]) 間はちがふわけである. metal をその salt sol[n] に入れた時の起電力は metal と metal をつないだ時の電力と合して又一つの

equilibrium stateの乏しい. (sol^nとsol^n)の時は時与の立つとmixする。之は不可逆変化である。従ってこの場合の起電理論は前の場合とは合致しない。3種の金属をつないでcircleの如くすれば

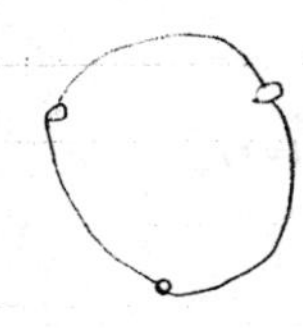

emf = 0.

sol^nをつなぎ合しても決してtotal emf = 0とならない。

この原因はmetalの時は状態の変化しておらない。

sol^nの時には其の境に不可逆の拡散の起っていてworkのない様にemfがみられる.

§. 拡散電位.

今HClの濃度を異にして接すれば　dil HCl / conc HCl.

拡散がconc → dilに統計起る。Anion, Kationのvelocity等しければemfは起らない。conc sol. から来る電荷は不均一を起す。それemfを起す。emfはdiffusionの終結のlimitに達する。

$$\left.\begin{aligned} u^+ &= -\frac{\overline{u}^+}{F n_e^+}\left(\frac{RT}{c}\frac{dc}{dx} + n_e^+ F \frac{dP}{dx}\right) \\ u^- &= -\frac{\overline{u}^-}{F n_e^-}\left(\frac{RT}{c}\frac{dc}{dx} - n_e^- F \frac{dP}{dx}\right) \end{aligned}\right\} \qquad (97)$$

$$nF\frac{dP}{dx} = -\frac{\overline{u}^+ - \overline{u}^-}{\overline{u}^+ + \overline{u}^-}\cdot\frac{RT}{c}\cdot\frac{dc}{dx}$$

$$= -\frac{u^+ - u^-}{u^+ + u^-}\cdot\frac{RT}{c}\cdot\frac{dc}{dx}$$

c_1 (conc), c_2 (dil) 間のpot diff $\Delta P_{12} = -\dfrac{u^+ - u^-}{u^+ + u^-}\cdot\dfrac{RT}{n_e F}\ln\dfrac{c_1}{c_2}$　(99)

$$\Delta P_h = -\frac{u^+ - u^-}{u^+ + u^-}\cdot\frac{1.983\times 10^{-4}}{n_e}\cdot T\log\frac{C_1}{C_2}$$

Anionの方が早く動くと $u^+ > u^-$

$$\Delta P = \frac{RT}{n_e F}\ln\frac{u_1^+ + u_2^-}{u_2^+ + u_1^-} \quad \text{----} (100)$$

§. 50 金属─溶液間の起電力.

金属をその金属ionを含むsol^nに入れると一定のpot^lを生ずる. このpot^lはその金属のsol^nのionにforceを及ぼす方向を呈する為に, metalがionになりえない. metalにionがdepositする。それでpot^lの生ずる訳. 今引力の弱いときはdepositする. すると金属はpos. chargeをおびる。これと反対に引力が強いときはmetal atomのpos. chargeをもつionの形でsol^nの中へ入る. するとmetalはneg. chargeをおびる. ionのいくらでも入るわけにはいかない. pot^lの或る程度生ずればこの力の釣合いにより平衡の状態を呈す.

$\overset{+}{Cu}$ $CuSO_4$

⊖ Zn $ZnSO_4$ $^{++}$

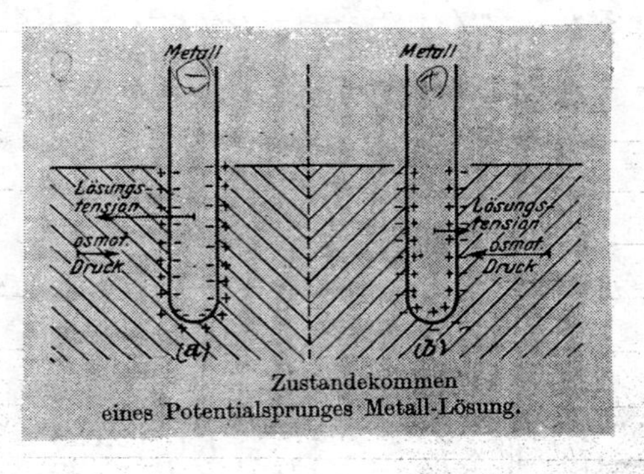

Zustandekommen eines Potentialsprunges Metall-Lösung.

単に溶解圧は metal solvent の種類に depend するが sol^n 中の ion 濃度 にも depend する。即ち ion 濃度 大なるときは (b) の場合 ion の osmotic press. は大きい。即ち ion は sol^n から はなれて metal に deposit する傾向が強い。濃度小なれば逆。一定の ion 濃度 を C_0^+ とし、この点に ion の2つの effect が compensate する点がある。即ち この sol^n の中では pot^l は 0 となる。

定常状態に於ては次のようになる。

Boltzmann's e-Satz を用いる。即ち sol^n 中に metal を入れると上の傾向の中の1つの強さに従って pot^l が生ずる。その結果 metal 表面近くの ion には pot^l による el field が作用する。metal 近くの ion 濃度 は sol^n 内部とは別の値をとるから、この近くの sol^n と metal 間をつなぐ様に pot^l-diff^{ce} が生じる。すると この部分の ion 濃度 は C_0^+ とは異なる。さて sol^n 内と metal との間にある total-pot^l-diff を ΔP とすれば ΔP は sol^n 内から metal 表面に至る薄い layer の中にあると考えられる。この layer 中の pot^l diff に Boltzman を apply する。

layer
metal
ΔP
C^+
C_0^+
sol^n

pot^l energy の差 $-E_p$ は 1 g の ion を C_0^+ なる濃度 をとる metal 表面から C^+ なる濃度 の sol^n 内部へ運ぶに要する work に等しい。即ち

$$-E_p = +n_e F \Delta P \qquad (\text{metal が正の時 } \Delta P \text{ を正とする})$$

$$C^+ = C_0^+ e^{-\frac{E_p}{kT}} = C_0^+ e^{+\frac{n_e F \Delta P}{RT}}$$

$$\therefore \Delta P = \frac{RT}{n_e F} \ln \frac{C^+}{C_0^+} = \frac{1.983 \times 10^{-4}}{n_e} T \log \frac{C^+}{C_0^+} \quad \text{------(101)}$$

$k = \frac{R}{n_e}$

即ち

el^c の double layer を生じて ΔP はこの double layer 中に生じる。

(101) をみると一定の solvent について C_0^+ は metal を特有の値をもって[illegible]

82

之を Nernst は其の金属の elektrolytische Lösungstension 電解溶圧といった。即ち C^+ が一定ならば C_0^+ の大なる程 ion は metal は sol^n 中に ion を送る事が多い。C_0^+ が C^+ より小の時は pos ion がくっつくとする。

neg. ion の場合も全く同じ。ΔP の符号が逆になる

$$\Delta P = \frac{RT}{n_e F} \ln \frac{C_0^-}{C^-} = \frac{1.983\times10^{-4}}{n_e} T \log \frac{C_0^-}{C^-} \quad \text{---- (102)}$$

(電極の pos. の時に ΔP は pos. とすることと全く同じ)

§51. 濃淡電池の EMK.

§48, §49 により $Cu\,|\,CuSO_4\,|\,ZnSO_4\,|\,Zn$ の I, II, III の EMK がわかったので これら3つを1つにまとめて galvanische element の EMK を得る。

Cu と Zn の電解溶圧の大小が分らないから

今 2つの極を同一 metal とし一方のみ 2つの sol^n をことにしたもの

例えば $Ag\,/\,AgNO_3\,\text{conc}\,(C_1^a)\,/\,AgNO_3\,\text{dil}\,(C_2^b)\,/\,Ag$

の時を考える

この場合 C_0^+ は互いに等しくてよいから C_0^+ を知らなくてもよい。即ち §49 の(99) と §50 の (101) を一緒にして 全体としての EMK を E_K とすれば

$$\Sigma \Delta P = E_K = \frac{1.983\times10^{-4}}{n_e} T \left(\log \frac{C_1^+}{C_0^+} - \frac{u^+ - u^-}{u^+ + u^-} \log \frac{C_1^+}{C_2^+} - \log \frac{C_2^+}{C_0^+} \right)$$

$$= \frac{1.983\times10^{-4}}{n_e} T \cdot \frac{2u^-}{u^+ + u^-} \log \frac{C_1^+}{C_2^+} \quad \text{------ (103)}$$

$C_1 > C_2$ ならば $E_K > 0$

即ち conc 液に入れた方の電極が正となる。

次に anion を考えに入れるときは

$$\Sigma \Delta P = E_A = \frac{1.983\times10^{-4}}{n_e} T\left(\log\frac{C_0^-}{C_1^-} - \frac{u^+-u^-}{u^++u^-}\log\frac{C_1^-}{C_2^-} - \log\frac{C_0^-}{C_2^-}\right)$$

$$= \frac{1.983\times10^{-4}}{n_e} T\cdot\frac{2u^+}{u^++u^-}\log\frac{C_2^-}{C_1^-} \quad \text{-----------} \quad (103a)$$

これとすれば dil sol.^{n} に入れた方の電極が正となる。

ion の activity を考へるならば 実際には f を考へて $\log\frac{f_{ai}C_2}{f_{ai}C_1}$ とする。

実験上 NH_4NO_3 などを中間に入れて u の term をなくすれば

$$E = \frac{1.983\times10^{-4}}{n_e} T\left(\log\frac{C_1^+}{C_0^+} - \log\frac{C_2^+}{C_0^+}\right)$$

$$= \frac{1.983\times10^{-4}}{n_e} T\log\frac{C_1^+}{C_2^+} \ (\text{volt}) \quad \text{---------} \quad (104)$$

$\left.\begin{matrix} T = 300^\circ \\ n_e = 1 \end{matrix}\right\}$ とれば $\quad \frac{1.983\times10^{-4}}{n_e} T = 0.058$ (volt)

§52. 元素の起電力序列. Spannungsreihe

metal 相互のちがい. $Cu \,|\, CuSO_4 \,|\, ZnSO_4 \,|\, Zn$ のようなときは C_0^+ がなくなるから. 即ち diffusion term u の term を neglect して この電池の emf E は Cu と $CuSO_4$ との pot.^{l} と $ZnSO_4/Zn$ の pot.^{l} の sum になる

即ち $$E = \frac{1.983\times10^{-4}}{2} T\cdot\left(\log\frac{[Cu^{2+}]}{C_{0\,Cu^{2+}}} - \log\frac{[Zn^{2+}]}{C_{0\,Zn^{2+}}}\right) \quad \text{----} \quad (105)$$

また $J_2 \,|\, J^- \,\|\, Pb^{2+} \,|\, Pb$ ならば

$$E = 1.983\times10^{-4} T\left(\log\frac{C_{0\,J^-}}{[C_{J^-}]} - \frac{1}{2}\log\frac{[Pb^{2+}]}{C_{0\,Pb^{2+}}}\right) \quad \text{------} \quad (106)$$

(105) (106) は E を pos. にとる様に並べてある

今 $\pm \frac{1.983\times10^{-4}}{n_e} T \log \frac{1}{C_0}$ なる term は temp. 一定なれば const.

で、之を $\overset{|||}{E_0}$ であらはす。±の＋は pos ion にて、－は neg. ion の場合.

(105)(106) は

$$E = \frac{1.983\times10^{-4}}{2} T \log \frac{[Cu^{2+}]}{[Zn^{2+}]} + E_{0\,Cu^{2+}} - E_{0\,Zn^{2+}} \quad \text{----- (105a)}$$

$$E = \frac{1.983\times10^{-4}}{1} T \log \frac{1}{[I^-][Pb^{2+}]} + E_{0\,I^-} - E_{0\,Pb^{2+}} \quad \text{--- (106a)}$$

E_0 の abs. value は示さない diff^{ce} しか分らない。従って、ある基準の時の電位を normal electrode にとって $E_0 = 0$ なる値を仮定して、それを std. とするとよい。normal eld^{e} には normal 水素電極 即ち 1気圧の H_2 を通して飽和させた Pt 黒を入れた電極を 0 volt とす。

之を std. として各電極の 1^{nl} の値が得られる

例えば $H_2 \,|\, H^+ \,\|\, Cu^{2+} \,|\, Cu$

次にこの序列を示す。

表によりあまり卑な金属を入れ noble な ion sol^n に入れると noble な方の金属として析出することを示す。

Zn　$CuSO_4$　Cu　　$\bar{Zn} \,|\, Liq \,|\, Cu^+$　　short された形から Cu メッキの状態になる。

$E = 0$ になって初めて平衡に達す

Spannungsreihe der Elemente in wässeriger Lösung[1].

(9)

§. 53. 気体電極.

通常Ptとgasと囲んだものをgas ele^deという。

一定のpot'lを示す為には一方gasのionとしてsol中にとけ、他方ionのdischargeした物体(例えばneutral atom)が電極内部又は電極上に相当量存在する事が必要。

N_2, CO, CO_2, CH_4のgasではいい電極にならない。O_2ならば大体の値が得られ H_2, Halogenは完全に得られる。特にH_2では値が決って居る電圧がある。H_2を説明しよう。

law of mass actionによるとmetal中にH atomとH分子との平衡があり

即ち ~~2H~~ $\dfrac{[H]^2}{[H_2]_m} = \text{const.}$

即ち $[H]_m \propto \sqrt{[H_2]_m}$

atom　　分子の濃度.

$[H_2]_m$ は気相中の水素の分圧に比例す　$[H_2]_m \propto p_{H_2}$

一方この電極の電解溶圧 C_0^+ は metal 内の gas atom の濃度に比例す。

∴　$C_0^+ \propto [H]_m \propto \sqrt{[H_2]_m} \propto \sqrt{p_{H_2}}$

故に　$C_0^+ = C_0' p_{H_2}^{\frac{1}{2}}$　　　C_0': 比例常数

之を(101)に入れると水素電極電位は

$$E_{H_2} = 1.983 \times 10^{-4} T \log \frac{[H^+]}{C_0^+}$$

$$= 1.983 \times 10^{-4} T \log \frac{[H^+]}{p_{H_2}^{1/2}} + E_0' \quad \text{------------} \quad (107)$$

$$E_0' = 1.983 \cdot 10^{-4} T \log C_0' = 0$$

今 等濃の solⁿ 中の partial press の違ふ 2つの水素電極の電池の emf は

$$\frac{1.983 \times 10^{-4}}{2} T \log \frac{p_2}{p_1} \quad \text{------------} \quad (108)$$

p_1　p_2

O_2 電極を OH' を含む solⁿ の中に入れると

$$O_2 + 2H_2O \rightarrow 4OH_{neutral}$$

これは $OH_{neutral}$ の濃度に比例するから

$$[O_2] = \text{const}[OH_{neutral}]^4$$ となる.

この時の solⁿ tension は $C_{O^-} \propto [OH_{neutral}] \propto [O_2]^{1/4} \propto p_{O_2}^{1/4}$

∴ 酸素電極の emf は

$$E_{O_2} = 1.983\times10^{-4}\,T\log\frac{p_{O_2}^{1/4}}{[OH^-]} + E_0 \qquad (109)$$

E_0 は P.85 の 表 より　$E_0 = 0.41^V$.

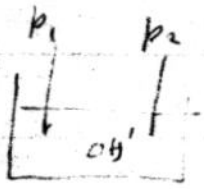

（図：p_1, p_2, OH'）

かかる酸素電池の emf は

$$E_{O_2} = \frac{1.983\times10^{-4}}{4}\,T\log\frac{p_1}{p_2} \qquad (110)$$

次に [illegible] gas elec. を 考へる

（図：H_2, Cl_2, H^+, Cl^-）

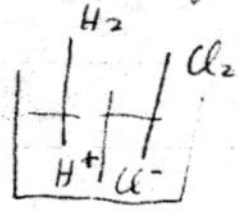

Chlorknallgas Kette の emf は

$$E = 1.983\times10^{-4}\,T\left\{\log\frac{p_{Cl_2}^{1/2}}{[Cl^-]} - \log\frac{[H^+]}{p_{H_2}^{1/2}}\right\} + E_{0Cl} \neq 0$$

$$E_{0Cl} = 1.36^V$$

$$\therefore E = 1.983\times10^{-4}\,T\left\{\frac{1}{2}\log p_{Cl}\cdot p_{H_2} - \log[H^+][Cl^-]\right\} + 1.36 \quad (111)$$

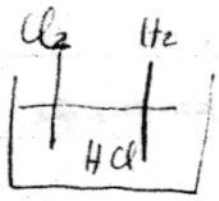

（図：Cl_2, H_2, HCl）

としてもよい。

HCl の vapor もある。これは僅かであるが

$$H_2 + Cl_2 \rightleftharpoons 2HCl$$

となっている。すると Cl 電極の代りに僅かながら H_2 も含まれる。すると水素電極と考へられる。(108) と同じ形になる。この水素の分圧は

$$p_{H_2} = \frac{K\,p_{HCl}^2}{p_{Cl_2}}$$

88.

1^{n}の HClaq. 290°C で 0.987 at. の $Cl\uparrow$を通す。それとこの電池電圧を測定すれば 1.3660 V であった。水素の分圧は

$$p_2 = 0.987 \text{ at.}$$

$$P_1 = P_{H_2} = 5.26 \times 10^{-4} \text{ at.}$$

290°C に於ける HClaq の Vapor press.. $P_{HCl} = 2.96 \times 10^{-7}$ at.

それから HClaq の解離恒数Kが求められる

$$K = 6 \times 10^{-34}$$

これ [illegible] H O_2

H^+ OH^-

Knallgas Kette.

$$E = 1.983 \times 10^{-4} T \left\{ \log p_{O_2}^{1/4} p_{H_2}^{1/2} - \log [H^+][OH^-] \right\} + 0.41; \quad (112)$$

1つのcellの中へ O_2 電極と H_2 電極を入れると

$$[H^+][OH^-] = \text{const} = 10^{-14}.$$

$$\therefore E = 1.23 + 1.983 \times 10^{-4} T \log p_{O_2}^{1/4} p_{H_2}^{1/2} \quad \text{- - - - - - - - - -} \quad (112a)$$

gas 圧を下げると電圧下る。

特に O_2 及び H_2 の分圧を水蒸気の分離平衡 $2H_2O \rightleftarrows 2H_2 + O_2$ の場合まで下げたとすると この場合には電池は働かぬ故 E=0 なるべし。

すると平衡時の O_2 及び H_2 の分圧は(112a)から計算出来る。 ~~E=0 として~~

$$\text{故 } E = 0 = 1.23 + 0.058 \log p_{gH_2}^{1/2} p_{gO_2}^{1/4} \quad (112b)$$

$$p_{gH_2}^{1/2} p_{gO_2}^{1/4} = 0.6 \times 10^{-27}$$

g は平衡を示す

89

$p_{gH_2} : p_{gO_2} = 2:1$

$\therefore \; p_{gH_2} = 3.4 \times 10^{-29}$ atm

$p_{gO_2} = 1.7 \times 10^{-27}$ atm

& $p_{gH_2O} = 0.0191$ atm.

すれば 水蒸気の dissociation const

$$K_p = \frac{p_{gH_2}^2 \cdot p_{gO_2}}{p_{gH_2O}} = 5.39 \times 10^{-83} = 10^{-82.27}$$

(16)

§ 54 ~~OE~~ の 還元電圧

還元　水

I　Quinon → Hydroquinon　　自由H, H_2 をとらへつたり ハナしたりする

II　$FeCl_3 \rightarrow FeCl_2$　　Ion変化

Iについて H_2 の還元作用は H_2 の分圧にのみ depend す. 即ち H_2 の圧の定められた一定の分圧の下で一定の平衡をとる. 即ち

$$\frac{p_{C_6H_4O_2} \cdot p_{H_2}}{p_{C_6H_6O_2}} = K_p$$

Henry's law によれば

$$p_{H_2} = \frac{K_p' \, [C_6H_6O_2]}{[C_6H_4O_2]}$$

Quinon と Hyd-quinon の中に

この場合 白金線を入れると一種の水素電極となり

$$E = 1.983 \times 10^{-4}\, T \log \frac{[H^+] \, p_{C_6H_4O_2}^{1/2}}{K_p^{1/2} \, p_{C_6H_6O_2}^{1/2}}$$

$$E = 1.983 \times 10^{-4}\, T \log \frac{[H^+][C_6H_4O_2]^{1/2}}{[C_6H_6O_2]^{1/2}} + E_0'$$

$1.983 \times 10^{-4}\, T \log \frac{[H^+][C_6H_4O]^{1/2}}{[C_6H_6O]^{1/2}}$

90

$E_0' = 0.7044^V$ at. 80°C

IIの場合には水素の分圧及び水素ion濃度にdependす.

$$\frac{[Fe^{3+}][H_2]^{1/2}}{[Fe^{2+}][H^+]} = K' \quad \text{------------} \quad (113a)$$

sol^n中に於て $\frac{[H_2]^{1/2}}{[H^+]}$ を一定に保たしこ $\frac{[Fe^{3+}]}{[Fe^{2+}]}$ が一定となる

この如くPtと Fe^{3+}, Fe^{2+} を含んだ溶液に入れたる1本の水素電極の如しとすれば.
この時の電位を示せば

$$E = 1.983 \times 10^{-4} T \log \frac{[Fe^{3+}]}{[Fe^{2+}]} + E_0' \quad \text{------------} \quad (113b)$$

逆に示せば

$$E = 1.983 \times 10^{-4} T \log \frac{[H^+]}{[H]} + E_0''$$

而して0℃ 酸化電位の E_0 は次のprintに示す

Oxydations- und Reduktionspotentiale.

a) Ionenumladung		b) Sonstige Oxydationen	
Cu^+/Cu^{2+}	+ 0,18	$NO + 2H_2O/NO_3^- + 4H^+$	+ 0,95
Sn^{2+}/Sn^{4+}	+ 0,2	$Cr^{3+} + 4H_2O/HCrO_4^- + 7H^+$	+ 1,3
$Fe(CN)_6^{4-}/Fe(CN)_6^{3-}$	+ 0,40	$Mn^{2+} + 2H_2O/MnO_2 + 4H^+$	+ 135
Fe^{2+}/Fe^{3+}	+ 0,75	$Pb^{2+} + 2H_2O/PbO_2 + 4H^+$	+ 1,44
$Hg^{2+}/2Hg^{2+}$	+ 0,92	$Cl^- + 3H_2O/ClO_3^- + 6H^+$	+ 1,44
Tl^+/Tl^{3+}	+ 1,24	$Mn^{2+} + 4H_2O/MnO_4^- + 8H^+$	+ 1,52
Co^{2+}/Co^{3+}	+ 1,8	$MnO_2 + 2H_2O/MnO_4^- + 4H^+$	+ 1,63
Pb^{2+}/Pb^{4+}	+ 1,8	$O_2 + H_2O/O_3 + 2H^+$	+ 1,9

Fe^{++}/Fe^{+++}. $E_0 = 0.75$ V.

1 atm の水素 gas の Ferric と Ferrous に於る。

n^l 水素電極をつかはず 1^N の Ag 電極を入れると 0.8^V となり 電極の方向の逆となる事となる。この時は $Fe^{++} \to Fe^{+++}$ となる。

E_0 を使って Fe^{++} Fe^{+++} sol^n 上の水素の partial press を計算し得る。

(108) によると

$$E_{H_2} = \frac{1.983\times10^{-4}}{2} T \log \frac{p_2}{p_1} = 0.75^V$$

$$p_2 = 1^{atm}$$

$$\frac{0.058}{2} \log \frac{1}{p_{H_2}} = 0.75^V$$

~~pure water の場合~~

$$Fe^{2+} + \tfrac{1}{4}O_2 + \tfrac{1}{2}H_2O = Fe^{3+} + OH^-$$

と考へると oxydation pot^l 之この場合は (112a) を用い

$$E = 1.23_4 + 1.983\times10^{-4} T \log p_{O_2}^{\frac{1}{4}} p_{H_2}^{\frac{1}{2}}$$

この場合 $p_{H_2} = 1^{atm}$ とすると　　$E = 0.75^V$ なれば

O_2 の partial press は $p_{O_2} = 10^{-33}$ atm. となる。

この値を $p_{gO_2} = 1.7\times10^{-29}$ atm に比べると小さい。即ち OK 判定はない。

即ち 若干安定である (Ferric Ferrous sol^n では)

この安定性は no^l state にて ion 溶るか否かは 安定性と言う。

今 $[H^+]=1$. $Fe^{3+}/Fe^{2+}=1.5$ とすると H_2, O_2 の partial press が p_{gH_2} p_{gO_2} となる

$$p_{gH_2}=3.4\times10^{-27}$$

$$p_{gO_2}=1.7\times10^{-29}$$

この時は 還元性も O化性もない

$[H^+]$ を大とすれば p_{H_2} が大となり、還元性が強くなる.

neutral 又は alkali solⁿ になると $[Fe^{2+}]=[Fe^{3+}]$ の時には

値が[illegible] O化剤となる.

以上 2つの 還元法は違った。 <u>Oをとるのと + をとる</u>

2つの combine したもの 即ち O_2分子とか H_2分子をとる一方 ion charge を

変化するときの例は 前の Table の (6) のときである.

Pt | MnO_4^- / Mn^{2+} の時は $E_0=1.52^{V}$ で

$$MnO_4^-+3H^++\frac{5}{2}H_2=Mn^{2+}+4H_2O$$

$$\frac{[Mn^{2+}]K}{[MnO_4^-][H^+]^3}=[H_2]^{5/2}\propto p_{H_2}^{5/2}$$

$$\frac{[H^+]}{p_{H_2}^{\frac{1}{2}}}=\frac{[MnO_4^-]^{1/5}[H^+]^{8/5}}{[Mn^{2+}]^{1/5}K^{1/5}}$$

$$E=\frac{1.983\times10^{-4}T}{5}\log\frac{[MnO_4][H^+]^8}{[Mn^{2+}]}+E_0\ (=1.52)\quad\text{-----}\quad(114)$$

E_0 を (112) に代入すると

$$E = 1.23_4 + 1.983 \cdot 10^{-4}\, T \log p_{O_2}^{\frac{1}{4}}\, p_{H_2}^{\frac{1}{2}} = 1.52$$

$p_{H_2} = 1$ とすると

$p_{O_2} \fallingdotseq 10^{20}$ atm.

即ち非常に強い酸化作用を呈するわけである.

このとき $[H^+]$ を大きくすると O_2 の平衡にある part'l press. は更に大となる.

こんな high press. について電極から gas となってあらわれねばならぬが分解発生しない。

その原因は過電圧による. [c.f. Applied electro-chemistry]

5．付録　電気材料閑話

5．1　佐々木正先生と監修者

大阪大学工学部電子工学科教授として電気、電子材料デバイスなどの研究教育に携わってきた監修者が平成16年定年を迎えるにあたって、故郷島根県の産業振興のため県の産業技術センターに関わるように強力な推進役をなされたのが、元シャープ株式会社の副社長もやられた佐々木正先生である。佐々木先生から直接お聞きしたところでは、戦前電磁波などの研究もなされており、半導体と超伝導で二つのノーベル賞をその後もらわれたアメリカのバーディン教授(Prof. John Bardeen)とは同じような分野に関与されていたそうである。ところが、戦後直接バーディン教授と米国でお会いした時、固体電子材料、半導体の重要性を認識し、帰国直後から直ちに半導体研究開発に関わり始められたと云うことである。この新しい分野への研究開発がスムーズに可能であったのは戦前に受けた教育が前章までに述べたようなレベル、状態にあり、抵抗なくこの分野に入ることができたわけである。

佐々木正先生は京都帝国大学工学部電気工学科を昭和13年卒業されているが、なんと本書の元となっている、戦前の大阪帝国大学工学部電気工学科で講義を受け膨大な受講された講義ノートを残された池田盈造氏とほぼ同じ時期に同じ分野で教育を受けられていたわけである。佐々木正先生が戦後大活躍された裏には当時の高い教育レベルがあってこそと云えるように思える。

尚、やはり佐々木先生から直接お聞きしたところに寄ると、その帰国した時点で全国の大学を廻って半導体の研究に関わってくれる卒業予定の学生さんを求めたが、電気工学科、通信工学科（当時は電子工学科はまだできていなかった）の学生さんの就職はほとんどすべて終わっており、売り切れ状態であったそうである。そのため東京大学に行った折、理学部の学生さんでおられないかと物理学科の教授に尋ねると、一人まだ決まってない人がおられると云うことであったそうである。早速面接すると、余り話はうまくないが良い研究論文を書いておられたので則採用し、当時の神戸工業株式会社（その後富士通株式会社）に来てもらったのが江崎玲於奈博士であったと云うことである。監修者が佐々木先生と島根でお会いした時の先生の言葉を忘れることができない。“江崎君も話が上手になったな”である。これが何を語るのか半分くらいしかわからない。

佐々木先生はその後、早川電機株式会社（その後シャープ株式会社）に移られ、早川徳次社長の下、半導体事業、液晶事業を始めとするシャープの技術の根幹を作り上げられ、同社の大飛躍をもたらされる。代表取締副社長を務めあげられる。

ついでであるが、佐々木先生は戦争中ドイツからレーダーの技術資料などを持って帰るため、Uボートに乗って日本に向かったそうである。佐々木先生は技術資料の複写、軍の将校は原本を持って二隻に分かれて乗ってドイツを出発したそうであるが、一隻はインド洋で撃沈され、一隻のみ日本にたどり着いたそうである。その無事到着したUボートに乗られていたのが佐々木先生である。変な云い方であるが極めて強運の持ち主とも思える。

ちなみに、佐々木正先生は平成27年に満100歳になられたが、今も健在である。

5．2　佐々木正先生余話

島根県の産業振興のため主役を務められてきた佐々木先生が平成25年頃島根県に来られた時関係者を前におっしゃった。

“私はピッチャーをやることをやめさせてもらいます”

関係者皆が、“先生それは困ります。続けていただきたいです。”と云うと、それに対し、

“ピッチャーは吉野先生にやってもらいます”

即座に監修者は答えた。

“先生それは困ります、とても私には無理です。先生とは全く器が違います”

それに対し、即座におっしゃった。

“吉野先生、心配いりません。私がキャッチャーをやりましょう”

ピッチャーじゃなくキャッチャーとして全軍を指揮しましょうと云うことである。ピッチャーよりキャッチャーが大事と野球ではしばしば云われることがある。

なお、佐々木先生は戦前、高校野球の前身である、戦前の全国中等学校野球大会、いわゆる甲子園大会に選手として出ておられるのである。

ところで、佐々木先生は平成27年5月満百歳を迎えられたがすこぶる明瞭な頭脳を維持されているのは驚きである。講演の時など自らが考案されたステッキを持たれはするが、壇上で30分以上の講演をなされるのである。

監修者が島根に関与するに至った経緯は次のような流れである。

平成16年の夏頃であったが、佐々木先生から直接お電話が大学にあった。

“吉野先生ですか、お忙しいと思いますが、近日中に一度お会いできませんでしょうか”

佐々木大先生からの丁重なお電話であり断れるわけがなく、すぐに週末、新阪急ホテルのロビーでお会いすることになった。

ホテルに到着して間もなく、南側入り口から大きなカバンを持たれた佐々木先生がどなたか男性と親しそうに話しながら来られ、“それじゃまた近々お会いしましょう”と云う言葉でお別れになり、私の所に来られた。

“吉野先生遅くなりました。大分待ってもらいましたか。今ご一緒だったのはオリックスの幹部の方です。偶然にそこでお会いしました。先生、昼ご飯ご一緒しながら少しお話ししましょうか”

“はい、分かりました。先生その鞄私が持ちましょう”

“いえ、結構です。これ健康のため持ち歩いているんです。どうしても運動不足になりますから、少しでも体に負荷を与えるため重い鞄を持ち歩くことにしてるんです。先生ビフテキでいいですか、すぐそこに美味しい行きつけの店がありますから”

お断りするわけがなく、そのままお店の前に来ると、まだ開店されていない。

“そうですか、一寸早かったですね。それではその前にちょっとそこの喫茶でお茶をいただきましょう”と入った店で、“いつもこれにしています”と抹茶を頼まれ、私もいただいた。子供の頃から家は布志名焼きの窯元であったので抹茶茶碗などを製作していたから頻繁に飲んでいた経緯もあり、美味しくいただいたわけである。

“ビフテキの前に、「おうす」はいいですね”

ビフテキのお店で、注文の後すぐに、おっしゃった。

“吉野先生ビール大丈夫ですね。私もいただきたいですが、この後すぐに東京に行ってアメリカ人に会わないといけませんから私は控えておきますが、どうかご遠慮なく”

驚くなかれこの時、佐々木先生89歳であるが、大きな150グラム以上もありそうなビフテキをペロリといただかれた。それを見て思ったのである。

そうか、高齢者には肉はよくないとよく云うが、実は肉は適度に食べるのがいいのか。

佐々木先生は

“吉野先生、確か来年定年ですね。もうその後のことは決まっていますか。”

とお尋ねになり、
“いえ、まだはっきりしていません”
と答えたが、実はいいところにほぼ決まりかけていたのが事実である。
“そうですか、そのうちまたご連絡をします”
と云われて、その後すっかり忘れていた。
２か月くらいたったある日の午後、電話があった。
“吉野先生、ごめんなさい。あれからすぐにアメリカに行っていて返事が遅くなりました。この間、島根県庁に行って机を一つ用意しておいてください、と云っておきましたから、近いうちに県庁から連絡があると思います”
それから２週間ほどたってからのことである。
島根県庁の商工労働部から電話があり、商工労働部の仲田盛義次長が大阪大学にまで来られた。ご依頼事項は、島根県が島根大学に寄付講座を設けてそこの教授および島根県産業技術センターの顧問としてまず島根に帰ってほしいと云う依頼であった。県は総務省、大学は文科省が所管であるから異なる省庁間のお金の移動は可成り難しいことであるから、このような案を現実とするのに随分ご苦労があったに違いない。当時の山下修商工労働部長、仲田次長には本当に感謝している。結果としては他の仕事の依頼も島根県以外にいろいろあったが、それらの多くをお断りし、これをお受けしたと云うことである。
実際には２年後島根県の産業技術センターの所長を拝命することとなった。要するに佐々木先生の構想をそのままお受けしたと云うのが事実である。佐々木先生が監修者の能力を過大評価されたためと思ったが、ともかく可能な限りの努力をしようと決意をした次第である。
有難い限りであるが、少し前触れがあったのである。実は確か平成16年夏前、いろいろな方から電話があって、佐々木先生が会いたがっていらっしゃると云う声が聞こえてきたが。まさか私に何の用事で、と云う気持ちで実際に対応はしていなかった。ある日、元大阪大学産業科学研究所所長をなされていた桐山良一先生から電話がかかってきた。
“吉野先生ですか、私元産研の桐山ですが分かりますでしょうか”、
“よく存じております、失礼しております”
と答えると、
“佐々木先生がどうしても連絡が取りたいと仰っていますのでよろしくお願いします”

と云うことであった。それから数週間後佐々木先生からお電話が直々かかってきたと云う次第である。

恐らく佐々木先生は、監修者がかなり多様な分野に関心を持ちいろいろ異なった分野の研究を同時に行っていること、またかなり多くの方と知己があり良い関係にある方が多かったと云うこと、それ等をご存じだったようで、役に立つかもしれないと思われた可能性がある。

当時、島根県関係のことで云うと、佐々木先生が提唱されて島根県産業技術センターを中心に新産業創出プロジェクトなる地方組織としては壮大なプロジェクトをスタートされていた。また、人口七十五万人の島根県と人口二千数百万人の米国テキサス州と共同で研究開発、産業起こしをすると云うことを立案され、推進されていたのである。当初余りの組織の大きさの異なる間の組み合わせなので、まるで誇大妄想かと云う人もあったが、監修者は気宇壮大な大先生だから可能となったものと思っている。実際、一緒にテキサス州にも訪れテキサス州ペリー知事ともお会いすることとなった。ちなみにペリー知事は幕末日本の浦賀に軍艦四隻で来航し鎖国中の日本の扉をこじ開けることとなったペリー提督の直系の子孫であり、また米国大統領候補でもあった方であった。

若い時から佐々木先生を知る立場にあり何度も会ったことがあったが、直接かなり親密にお話をしたのは、佐々木先生が中心となられ日本各地で開かれる塾組織のようなものがあり、それが神戸で開催された際、そこに呼ばれて講演をさせていただいた時である。その時の強い印象は仕事のことは勿論であるが、昼ご飯に出たかなり大きく小生でも残しそうな仕出し弁当をすごい迫力であっと云う間に完食されたことである。

次に監修者の先輩である大阪大学の浜口智尋教授の退官パーティにご出席になり、ご挨拶になられた時の印象も強烈であった。その直前、病で病院に入院されていたところを早めに退院されてのご出席であった。宴席のテーブルが小生と同じであったが、次々と出る洋食をビフテキを含めて完食なさったことである。同じテーブルには濱口先生ご夫妻の他、磁性の理論で世界的に有名であった大阪大学の望月和子名誉教授、半導体でノーベル賞を受賞されたドイツのクラウス フォン クリッチング(Klaus von Klitzing)教授、半導体のホットエレクトロン効果をはじめ理論分野で世界の権威者であったエスター コンウェル(Ester Conwell)教授もおられた。この大先生は当時監修者と同じ導電性高分子の理論研究にもかかわられていた。

次に、先に述べた島根―テキサスプロジェクトでテキサスダラスに赴いた時泊まったホテルの朝食を一緒にとった時である。佐々木先生は目玉焼きを食べられたが、何と目玉焼きは卵が二つ並んでいるのである。そうか普通の目玉焼きと云うのは卵一個であるが、二個であるからそれで目玉焼きか、と納得した次第である。一個であれば片目である。佐々木先生はこれをペロリ、監修者は一個の片目玉焼きである。

佐々木先生の白寿（99歳）のお祝いが浜田で開かれた時のバンケットでも、運ばれてきた料理の中で、100グラムはあろうと思われるビフテキをペロリである。とにかく、肉を食べ過ぎるのは余り良くないとしばしば云われる、生き生きと体も脳も活性を保って長寿に至るには肉も極めて大切、動物性蛋白も極めて大事と云うのが結論である。

ある時、佐々木先生に

“私、結構いろんなことを考えたり、やったりしますので、いろいろなデータを持っておりまして、またそれと関連して色々な方が好意的に面白い情報を送っていただけますが、残念なことに私始末が悪くて、机の周り書類や資料の山で探し出すのも結構大変なんです”

と云うと、仰った。

“吉野先生、心配いりません。優秀だと云うことですよ。私の友人でノーベル賞を二つ貰ったバーディン教授のテーブルも山になっていますよ。ある時に、バーディンさんの教授室で議論をしている時、”面白い大事な資料を持っているからお見せしましょう“と云ってテーブルの所で探し始められたんだけど、わたし、こんな山の中から出てくるのかな、出てこないだろうなと思っていると、テーブルを二回くらいまわって、その中から一枚の紙をサッと引っ張り出されたんですよ。非常に大事なデータを見せてもらいましたね。あの大先生もそうでしたから先生大丈夫です。吉野先生、他人から見ると乱雑な山のように見えても先生は肝心のものがどこにあるのか大体わかっていますでしょう”

“そうなんです。大体わかっているんです。逆に誰かが親切に整頓してくれると途端にどこに何があるか分からなくなるんです。先生、バーディン先生がサッと引き出された理由は分かりますか”

“どうしてでしょう”

“ゆっくり引っ張ると山が崩れるからなんです。サッと引っ張ると慣性の法則で上の資料はそのままで崩れないんです。だるま落としと一緒なんですね。
さすが物理学者ですね”

バーディン先生余話

1986年京都で導電性高分子などを中心とする合成金属の科学と技術と云う国際会議を、5歳年上の筑波大学白川英樹教授、京都大学の山邊時雄教授を組織委員長、議長として監修者が実行委員長、総務幹事として開催した。その時、3人のノーベル賞学者、バーディン教授、シュリーファー(John Robert Schrieffer)教授それに福井謙一先生が出席されたが、その時のバンケットの司会も監修者が担当したので乾杯の音頭をバーディン先生にお願いした。バーディン先生は物静かな大先生で壇上に上がると　ただ一言“乾杯”と発声されたが、凄く良かった。乾杯に長い話は不要で、乾杯の一言だけで凄く重みがあると云うことである。

パーティの途中からみな立ち上がりいろいろ移動して閑談が進んだが、その時、バーディンさんとの話で、監修者が、“私は実は物理屋でなく電気屋です、要は電気工学が専門です”と云うと、バーディンさんは、“私も電気工学です”と仰った。その時もう一人横にいたシュリーファーさんも私も電気工学です“と話され、あらためて三人で握手をした。

この様に人によって少々専門が違って見えても実は本質は同じであると云うことで、そう云う意味では電気電子などの材料はもの凄く幅が広く色々な分野の方が同じ土俵で力を合わせて素晴らしいものが出現すると云うことである。俗な云い方をすると電気電子関係の人間は潰しが聞くと云うことである。

佐々木正先生に関わるエピソードをもう少し記しておこう。10年間ほど、佐々木先生に密着して仕事をする期間があったので、いろんな場面で直接伺った話の一部である。

佐々木先生のご先祖は浜田藩の重要な立場にあり恐らく家老職か何かであったのだろう。従って、子供の頃から、武士としての心得を叩き込まれたと云っておられた。突然、ポカンと竹刀で叩かれることもあって、武士の流れをひくものとしてどんなときにも隙があってはいけないと強く云われ、また、人の通る自宅前の大きな道路で字を書かされた、人前で習字をさせられたと仰るのである。何事があっても物に動じない心を育てる、持たせるためである、と云うことであったのであろう。

佐々木先生は高齢になって私財をなげうって、株式会社国際基盤技術研究所なる会社を立ち上げられ、国内外から優秀な研究者を招いて、全ての基盤は材料にあると云う考え方から、従来の常識に捉われないナノ粒子を始め新しいコンセプトの新素材の研究を推進された。監修者が佐々木先生と強い接点を持つに至ったのにはこれも大きく寄与している。

ある時、佐々木先生と数名の研究者がプラズマ法で新しい優れたナノ粒子を大量に作成する技術を研究開発したが、これがどのような分野どのような技術、デバイスに最も有効に活用できるか、その用途について意見を求めに来られたのである。佐々木先生の国際基盤技術研究所の中にはロシアからの研究者がおられプラズマで様々なナノ粒子を開発されていたが、実はこの方はロシア、アメリカで活躍したザキドフ教授の友人であり何度か顔を合わせたことがある方であり、阪大の私の所にも訪問されたこともあった。この方は残念ながら中途母国ロシアから呼ばれて帰国されてしまった。

材料研究開発にはこのような国際的な人たちとの連携、共同での研究開発が不可欠であり、これがしばしば画期的な進展をもたらすことはよく知られている。

世の先立となった大学者、研究者、技術者は材料の重要性を充分に認識され極めて広い視野を持っておられることが多い。かっての監修者の思い出、驚きとして糸川英夫先生の話がある。

糸川先生は戦後日本のロケット技術の先駆者であり東大教授であった。この先生はその後組織工学研究所なるものを立ち上げ、国内の非常に多くの企業がこれに参画していた。ある時、突然、大学の研究室にいた監修者に電話がかかってきた。

“吉野先生ですか、糸川ですが”

“はい、吉野ですが、どちらの糸川さまでしょうか。大変失礼ですがあのロケットの糸川先生ではございませんね”

“その糸川です”

“先生何かのお間違いではございませんでしょうか。私は一介の材料、特に電気電子材料の研究者でして、ロケットとは直接縁があるわけではありませんが”

“どの分野にとっても材料は極めて重要です。先生は非常にユニークな研究で成果をあげておられることを承知しておりまして、我々の会のメンバーにとっても大変刺激的で大いに役に立つお話になると考えております。お受けいただけませんか”
“糸川先生からそのようなお話をいただけること自体私にとって大変光栄ですので、それではお受けさせていただきます”
“有難うございます。時期的には2,3か月くらい後で先生の都合の良い日を設定いただければと思います。近々、事務局からご連絡をとらせていただきますので、よろしくお願いします、ところで吉野先生、講演料はおいくらにしましょうか、好きな額を云っていただければありがたいですが”
“先生の所で講演させていただくだけで、とても光栄ですので、講演料は結構でございます”
“先生遠慮はいりません。本当に好きな額を云っていただければその通り払いますから”
こんなやり取りがあって、余り安い金額を申し出ると、なんだ、この程度が普通の先生か、と思われるだろうし、あまり高い金額を云えば、まだ若いくせに、えらいことを云う人間だな、と思われるのではと思って返答に窮したのである。実際には
“いくらでも結構でございます。先生の方で設定していただければありがたいですのでよろしくお願い致します”
と無難な答えをしたのが事実である。結果として講演料がいくらに設定されたのか全く記憶にない。
ともかく、糸川先生も常識を超えるような材料研究、開発を非常に重視されていることが分かったのである。

5．3　電気材料技術懇談会

監修者は電気材料技術懇談会の会長をしているが、電気材料技術雑誌の巻頭言に監修者の思いとして次のような文章を載せている。

電気材料技術雑誌22（2013）pp. 3～8から転載

電子、電気、電力技術発展の基盤は材料技術の進歩、革新にあり
－古きを温ねて新しきを知り、基盤力を付けて、向こうの山見て舟を漕ごう－

電気材料技術懇談会会長
大阪大学名誉教授
島根県産業技術センター所長
吉野勝美

東日本大震災、それにより引き起こされた東京電力福島第一原子力発電所の重大事故以来、日本の産業、中でも電気電子産業は厳しい状況にあり、政権交代以来少し明るさが見え始めているがまだまだ予断を許さない。とりわけ電力関連産業は極めて由々しき事態にある。こんな中にあってこそ広い視野と冷静な目を持って、長期的視点を絶対に忘れることなく強い信念を持って取り掛からねばならない。しかし、現実にはこのような基本的スタンスが軽んじられる風潮があるが、最も大事なことであると考えている。その点から見てもリーダーの資質と信念、行動力、周囲の理解と強力な支援が不可欠である筈である。

しかし、日本の中全体にそう云う傾向にあるが、マスコミ、一般大衆の意見を恐れるあまり、毅然たる意見を吐くことができる人、立場の人が少なく、ややもすると、時の流れにおもねるがごとき意見を吐き、意見に従い、行動する人が余りにも多い。

福島原発事故以来、原発の稼働が抑えられ、省エネルギーの推進と火力発電、自然エネルギー利用を主とすべきと云う論調、考え方で主導され、電力関連企業が難しい状況になっていることはよく知られているところである。すなわち原発が止まって燃料不足に陥った日本は、その足元を見られ輸入せざるを得ない火力用燃料に対し他国と比べて途方もない値段が設定され、火力発電コストが高騰している。一方、太陽光発電などの自然エネルギー買取制度が動き出し、電力会社に高い価格での買い取り義務がかけられているため、電力料金値上げが不可避でその流れが止まらなくなっているのである。しかも自然エネルギーは総量として不足している上、変動が大きく不安定であると云う課題がある。

電力会社はこのような背景から不要で無駄な費用を極力削減し、給与なども大幅に下げるべきであると云う論調がマスコミで頻繁に取り上げられ、一般の方々もそう思っている。そのような中で電力関連企業は電力料金値上げなどになった場合の消費者からの批判を畏れ、身の回り削りやすい所から削り、見かけ上努力を全力で果たしているように行動している傾向がある。もちろん当然そういう姿勢も大事であり、無駄は省く必要があるが、そこで長期的視点を失ってはならない。しかし実際に云うは易しくて実行は容易でなく、マスコミの集中砲火を受ける可能性もあるので、本来手を付ける必要があるのか疑問と思われるところまで削減している。

ところで我々が学生時代、今からほぼ50年ほど前であるが、電力の将来の課題として、エネルギー源がいつまで持つかと云うことがあると教わったが、その時、石炭は200年、ウランは70年、核融合は無限と習った。核融合の実現がいつになるかは難しい問題である。

現時点ではどの位の化石燃料があると考えられているかと云うと、面白いことに当時と余り大きく異なっていない。石炭、石油も利用可能な期間は少し短くなっているが、50年前に教えられたのとほぼ同じくらいの程度であるが、これは新しく埋蔵が確認されたり、コスト的に採掘可能と判断された結果余り減少していないとみるべきであろう。原子力に関しては、高速増殖炉などによって長持ちは十分すると云う考え方もあるが、そもそもウラン自体そう長い間利用するだけの量はない。学生時代に習った通りであれば、50年も経過しているからもう余りないことになるが、現在の評価でも70年位はあるようである。と云うことは逆に云えば、いずれにしても70年たてばウランは足らなくなるから、ウラン型の核分裂を利用する原子力発電施設は早晩閉鎖ということになろうが、その間どうするかである。元首相など影響力のある人が、原発即ゼロ、原子力開発なしと宣言したことは、恐らく当人の認識はなかったであろうが、大変なことを引き起こす可能性をもたらす発言であって、もう少し慎重に配慮し発言する必要があったと思う。

マスコミ、一般市民にはこれが耳に心地よく簡単で一番受け入れや易いのである。ところが現実に原子炉が存在するのであり、それをどうするかをよく考える必要がある。全く新しく新規開発するかどうかとは別に、継続運転するか、廃炉として閉鎖するかであるが、原子力技術者、科学者がいなくなったらどうにもできないのは自明である。元首相の宣言で原子力分野に進もうと云う若い学生はさらに急激に激減する筈である。将来像が見えない分野を選ぼうとする者は余りいないであろうし、父兄もそのような方向に進もうとすることに批判的になり反対する可能性が高い。しかし、運転にも、補修、メンテナンス、さらには廃炉するにも原子力委技術者は不可欠である。しかも諸外国が、特に近隣諸国が多数の原子炉を保有し、中国をはじめさらに大幅に増やす計画を持ち続けているところが多い。そのようなところで事故が起こった場合最大の影響を受け迷惑するのは大陸の東に位置する日本であり、それを処理、抑える必要も我々には出てくる。

もう一つ大変なことは、日本において原子力技術者は変な目で見られ、自らが原子力技術者だと胸を張りにくい状況になるのは間違いない。その結果、居心地の悪い日本を離れて外国に出かけていく、あるいは引き抜かれる技術者が相当出る筈である。殆どがそうなるかもしれない。原子炉の運転を止めてもそこに核燃料があり、適切に取り扱い、処理し、保管する必要がある。一般の住宅でも、そこに人が住み、使われていると長く良い状態が続くが、人が住まなくなると、劣化が加速されることはよく知られている。さらには使用済み核燃料、関連する廃棄物の管理、処理も極めて重要である。最終的な処理を含めて、研究を強力に推進し高い、安全な技術を確立しなければならない。

電気電子材料、機能材料と云うのは通常原子核の外の電子、殻外電子の関与する現象を生かして使われるものが多いが、原子の中心の核、原子核も勿論いろいろ性質発現にかかわっているわけで、材料技術研究、開発を考えた場合あらゆる面で核に関する知識、経験、技術は重要である。発電はもちろんであるが、核燃料の取扱い、処理に対してもさらに技術を高めておく必要がある。原発事故以来そのような視点からも本来取組がさらに強く推進されるべきであったが、現実はむしろ避けて通ろうとする人が多いように思える。原子力技術、研究から遠ざかろうとしているように見える。

実は、小生の研究室を出てある企業にいた若い技術者が、緊急の時に備え原子炉で活用できるロボットの研究開発を提言して実行しようとしたことがあったが、当時の日本のリーダー格の電力会社、国は全くそれに深い関心を示さないと嘆いていたことがあった。本来、原発事故直後、世界で最も進んでいると世間一般で見られてきた日本のロボットが全くと云っていいほど機能しなかったのは、そのような背景があったのであって、提言が取り上げられていたら世界のどこよりも優れたロボットが十分に完成しており活躍できた筈である。人型ロボット、ヒュウマノイドの研究開発に資源が集中していたように見えるのは錯覚だろうか。

電力技術者、とりわけ経営者には広い視野と長期的視点を今以上に備えておいてほしいと思っており、マスコミの批判を受けるかもしれないが多少コストはかかっても積極的に寄与すべき分野がいろいろあると思っている。

電力を離れても産業界で浮沈が激しく難しい状況に至っている企業が多く、しばしばいろいろな分析がなされるが、筆者はリーダーの能力、資質不足からの人災的側面が結構あるように思う。一時期、非常に良いこととして語られ、図られた“集中と選択”は下手をすると大変な命取りになることもある。時には多様性の維持も大事である。分野にもよるが、“選択と集中”を過度に進めたために苦境に至った大手企業が結構多いと考えている。

ともかく、何と云っても次の時代、特に日本が世界を先導して安定に栄えるためには画期的な新材料の開発と材料技術の革新が不可欠であり、それらは常識を超えた発想、取組みから生まれることが殆どであり、思わぬ異分野からその展開の芽がもたらされ、ヒントとなって始まることが多い。このことを筆者は脱常識とか超常識が大事と云っている。その意味では、この電気材料技術雑誌は単に狭い意味での電気電子材料だけでなくエネルギー産業、電力産業などをはじめ様々な分野の産業に密接に関連する課題を多く扱っており、それらの分野にとって非常に重要と考えている。原子力技術も広い意味では電気電子材料技術と深くかかわっているのである。したがって本電気材料技術雑誌もどんな課題であっても取り上げることにしている。

近隣アジア諸国の電気電子分野などでの躍進が最近目立っているが、実はその中でも日本の材料技術が不可欠となっており、余り知られていないが、日本からの輸入がそれらの国々での貿易赤字をもたらしている。

この機会にもう一つ云っておきたいことがある。

意外に思われるだろうが、日本が先端技術を開発、あるいはその実用化を開拓、先鞭を付けながら国内で広く使われてない材料、技術が結構ある。

たとえば、かつてアモルファス材料の研究開発が盛んに行われた当時、太陽電池にもつながるアモルファス半導体とともにアモルファス磁性材料が非常に注目された。要するに一種の超軟磁性材料で、変圧器のコアに最適な材料である。米国のアライドシグナル社で開発され、日立金属などと係争があったりもしたが、最終的には中心となるメトグラス社が日立金属に買収され、世界での研究開発、製造が日立金属を中心の一つとして進められたのであり、筆者が若いころいつ国内で実用化され広く活用されるかいろいろ議論した記憶がある。勿論、現在日本で一部は使われているが、大部分のトランス類がこれに置き換わっているわけでなく従来のものが依然主流である。損失の少なさからすると電力会社も当然順次アモルファスに置き換えると期待していたが、福島原発の事故以来特に高効率の電力利用が叫ばれる中にあっても、これが積極的に使われようとしている形跡が感じられない。むしろ新しい技術導入によって必要コストがかかるので、経費削減と云う世間の目を気にするかのように全く置き換えは止まってしまっているような感がする。もしかして筆者が十分に実情を知らないためそう感じているだけのことかもしれないが。この時期こそむしろ積極的に置換すべきと思えるのである。なんと、世界的にみると中国、東南アジア諸国を始めもの凄い比率での導入が始まっているが、肝心の日本での普及が最も低いのである。これはエネルギー利用の効率と云う問題だけでなく、国内の製造業を活性化させる支援としても非常に重要であるが、残念ながら新しい材料技術と云う視点において鈍感と云うか意識的に避けているのではと感じているのは筆者だけであろうか。

かつて日本の電力機器等についての高い品質、性能の要求が諸外国製品に対する非関税障壁として捉えられ大きな外圧がかかったことがあり、ハードルを低くした結果日本の重電関連企業でいろいろ難しい点が出てきたことがある。ところが最近ではむしろ日本で高い品質、性能のものを使おうと云う考え方が弱まり、特に福島原発の事故を経緯に非常にネガティブな姿勢に転じてしまったように見えるのである。この姿勢は非常にまずいと考えている。

筆者は材料技術の研究開発推進が日本が再生する一つの道であり、広く国内産業、社会に恩恵をもたらすものと確信している。また新しい材料技術の研究開発の推進が若い人たちを刺激し、大学の活性化などにも大きな影響を及ぼすものと思っている。残念ながら現状では大学での教育レベルが昔と比べて高くなっているとは思えないのである。

大分以前であるが、大阪大学電気系同窓会である澪電会に戦前の昭和16年３月卒の池田盈造と云う方のご家族から、池田氏が授業を受けて記録された講義ノートが大量に送られてきていた。昭和16年と云えば筆者が生まれた年であり、電気電子産業が大きく発展していたとは思われない戦前のことであるが、そのレベルは信じられないほど高く、また洞察も鋭い、その中に発電関係のところも勿論ある

この講義ノートによって70年以上も昔の教育レベルを教育関係者に再認識してもらうため、いくつかの科目をセットにして手書きのノートをコピーし、これに　まえがき　を付けて製本し、出版することとして既に二冊を刊行した。最初のものが“古い大学講義ノートー電磁気学ー”（コロナ社、2012）で、第二巻が“古い大学講義ノートⅡー交流理論、過渡現象ー”（米田出版、2013）である。さらに第三巻として“古い大学講義ノートⅢー発電、基礎水力学、基礎熱力学ー”などを中心に出版を進めているが、その中身を見ると、技術的に深く洞察し、考察を進めて教育していることが分かる。そこで論じられているある事項は材料技術の進化があって可能になり、また大きく進展すると考えられるのである。

この第三巻で記されている発電、基礎水力学、基礎熱力学及び電力応用概論、変圧器及誘導電動機などの講義内容は筆者が昭和36,7年に受けた講義と同様のものが主であり、一部異なったところもある。いずれにしてもレベル的にはほぼ近いと判断されるが、かなり実学的な側面が強い。類似の点と云うのはやはり発電の主力が火力と水力であったことによっている。また当時の電力応用についてはやはり電動機などが主体であったことからである。

ところが平成の時代に入って、特に平成20年代には発電が多様化していることから講義内容はこれらが取り入れられ、少し異なっていると考えられる。また発電の結果供給される電力の質も電力の利用分野がコンピュータを含め大きく変化、拡大したため高品質が求められることとなった。その結果、現代における教育内容は分野によっては大きく異なっているということができる。

平成25年度の大阪大学電気系の講義タイトルにももちろん発電工学は入っている。しかし、現在の電気系学科での講義科目全体を見ると、池田氏が学ばれた戦前とかなり大きく変わっていると云える。それは戦後の、新しい画期的材料の開発、導入がもたらした電気電子工学関連の技術の進歩、情報通信技術の進歩などによって新しい分野の展開が始まったことが反映されているからである。

もう一度、戦前の発電工学について振り返ってみる。戦前においては原子力発電などは全く存在しておらずもちろん教育の中にもそれをにおわすものは全く入っていなかった。原子力発電に関する言及が全くないのは当たり前であり、エネルギーと質量が等価であり、質量が減ることでそれがエネルギーに転換されうることはアインシュタインの相対性理論から知られていたが、実際にそれが利用し得る形、方法で可能なことは実証されていなかったから当然のことである。不幸なことにこれは池田氏が講義を受けた４年後原子爆弾と云う悪い形で登場したわけである。原子力の平和利用として原子力発電が本格的に研究開発されたのは戦後のことである。戦前の発電の主力は水力発電であり、ある程度、石炭の燃焼などを利用した火力発電も行われていた。

古い大学講義ノート第三巻をみると、戦前の発電の主力として水力発電に基礎を置いた発電体系そのものはかなり詳しく講義されており、その理論的、技術的背景を教育するため基礎水力学が、また火力発電に関係する基礎学問として基礎熱力学が詳細に教育されていることを指摘することができる。火力発電、原子力発電はともに高温、高圧の水蒸気を使ってタービンを回していることから熱力学も極めて重要であることは今も変わりはない。

平成の今はさらにさまざまなエネルギー源から電力が得られており、現在発電の講義では火力発電であっても燃料は石炭から、石油、液化天然ガス、シェールガスなど、さらには海底に眠るメタンハイドレードなどを利用としようとしているし、また、スケールは小さいがバイオチップなどの燃焼による発電も各地で進められている。さらに風力発電、太陽光発電、潮力発電、地熱発電、燃料電池を始め極めて多様化している。特にこのような電力源の多様化は平成23年に起こった東日本大地震とそれに伴う巨大津波による福島原発の深刻な事故などによって極めて重要なものとしてとらえられている。

池田氏の発電に関する講義ノートを呼んでまず驚かされたことは、先にも触れたが、その導入部分で原理的には水力、火力の他、風力、潮流、地熱、太陽熱など様々な方法で発電できる可能性があることが述べられていることである。当時においては効率、コスト、発電規模などの面から試験的にはともかく本格的には実用されておらず、極めて特殊な場合においては使われていると云うことが述べられている。将来材料技術、関連技術、ニーズの変化などで本格的なものになる可能性が示唆されており、まず当時の教育者の視野の広さ、洞察力の鋭さが感じられるのである。

こうしてあらためて電力関係分野を見ても歴史的には大きな進展は材料技術の著しい進歩、新しい性質の発見、新しい素子、デバイスの開発が大きな牽引力となって進んでいるということが理解される。

この電材料技術懇談会がその技術進歩に少しでも貢献し、また関西圏からの情報発信に少しでも役立てばと期待を持って取り組みを進めたいと、会長の重責を与えられた今あらためて思っているところである。

Preface

Development of Electronic, Electrical and Electric Power Engineerings is based on Progress and Innovation of Materials Science and Engineering

Katsumi YOSHINO

President of the Society of Electrical Materials Engineering

Professor of Emeritus of Osaka University

Director General of Shimane Institute for Industrial Technology

（略歴）

池田盈造

昭和16年　大阪帝国大学工学部電気工学科卒業

吉野勝美　**工学博士**

昭和39年　大阪大学工学部電気工学科卒業
昭和63年　大阪大学工学部電子工学科教授
平成17年　大阪大学名誉教授
平成19年　島根県産業技術センター所長
電気学会元副会長、日本液晶学会元会長、澪電会元会長、
電気材料技術懇談会会長

吉野勝美　主な著書

「電子・光機能性高分子」（講談社）、「分子とエレクトロニクス」（産業図書）、「導電性高分子の基礎と応用」（アイピーシー）、「高速液晶技術」（シーエムシー）、「自然・人間・放言備忘録」（信山社）、「雑学・雑談・独り言」（信山社）、「雑音・雑念・雑言録」（信山社）、「液晶とディスプレイ応用の基礎」（コロナ社）、「吉人天相」（コロナ社）、「分子機能材料と素子開発」（エヌティーエス）、「過去・未来五十年」（コロナ社）、「導電性高分子のはなし」（日刊工業新聞社）、「有機ELのはなし」（日刊工業新聞社）、「番外講義」（コロナ社）、「番外国際交流」（コロナ社）、「電気電子材料工学」（電気学会）、「高分子エレクトロニクス」（コロナ社）、「液体エレクトロニクス」（コロナ社）、「温故知新五十年」（コロナ社）、「番外研究こぼれ話」（コロナ社）、「フォトニック結晶の基礎と応用」（コロナ社）、「番外研究余談—出雲神話と先端技術—」（コロナ社）、「高電圧・絶縁システム入門」（森北出版）、「古い大学講義ノート—電磁気学—」（コロナ社）、「古い大学講義ノートII—交流理論、過渡現象論—」（米田出版）、「古い大学講義ノートIII—発電、基礎水力学、基礎熱力学—」（米田出版）、「古い大学講義ノートIV—有線通信、無線通信—」（米田出版）、「古い大学講義ノートV—電気鉄道—」（米田出版）

古い大学講義ノートVI－電気材料学、電気化学、物理化学特論－

平成27年11月1日　初版　第1刷発行

監　修…………………吉　野　勝　美
講義録…………………池　田　盈　造
発行者…………………米　田　忠　史
発行所…………………米　田　出　版
〒272-0103　千葉県市川市本行徳31-5
電話　047-356-8594

発売所…………………産業図書株式会社
〒102-0072　東京都千代田区飯田橋2-11-3
電話　03-3261-7821

印刷・製本…………やまかつ株式会社

ISBN978-4-946553-62-2　C3054